JavaScript+jQuery 动态网站开发（全案例微课版）

裴雨龙　编著

清华大学出版社

北　京

内 容 简 介

本书是针对零基础读者编写的动态网站开发入门教材，侧重案例实训，并提供扫码微课来讲解当前热点案例。

全书分为21章，包括初识JavaScript、JavaScript语言基础、运算符与表达式、程序控制语句、函数的应用、对象的应用、数组对象的应用、String对象的应用、JavaScript的事件处理、JavaScript的表单对象、JavaScript的窗口对象、JavaScript中的文档对象、文档对象模型（DOM）、jQuery框架快速入门、使用jQuery控制页面、jQuery事件处理、设计网页中的动画特效、jQuery的功能函数、jQuery插件的应用与开发。本书最后通过2个热点综合项目，进一步巩固读者的项目开发经验。

本书通过精选热点案例，可以让初学者快速掌握动态网站开发技术。通过微信扫码看视频，可以随时在移动端观看对应的视频操作。

图书在版编目(CIP)数据

JavaScript+jQuery 动态网站开发：全案例微课版 / 裴雨龙编著 . —北京：清华大学出版社，2021.4（2023.8 重印）

ISBN 978-7-302-57905-2

Ⅰ.① J… Ⅱ.①裴… Ⅲ.① JAVA 语言—网页制作工具 Ⅳ.① TP312.8 ② TP393.092.2

中国版本图书馆 CIP 数据核字 (2021) 第 060948 号

责任编辑：张彦青
封面设计：李　坤
责任校对：吴春华
责任印制：丛怀宇

出版发行：清华大学出版社
　　　　网　　　址：http://www.tup.com.cn，http://www.wqbook.com
　　　　地　　　址：北京清华大学学研大厦 A 座　　　　邮　　编：100084
　　　　社 总 机：010-83470000　　　　邮　　购：010-62786544
　　　　投稿与读者服务：010-62776969，c-service@tup.tsinghua.edu.cn
　　　　质 量 反 馈：010-62772015，zhiliang@tup.tsinghua.edu.cn
印 装 者：三河市人民印务有限公司
经　　　销：全国新华书店
开　　本：185mm×260mm　　　印　　张：22.5　　　字　　数：544 千字
版　　次：2021 年 6 月第 1 版　　　印　　次：2023 年 8 月第 2 次印刷
定　　价：78.00 元

产品编号：087786-01

前　言

"网站开发全案例微课版"系列图书是专门为网站开发和数据库初学者量身定做的一套学习用书，涵盖网站开发、数据库设计等方面。整套书具有以下特点。

前沿科技

无论是数据库设计还是网站开发，精选的是较为前沿或者用户群最多的领域，帮助大家认识和了解最新动态。

权威的作者团队

组织国家重点实验室和资深应用专家联手编著该套图书，融合了丰富的教学经验与优秀的管理理念。

学习型案例设计

以技术的实际应用过程为主线，全程采用图解和多媒体同步结合的教学方式，生动、直观、全面地剖析使用过程中的各种应用技能，降低难度，提升学习效率。

扫码看视频

通过微信扫码看视频，可以随时在移动端学习技能对应的视频操作。

为什么要写这样一本书

随着用户页面体验要求的提高，页面前端技术日趋重要，HTML 5 的技术成熟，使其在前端技术中凸显优势，JavaScript 再度受到广大技术人员的重视，同时，jQuery 是目前最受欢迎的 JavaScript 库之一，能用最少的代码实现最多的功能。对最新 jQuery 的学习也成为网页设计师的必修功课。目前学习和关注的人越来越多，而很多 JavaScript+jQuery 的初学者都苦于找不到一本通俗易懂、容易入门和案例实用的参考书。通过本书的案例实训，大学生可以很快地上手流行的动态网站开发方法，提高职业化能力，从而有助于解决公司与学生的双重需求问题。

本书特色

零基础、入门级的讲解

无论您是否从事计算机相关行业，无论您是否接触过网站开发，都能从本书中找到最佳起点。

实用、专业的范例和项目

本书在编排上紧密结合深入学习 JavaScript+jQuery 动态网站开发的过程，从 JavaScript 基本概念开始，逐步带领读者学习动态网站开发的各种应用技巧，侧重实战技能，使用简单易懂的实际案例进行分析和操作指导，让读者学起来简明轻松，操作起来有章可循。

随时随地学习

本书提供了微课视频，通过手机扫码即可观看，随时随地解决学习中的困惑。

全程同步教学录像

教学录像涵盖本书所有知识点，详细讲解每个实例及项目的过程和技术关键点，比看书更轻松地掌握书中所有的 JavaScript+jQuery 动态网站开发知识，而且扩展的讲解部分能使您得到比书中更多的收获。

超多容量王牌资源

赠送大量王牌资源，包括实例源代码、教学幻灯片、本书精品教学视频、88 个实用类网页模板、12 部网页开发必备参考手册、jQuery 事件参考手册、HTML 5 标签速查手册、精选的 JavaScript 实例、CSS 3 属性速查表、JavaScript 函数速查手册、CSS+DIV 布局赏析案例、精彩网站配色方案赏析、网页样式与布局案例赏析、Web 前端工程师常见面试题等。

读者对象

本书是一本完整介绍 JavaScript+jQuery 动态网站开发技术的教程，内容丰富、条理清晰、实用性强，适合以下读者学习使用。

- 零基础的 JavaScript+jQuery 动态网站开发自学者。
- 希望快速、全面掌握 JavaScript+jQuery 动态网站开发的人员。
- 高等院校或培训机构的老师和学生。
- 参加毕业设计的学生。

创作团队

本书由裴雨龙编著，参加编写的人员还有刘春茂、刘辉、李艳恩和张华。在编写过程中，我们虽竭尽所能想把最好的讲解呈献给读者，但难免有疏漏和不妥之处，敬请读者不吝指正。

编　者

本书源代码

王牌资源

目　录
Contents

第1章 初识JavaScript

　　JavaScript 是 Web 页面中的一种脚本编程语言，被广泛用来开发支持用户交互并响应相应事件的动态网页。它还是一种通用的、跨平台的、基于对象和事件驱动并具有安全性的脚本语言。JavaScript 不需要进行编译，可以直接嵌入 HTML 页面中使用。

📖 知识导图

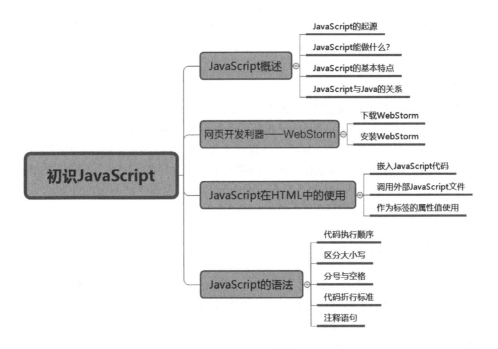

1.1 JavaScript 概述

JavaScript 可用于 HTML 和 Web，更可广泛用于服务器、PC、笔记本电脑、平板电脑和智能手机等设备。它是一种由 Netscape 的 LiveScript 发展而来的客户端脚本语言，旨在为客户提供更流畅的网页浏览效果。

1.1.1 JavaScript 的起源

JavaScript 最初是由 Netscape（网景）公司的 Brendan Eich 为即将在 1995 年发布的 Navigator 2.0 浏览器的应用而开发的脚本语言。在 Netscape 公司与 Sun 公司完成 LiveScript 语言开发后，就在 Netscape Navigator 2.0 即将正式发布前，Netscape 将其更名为 JavaScript，这就是 JavaScript 的由来，这个版本就是最初的 JavaScript 1.0 版本。

JavaScript 1.0 版本有很多缺陷，但当时拥有着 JavaScript 1.0 版本的 Navigator 2.0 浏览器几乎主宰了浏览器市场。由于 JavaScript 1.0 的成功，Netscape 在 Navigator 3.0 中发布了 JavaScript 1.1 版本。恰巧这个时候，微软决定进军浏览器市场，发布了 IE 3.0 并搭载了一个 JavaScript 的克隆版，叫作 JScript，这成为 JavaScript 语言发展过程中的重要一步。

在微软进入后，有 3 种不同的 JavaScript 版本同时存在：Navigator 3.0 中的 JavaScript、IE 中的 JScript 以及 CEnvi 中的 ScriptEase。与其他编程语言不同的是，JavaScript 并没有一个标准来统一其语法或特性，而这 3 种不同的版本恰恰突出了这个问题，于是这个语言的标准化就显得势在必行了。

在 1997 年，JavaScript 1.1 作为一个草案提交给欧洲计算机制造商协会（ECMA）。最终由来自 Netscape、Sun、微软、Borland 和其他一些对脚本编程感兴趣的公司的程序员组成的技术委员会锤炼出了 ECMA-262 标准，该标准定义了名为 ECMAScript 的全新脚本语言。

在接下来的几年里，国际标准化组织及国际电工委员会（ISO/IEC）也采纳 ECMAScript 作为标准（ISO/IEC-16262）。从此，这个标准成为各种浏览器生产开发所使用脚本程序的统一标准。

1.1.2 JavaScript 能做什么

JavaScript 是一种解释性的，基于对象的脚本语言（Object-based Scripting Language），它主要是基于客户端运行的。几乎所有浏览器都支持 JavaScript，如 Internet Explorer（IE）、Firefox、Netscape、Mozilla、Opera 等。

使用 JavaScript 脚本实现的动态页面在 Web 上随处可见。下面就来介绍几种常见的 JavaScript 应用。

1. 改善导航功能

JavaScript 最常见的应用就是网站导航系统，可以使用 JavaScript 创建一个导航工具。如用于选择下一个页面的下拉菜单，或者当鼠标移动到某导航链接上时所弹出的子菜单。

如图 1-1 所示为淘宝网页面的导航菜单，当鼠标放置在"男装/运动户外"上后，右侧会弹出相应的子菜单。

2. 验证表单

验证表单是 JavaScript 一个比较常用的功能。使用一个简单脚本就可以读取用户在表单中输入的信息，并确保输入格式的正确性，例如：要保证输入的表单信息正确，就要提醒用户一些注意事项，当输入信息后，还需要提示输入的信息是否正确，而不必等待服务器的响应。如图 1-2 所示为一个网站的注册页面。

图 1-1　导航菜单　　　　　　　　　　图 1-2　注册页面

3. 特殊效果

JavaScript 一个最早的应用就是创建引人注目的特殊效果，如在浏览器状态栏显示滚动的信息，或者让网页背景颜色闪烁。如图 1-3 所示为一个背景颜色选择器，只要单击颜色块中的颜色，就会显示一个对话框，在其中显示颜色值，而且网页的背景色也会发生变换。

4. 动画效果

在浏览网页时，经常会看到一些动画效果，使页面更加生动。使用 JavaScript 脚本语言也可以实现动画效果。如图 1-4 所示为在页面中实现的文字动画效果。

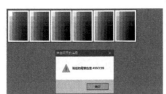

图 1-3　选择背景颜色　　　　　　　　图 1-4　文字动画效果

5. 窗口的应用

网页中经常会出现一些浮动的广告窗口，这些窗口可以通过 JavaScript 脚本语言来实现。如图 1-5 所示是一个企业的宣传网页，可以看到一个浮动广告窗口，用于显示广告信息。

6. 应用 Ajax 技术

应用 Ajax 技术可以实现网页对象的简单定位，例如在百度首页的搜索文本框中输入要搜索的关键字时，下方会自动给出相关提示。如果给出的提示有符合要求的内容，就可以直接进行选择，提高了用户的使用效率。如图 1-6 所示，在搜索文本框中输入"长寿花"后，下面将显示相应的提示信息。

图 1-5　浮动广告窗口　　　　　　　　图 1-6　百度搜索提示信息

1.2　网页开发利器——WebStorm

WebStorm 是一款前端页面开发工具。该工具的主要优势是有智能提示、智能补齐代码、代码格式化显示、联想查询和代码调试等。对于初学者而言，WebStorm 不仅功能强大，而且非常容易上手操作，被广大前端开发者誉为 Web 前端开发神器。

打开浏览器，输入网址 https://www.jetbrains.com/webstorm/download/，进入 WebStorm 官网下载页面，单击 Download 按钮即可下载 WebStorm，如图 1-7 所示。

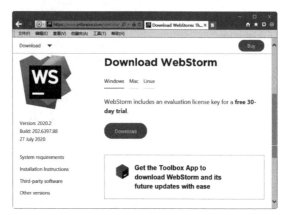

图 1-7　WebStorm 官网下载页面

下载完成后，即可进行安装，具体安装过程比较简单，这里就不再讲述了。

1.3　JavaScript 在 HTML 中的使用

在 Web 页面中使用 JavaScript，通常情况下，有三种方法：①在页面中直接嵌入 JavaScript 代码；②调用外部 JavaScript 文件；③将其作为特定标签的属性值使用。

1.3.1　嵌入 JavaScript 代码

在 HTML 文档中可以使用 <script>...</script> 标签将 JavaScript 脚本嵌入其中，一个 HTML 文档中可以使用多个 <script> 标签，每个 <script> 标签中可以包含一行或多行 JavaScript 代码。<script> 标签常用的属性及说明如下。

（1）language 属性。

language 属性用于设置所使用的脚本语言及版本，language 属性的使用格式如下：

```
<script language="JavaScript 1.5">
```

> **提示**：如果不定义 language 的属性，浏览器默认脚本语言为 JavaScript 1.0 版本。

（2）src 属性。

src 属性用来指定外部脚本文件的路径，外部脚本文件通常使用 JavaScript 脚本，其扩展名为 .js。src 属性的使用格式如下：

```
<script src="index.js">
```

（3）type 属性。

type 属性用来指定 HTML 文档中使用的脚本语言及其版本，不过，现在推荐使用 type 属性来代替 language 属性。type 属性的使用格式如下：

```
<script type="text/javascript">
```

（4）defer 属性。

添加此属性后，只有在 HTML 文档加载完毕后，才会执行脚本语言，这样网页加载会更快。defer 属性的使用格式如下：

```
<script defer>
```

根据嵌入位置的不同，可以把 JavaScript 嵌入 HTML 中的不同位置：在 HTML 网页头部 <head> 与 </head> 标签中嵌入、在 HTML 网页 <body> 与 </body> 标签中嵌入、在 HTML 网页的元素事件中嵌入。这里主要介绍前两种。

1. 在 HTML 网页头部 <head> 与 </head> 标签中嵌入

JavaScript 脚本一般放在 HTML 网页头部的 <head> 与 </head> 标签内，使用格式如下：

```
<!DOCTYPE html>                              ...
<html>                                       //-->
<head>                                       </script>
<title>在HTML网页头部中嵌入JavaScript代码     </head>
</title>                                      <body>
<script language="JavaScript">               ...
<!--                                         </body>
...                                          </html>
JavaScript脚本内容
```

在 <script> 与 </script> 标签中添加相应的 JavaScript 脚本，这样就可以直接在 HTML 文件中调用 JavaScript 代码，以实现相应的效果。

2. 在 HTML 网页 <body> 与 </body> 标签中嵌入

<script> 标签可以放在 Web 页面的 <head> 与 </head> 标签中，也可以放在 <body> 与 </body>标签中。使用格式如下：

```
<html>                                       ...
<head>                                       JavaScript脚本内容
<title>在HTML网页中嵌入JavaScript代码         ...
</title>                                      //-->
</head>                                       </script>
<body>                                        </body>
<script language="JavaScript " >             </html>
<!--
```

JavaScript 代码可以在同一个 HTML 网页的 <head> 与 <body> 标签中同时嵌入，并且在同一个网页中可以多次嵌入 JavaScript 代码。

▌实例 1：在页面中输出由 * 组成的三角形。

```
<!DOCTYPE html>
<html>
```

```
<head>
    <meta charset="UTF-8">
    <title>输出"*"组成的三角形</title>
    <style type="text/css">
        body {
```

```
            background-color: #CCFFFF;
        }
    </style>
    <script type="text/javascript">
        document.write(" 
  *"+"<br>");
        document.write("  *
*"+"<br>");
    </script>
</head>
<body>
<script type="text/javascript">
    document.write(" * * *"+
"<br>");
    document.write("* * * *"+"<br>");
</script>
</body>
```

```
</html>
```

运行程序，结果如图 1-8 所示。

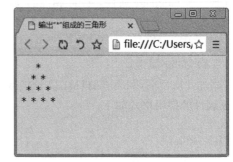

图 1-8　输出由 * 组成的三角形

1.3.2　调用外部 JavaScript 文件

如果 JavaScript 的内容较长，或者多个 HTML 网页中都调用相同的 JavaScript 程序，可以将较长的 JavaScript 或者通用的 JavaScript 写成独立的 .js 文件，直接在 HTML 网页中调用。在 Web 页面中链接外部 JavaScript 文件的语法格式如下：

```
<script type="text/javascript" src="javascript.js"></script>
```

> **注意**：如果外部 JavaScript 文件保存在本机中，那么 src 属性可以是绝对路径或是相对路径；如果外部 JavaScript 文件保存在其他服务器中，则 src 属性需要指定绝对路径。

▌ **实例 2**：在对话框中输出"Hello JavaScript"。

1.2.html 文件的代码如下：

```
<!DOCTYPE html>
<html lang="en">
<head>
    <meta charset="UTF-8">
    <title>调用外部JavaScript文件</title>
</head>
<body>
<script type="text/javascript" src="1.
js"></script>
</body>
</html>
```

1.js 文件的代码如下：

```
alert("Hello JavaScript");
```

运行程序 1.2.html，结果如图 1-9 所示。

图 1-9　调用外部 JavaScript 文件

注意的问题如下。

（1）在外部 JavaScript 文件中，不能将代码用 <script>...</script> 标签括起来。

（2）在使用 src 属性引用外部 JavaScript 文件时，<script>...</script> 标签中不能包含其他 JavaScript 代码。

（3）在 <script> 标签中使用 src 属性引用外部 JavaScript 文件时，</script> 结束标签不能省略。

1.3.3 作为标签的属性值使用

在 JavaScript 脚本程序中，有些 JavaScript 代码可能需要立即执行，而有些 JavaScript 代码则需要单击某个超链接或触发一些事件之后才会执行，这时就需要将 JavaScript 作为标签的属性值来使用了。

1. 与事件结合使用

JavaScript 可以支持很多事件，而事件可以影响用户的操作。比如单击鼠标左键、按下键盘按键或移动鼠标等。与事件结合，可以调用执行 JavaScript 的方法或函数。

▌实例 3： 判断网页中的文本框是否为空。

判断网页中的文本框是否为空，如果为空，则弹出提示信息：

```
<!DOCTYPE html>
<html>
<head>
    <meta charset="UTF-8">
    <title>与事件结合使用</title>
    <script type="text/javascript">
        function validate()
        {
            var _txtNameObj = document.
all.txtName;
                var _txtNameValue = _
txtNameObj.value;
            if((_txtNameValue == null)
|| (_txtNameValue.length < 1))
            {
                window.alert("文本框内容
为空，请输入内容");
                _txtNameObj.focus();
                return;
            }
        }
    </script>
</head>
<body>
<form method=post action="#">
    <input type="text" name="txtName">
     <input type="button" value="确定"
```

```
onclick="validate()">
</form>
</body>
</html>
```

运行程序，结果如图 1-10 所示。当文本框为空时，单击"确定"按钮，会弹出一个信息提示框，如图 1-11 所示。

图 1-10　程序运行结果

图 1-11　信息提示框

> **提示：** 代码 validate() 为 JavaScript 的定义函数，其作用是当文本框失去焦点时，就会对文本框的值进行长度检验，如果值为空，即可弹出"文本框内容为空，请输入内容"的提示信息。

2. 通过"JavaScript:"调用

在 HTML 中，可以通过"JavaScript:"的方式来调用 JavaScript 函数或方法，这种方式也被称为 JavaScript 伪 URL 地址方式。

实例 4：通过"JavaScript:"方式调用 JavaScript 方法。

1.4.html 的代码如下：

```html
<!DOCTYPE html>
<html>
<head>
    <meta charset="UTF-8">
    <title>通过"JavaScript:"调用
</title>
</head>
<body>
        <p>通过"JavaScript:"方式调用
JavaScript脚本代码</p>
    <form name="Form1">
            <input type=text name="Text1"
value="点击"

onclick="JavaScript:alert('已经用鼠标点击
文本框!')">
        </form>
</body>
```

```html
</html>
```

运行程序，结果如图 1-12 所示。当点击文本框后，会弹出一个信息提示框，如图 1-13 所示。

图 1-12　程序运行结果

图 1-13　信息提示框

> **提示**：alert() 方法并不是在浏览器解析到"JavaScript:"时就立即执行，而是在单击文本框后才被执行。

1.4　JavaScript 的语法

与 C、Java 及其他语言一样，JavaScript 也有自己的语法，下面简单介绍 JavaScript 的一些基本语法。

1. 代码执行顺序

JavaScript 程序按照在 HTML 文件中出现的顺序逐行执行。如果需要在整个 HTML 文件中执行。最好将其放在 HTML 文件的 <head>...</head> 标签中。某些代码，如函数体内的代码，不会被立即执行，只有当所在的函数被其他程序调用时，该代码才被执行。

2. 区分大小写

JavaScript 对字母大小写敏感，也就是说，在输入语言的关键字、函数、变量以及其他标识符时，一定要严格区分字母的大小写。例如变量 username 与变量 userName 是两个不同的变量。

> **提示**：HTML 不区分大小写。由于 JavaScript 与 HTML 紧密相关，这一点很容易混淆，许多 JavaScript 对象和属性都与其代表的 HTML 标签或属性同名，在 HTML 中，这些名称可以用任意的大小写方式输入而不会引起混乱，但在 JavaScript 中，这些名称通常都是小写的。例如，在 HTML 中的事件处理器属性 ONCLICK 通常被声明为 onClick 或 Onclick，而在 JavaScript 中只能使用 onclick。

3. 分号与空格

在 JavaScript 语句中，分号是可有可无的，这一点与 Java 语言不同，JavaScript 并不要求每行必须以分号作为语句的结束标志。如果语句的结束处没有分号，JavaScript 会自动将该代码的结尾作为语句的结尾。

例如，下面的两行代码书写方式都是正确的。

```
alert("hello,JavaScript")                    alert("hello,JavaScript");
```

> **提示**：作为程序开发人员应养成良好的编程习惯，每条语句以分号作为结束标志以增强程序的可读性，也可避免一些非主流浏览器的不兼容。

另外，JavaScript 会忽略多余的空格，用户可以向脚本添加空格，来提高其可读性。下面的两行代码是等效的：

```
var name="Hello";                            var name="Hello";
```

4. 代码折行标准

当一段代码比较长时，用户可以在文本字符串中使用反斜杠对代码行进行换行。下面的例子会正确地显示：

```
document.write("Hello \                       World!");
```

不过，用户不能像这样折行：

```
document.write \                              ("Hello World!");
```

5. 注释语句

与 C、C++、Java、PHP 相同，JavaScript 的注释分为两种，一种是单行注释，例如：

```
// 输出标题:
document.getElementById("myH1").innerHTML="欢迎来到我的主页";
// 输出段落:
document.getElementById("myP").innerHTML="这是我的第一个段落。";
```

另一种是多行注释，例如：

```
/*
下面的这些代码会输出
一个标题和一个段落
并将代表主页的开始
*/
document.getElementById("myH1").innerHTML="欢迎来到我的主页";
document.getElementById("myP").innerHTML="这是我的第一个段落。";
```

1.5　新手常见疑难问题

▌疑问 1：JavaScript 是 Java 语言的变种吗？

JavaScript 不是 Java 语言的变种。JavaScript 与 Java 名称上的近似，是当时开发公司为了营销考虑与 Sun 公司达成协议的结果。从本质上讲，JavaScript 更像是一门函数式脚本编程语言，而非面向对象的语言，JavaScript 的对象模型极为灵活、开放和强大。

▍疑问 2：可以加载其他 Web 服务器上的 JavaScript 文件吗？

如果外部 JavaScript 文件保存在其他服务器上，<script> 标签的 src 属性需要指定绝对路径。例如这里加载域名为 www.website.com 的 Web 服务器上的 jscript.js 文件，代码如下：

```
<script type="text/javascript"
                src="http://www.website.com/jscript.js"></script>
```

1.6 实战技能训练营

▍实战 1：使用 document.write() 语句输出一首古诗。

使用 document.write() 语句输出一首古诗《相思》，运行结果如图 1-14 所示。

▍实战 2：使用 alter() 语句输出当前日期和时间。

使用 alter() 语句输出当前系统的日期和时间，运行结果如图 1-15 所示。

图 1-14 输出古诗

图 1-15 输出当前日期和时间

第2章 JavaScript语言基础

本章导读

　　无论是传统编程语言，还是脚本语言，都有着自己的语言基础，JavaScript 脚本语言也不例外。本章就来介绍 JavaScript 的语言基础，包括数据类型、JavaScript 中的常量与变量等。

知识导图

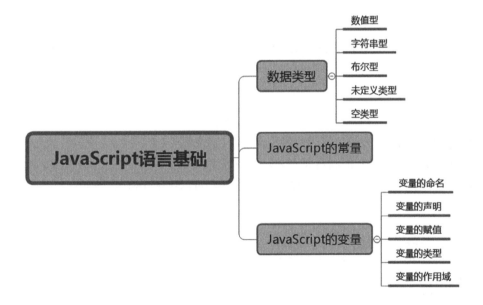

2.1　数据类型

　　JavaScript 的数据类型可以分为基本数据类型和复合数据类型。基本数据类型包括数值型（Number）、字符串型（String）、布尔型（Boolean）、空类型（Null）与未定义类型（Undefined）。复合数据类型包括对象、数组和函数等，关于复合数据类型，将在后面的章节中学习，本节来学习 JavaScript 的基本数据类型。

2.1.1　数值型

　　数值型（Number）是 JavaScript 中最基本的数据类型。JavaScript 不是强类型语言，与其他编程语言的不同之处在于，它不区分整型数值和浮点型数值。在 JavaScript 中，所有的数值都由浮点型来表示。

　　JavaScript 采用 IEEE 754 标准定义的 64 位浮点格式表示数字，它能表示的最大值为 1.7976931348623157e+308，最小值为 5e-324。在 JavaScript 中数值有 3 种表示方式，分别为十进制、八进制和十六进制。

1. 十进制

　　默认情况下，JavaScript 中的数值为十进制显示。十进制整数是一个由 0~9 组成的数字序列。例如：

```
0                                        -9
8                                        100
```

2. 八进制

　　JavaScript 允许采用八进制格式来表示整型数据。八进制数据以数字 0 开头，其后是一个数字序列，这个序列中的数字必须在 0 和 7 之间，可以包括 0 和 7，例如：

```
07                                       0352
```

> **注意**：虽然 JavaScript 支持八进制数据，但是有些浏览器则不支持，因此最好不要使用以 0 开头的整型数据。

3. 十六进制

　　在设置背景色或其他颜色时，一般颜色值采用十六进制数值表示，JavaScript 不但能够处理十进制数值，还能识别十六进制数据。在 JavaScript 代码中，常见的十六进制数值主要用来设置网页背景色、字体颜色等。

　　十六进制数值以"0X"或"0x"开头，其后紧跟十六进制数字序列。十六进制数值的数字序列可以是 0~9 中的某个数字，也可以是 a（A）~f（F）中的某个字母。例如：

```
0xff                                     0xCAFE
0XFF
```

实例 1：输出十六进制颜色值对应的 RGB 值。

一般情况下，网页中的颜色值以十六进制数字来表示。例如，颜色值 #CCFF99 中，十六进制数字 CC 表示 RGB 颜色中 R（红色）的值；FF 表示 RGB 颜色中 G（绿色）的值；99 表示 RGB 颜色中 B（蓝色）的值。下面编写程序，输出十六进制颜色值 #CCFF99 所对应的 RGB 值：

```
<!DOCTYPE html>
<html>
<head>
    <meta charset="UTF-8">
    <title>十六进制颜色值对应的RGB值
</title>
</head>
<body>
```

```
<script type="text/javascript">
    document.write("十六进制颜色值#CCFF99
对应的RGB值: ");//输出字符串
    document.write("<br>R: "+0xCC);//输
出R（红色）色值
    document.write("<br>G: "+0xFF);//输
出G（绿色）色值
    document.write("<br>B: "+0x99);//输
出B（蓝色）色值
</script>
</body>
</html>
```

运行程序，结果如图 2-1 所示。

图 2-1　程序运行结果

4. 浮点型数据

浮点型数据的表示方法有两种，一种是传统记数法，另一种是科学记数法。下面分别进行介绍。

1）传统记数法

传统记数法是将一个浮点数分为整数部分、小数点与小数部分。如果整数部分为 0，则可以将整数部分省略。例如：

```
3.1415
85.521
```

```
.231
```

2）科学记数法

使用科学记数法表示浮点型数据的具体书写方式为：在实数后添加字母 e 或 E，然后再添加上一个带正号或负号的整数指数，其中正号可以省略。例如：

```
3e+5
3.14E11
```

```
1.231E-10
```

> **注意**：在科学记数法中，e 或（E）后面的整数表示 10 的指数次幂，因此，这种表示方法所表示的数值为前面的实数乘以 10 的指数次幂。例如：3e+5 表示的数值为 3 乘以 10 的 5 次方，即 300000。

实例 2：输出以科学记数法表示的浮点数。

代码如下：

```
<!DOCTYPE html>
<html>
```

```
<head>
    <meta charset="UTF-8">
    <title>输出科学记数法表示的浮点数</title>
</head>
<body>
<script type="text/javascript">
    document.write("输出科学记数法表示的浮点数：");//输出字符串
    document.write("<p>");//输出段落标记
    document.write("科学记数法3e+5表示的浮点数为：");//输出字符串
    document.write(3e+5);//输出浮点数
    document.write("<br>");//输出换行标记
    document.write("科学记数法3.14e3表示的浮点数为：");//输出字符串
    document.write(3.14e3);//输出浮点数
    document.write("<br>");//输出换行标记
    document.write("科学记数法1.212E-3表示的浮点数为：");//输出字符串
    document.write(1.212E-3);//输出浮点数
</script>
</body>
</html>
```

图 2-2　科学记数法表示的浮点数

运行程序，结果如图 2-2 所示。

5. 特殊值 Infinity

当数字运算结果超过了 JavaScript 所能表示的数字上限（溢出）时，结果为一个特殊的无穷大（infinity）值，在 JavaScript 中以 Infinity 表示。同样地，当负数的值超过了 JavaScript 所能表示的负数范围时，结果为负无穷大，在 JavaScript 中以 -Infinity 表示。无穷大值的行为特性为：基于它们的加、减、乘和除运算结果还是无穷大。

实例 3： 输出表达式 10/0 和 -10/0 的计算结果。

代码如下：

```
<!DOCTYPE html>
<html>
<head>
    <meta charset="UTF-8">
    <title>输出10/0和-10/0的计算结果
</title>
</head>
<body>
<script type="text/javascript">
    document.write("输出10/0和-10/0的计算
结果："); //输出字符串
    document.write("<p>"); //输出段落标记
    document.write("10/0="); //输出字符串
```

```
    document.write(10/0); //输出无穷大
    document.write("<br>");
                        //输出换行标记
    document.write("-10/0=");
                        //输出字符串
    document.write(-10/0); //输出负无穷大
</script>
</body>
</html>
```

运行程序，结果如图 2-3 所示。

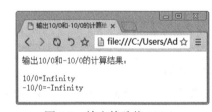

图 2-3　输出特殊值 Infinity

6. 特殊值 NaN

NaN 表示非数字值的特殊值，该属性用于指示某个值不是数字。在 JavaScript 中，当数学运算产生了未知的结果或错误时，就会返回 NaN，它表示该数学运算的结果是一个非数字。例如，用 0 除以 0 的输出结果就是 NaN。

实例 4：输出 0/0 的计算结果。

代码如下：

```html
<!DOCTYPE html>
<html>
<head>
    <meta charset="UTF-8">
    <title>输出0/0的计算结果</title>
</head>
<body>
<script type="text/javascript">
    document.write("0/0的计算结果");
                        //输出字符串
    document.write("<p>"); //输出段落标记
    document.write("0/0="); //输出字符串
    document.write(0/0); //输出非数字
</script>
</body>
</html>
```

运行程序，结果如图 2-4 所示。

图 2-4　输出空值 NaN

2.1.2　字符串型

字符串由 0 个或者多个字符构成，字符可以包括字母、数字、标点符号、空格或其他字符等，还可以包括汉字。在 JavaScript 中，字符串主要用来表示文本的数据类型。程序中的字符串型数据必须包含在单引号或双引号中，例如：

（1）单引号括起来的字符串，代码如下：

```
'Hello JavaScript! '              '你好! JavaScript'
'JavaScript@163.com'
```

（2）双引号括起来的字符串，代码如下：

```
"Hello JavaScript! "              "你好! "
"JavaScript@163.com"
```

> **注意**：空字符串不包含任何字符，也不包含任何空格，用一对引号表示，即 "" 或 ''。另外，包含字符串的引号必须匹配，如果字符串前面用的是双引号，那么在字符串后面也必须用双引号，否则都使用单引号。

在编写 JavaScript 代码时，字符串中有使用的引号会产生匹配混乱的问题。例如：<img src="image5.jpg"> 这句代码，其中的双引号就有可能与字符串中的引号混淆，此时就需要使用转义字符。

JavaScript 中的转义字符是以一个反斜线（\）开始。通过转义字符，可以在字符串中添加不可显示的特殊字符，或者防止引号匹配混乱的问题。例如，字符串中的单引号可以使用"\'"来代替，双引号可以使用"\""来代替。例如：

```
"Hello\"JavaScript\"! "
```

JavaScript 中常用的转义字符如表 2-1 所示。

表 2-1　JavaScript 的转义字符

序　号	转义字符	使用说明
1	\b	后退一格（Backspace）退格符
2	\f	换页（Form Feed）
3	\n	换行（New Line）
4	\r	回车（Carriage Return）
5	\t	水平制表符，Tab 空格
6	\'	单引号
7	\"	双引号
8	\\	反斜线（Backslash）
9	\v	垂直制表符
10	\xHH	十六进制整数，范围为 00~FF
11	\uhhhh	十六进制编码的 Unicode 字符
12	\OOO	八进制整数，范围为 000~777

> **提示**：转义字符 \n 在警告框中可以产生换行，但在 document.write(); 语句中使用转义字符时，必须将其放在格式化文本块中才会起作用，所以脚本必须置于 <pre> 和 </pre> 标签中。

实例 5：使用 alert() 语句输出一首古诗。

代码如下：

```
<!DOCTYPE html>
<html>
<head>
    <meta charset="UTF-8">
    <title>输出一首古诗</title>
</head>
<body>
<script type="text/javascript">
    alert("《春晓》\n\n春眠不觉晓,\n处处闻
啼鸟.\n夜来风雨声,\n花落知多少。");
</script>
</body>
```

```
</html>
```

运行程序，结果如图 2-5 所示。

图 2-5　使用 alert() 语句输出

实例 6：使用 document.write() 语句输出一首古诗。

代码如下：

```
<!DOCTYPE html>
<html>
<head>
    <meta charset="UTF-8">
    <title>输出一首古诗</title>
</head>
```

```
<body>
<script type="text/javascript">
    document.write("<pre>");
        document.write("《春晓》\n\n春眠不觉
晓,\n处处闻啼鸟.\n夜来风雨声,\n花落知多少。
");
    document.write("</pre>");
</script>
</body>
</html>
```

运行程序，结果如图 2-6 所示。

图 2-6　使用 document.write() 语句

如果在代码中不添加 <pre></pre> 标签，则转义字符无效，代码如下：

```
document.write("《春晓》\n\n春眠不觉晓，\n
处处闻啼鸟，\n夜来风雨声，\n花落知多少。");
```

在浏览器中的运行结果如图 2-7 所示。

图 2-7　转义字符无效

2.1.3　布尔型

在 JavaScript 中，布尔型数据类型只有两个值，一个是 true（真），另一个是 false（假），它说明了某个事物是真还是假。通常，我们使用 1 表示真，0 表示假。布尔值通常在 JavaScript 程序中用来表示比较所得的结果。例如：

```
n==10
```

这句代码的作用是判断变量 n 的值是否和数值 10 相等，如果相等，比较的结果就是布尔值 true，否则结果就是 false。

布尔值通常用于 JavaScript 的控制结构。例如，JavaScript 的 if...else 语句，就是在布尔值为 true 时执行一个动作，而在布尔值为 false 时执行另一个动作。具体代码如下：

```
if(n==1)
    a=a+1;
else
    b=b+1;
```

这段代码的作用是首先判断 n 是否等于 1，如果相等，则执行 a=a+1，否则执行 b=b+1。

在 JavaScript 中，我们可以使用 Boolean（布尔）对象将非布尔值转换为布尔值（true 或者 false）。

▌实例 7：检查布尔对象是 true 还是 false。

代码如下：

```
<!DOCTYPE html>
<html>
<head>
    <meta charset="UTF-8">
    <title>检查布尔对象是true还是false
</title>
</head>
<body>
<script type="text/javascript">
    var b1 = Boolean("");
                    //返回false，空字符串
    var b2 = Boolean("s");
                    //返回true，非空字符串
    var b3 = Boolean(0);
                            //返回false，数字0
    var b4 = Boolean(1);
                            //返回true，非0数字
    var b5 = Boolean(-1);
                            //返回true，非0数字
    var b6 = Boolean(null);//返回false
    var b7 = Boolean(NaN);//返回false
    document.write("空字符串是布尔值"+b1
+ "<br>");
    document.write("非空字符串是布尔值
"+b2+ "<br>");
    document.write("0为布尔值"+b3
+"<br>");
    document.write("1为布尔值"+ b4
+"<br>");
    document.write("-1为布尔值"+ b5
+"<br>");
    document.write("null是布尔值"+ b6+
"<br>");
```

```
    document.write("NaN是布尔值"+ b7
+"<br>");
</script>
</body>
</html>
```

运行程序，结果如图 2-8 所示。

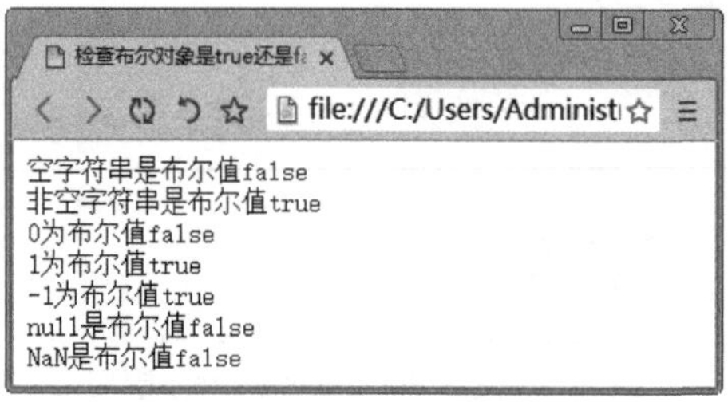

图 2-8　检查布尔型数据对象

2.1.4　未定义类型

undefined 是未定义类型的变量，表示变量还没有赋值，如 var a;，或者赋予一个不存在的属性值，例如 var a=String.notProperty。

实例 8：使用未定义类型 undefined。

代码如下：

```
<!DOCTYPE html>
<html>
<head>
    <meta charset="UTF-8">
    <title>输出未定义数据类型</title>
</head>
<body>
<script type="text/javascript">
    var person;
    document.write(person + "<br />");
```

```
</script>
</body>
</html>
```

运行程序，结果如图 2-9 所示。

图 2-9　未定义数据类型 undefined

2.1.5　空类型

JavaScript 中的关键字 null 是一个特殊的值，表示空值，用于定义空的或不存在的引用。不过，null 不等同于空的字符串或 0。由此可见，null 与 undefined 的区别是：null 表示一个变量被赋予了一个空值，而 undefined 则表示该变量还未被赋值。

实例 9：使用 null 数据类型清空变量。

代码如下：

```
<!DOCTYPE html>
<html>
<head>
    <meta charset="UTF-8">
    <title>使用null数据类型清空变量</title>
</head>
<body>
<script type="text/javascript">
    var person;
    var car="宝马";
    document.write(person + "<br>");
    document.write(car + "<br>");
```

```
    var car=null
    document.write(car + "<br>");
</script>
</body>
</html>
```

运行程序，结果如图 2-10 所示。

图 2-10　使用空类型

2.2　JavaScript 的常量

在 JavaScript 中，常量与变量是数据结构的重要组成部分。其中常量是指在程序运行过程中保持不变的数据。例如，123 是数值型常量，Hello JavaScript! 是字符串常量；true 或 false 是布尔型常量。在 JavaScript 脚本编程中，这些数值是可以直接输入并使用的。

2.3　JavaScript 的变量

变量是相对于常量而言的。在 JavaScript 中，变量是指程序中一个已经命名的存储单元，它的主要作用就是为数据操作提供存放信息的容器。变量存储的数值是可以变化的，变量占据一段内存，通过变量的名字可以调用内存中的信息。

2.3.1　变量的命名

变量有两个基本特性：即变量名和变量值。为了便于理解，可以把变量看作是一个贴有标签的抽屉，标签的名字就是这个变量的名字，而抽屉里面的东西就相当于变量的值。对于变量的使用，必须明确变量的名称、变量的声明、变量的赋值以及变量的类型。

在 JavaScript 中，变量的命名规则如下。

（1）必须以字母或下划线开头，其他字符可以是数字、字母或下划线，例如，txtName 与 _txtName 都是合法的变量名，而 1txtName 和 &txtName 都是非法的变量名。

（2）变量名只能由字母、数字、下划线来组成，不能包含空格、加号、减号等符号，不能用汉字做变量名。例如，txt%Name、名称文本、txt-Name 都是非法变量名。

（3）JavaScript 的变量名是区分大小写的。例如 Name 与 name 代表两个不同的变量。

（4）不能使用 JavaScript 中的保留关键字作为变量名，例如 var、enum、const 都是非法变量名。JavaScript 中的保留关键字如表 2-2 所示。

表 2-2　JavaScript 中的保留关键字

abstract	arguments	boolean	break	byte	case
catch	char	class	const	continue	debugger
default	delete	do	double	else	enum
eval	export	extends	false	final	finally
float	for	function	goto	if	implements
import	in	instanceof	int	interface	let
long	native	new	null	package	private
protected	public	return	short	static	super
switch	synchronized	this	throw	throws	transient
true	try	typeof	var	void	volatile
while	with	yield			

提示：JavaScript 中的保留关键字是指在 JavaScript 语言中有特殊含义，并成为 JavaScript 语法中一部分的那些字。JavaScript 的保留关键字不可以用作变量、标签或者函数名。

在给变量命名时，最好还是使用便于记忆且有意义的变量名名称，以增加程序的可读性。例如，需要定义一个用于描述人物的变量，其变量名可以命名为 person。

2.3.2 变量的声明

尽管 JavaScript 是一种弱类型的脚本语言，变量可以在不声明的情况下直接使用，但在实际使用过程中，最好还是先使用 var 关键字对变量进行声明。语法格式如下：

```
var variablename
```

variablename 为变量名，例如，声明一个变量 car，代码如下：

```
var car
```

可以使用一个关键字 var 同时声明多个变量，例如：

```
var x,y;
```

语句 var x,y; 就同时声明了 x 和 y 两个变量。

> **注意**：JavaScript 声明变量时，不指定变量的数据类型。一个变量一旦声明，可以存放任何数据类型的信息，JavaScript 会根据存放信息类型，自动为变量分配合适的数据类型。

2.3.3 变量的赋值

在声明变量的同时可以对变量赋值，这一过程也被称为变量初始化，例如：

```
var username="杜牧"; //声明变量并进行初始化赋值
var x=5,y=12;      //声明多个变量并进行初始化赋值
```

这里声明了 3 个变量 username、x 和 y，并分别进行了赋值。

另外，还可以在声明变量之后再对变量进行赋值，例如：

```
var username;    //声明变量
username="杜牧";    //对变量进行赋值
```

在 JavaScript 中，可以不先声明变量而直接对其进行赋值。例如，给一个未声明的变量赋值，然后输出这个变量的值，代码如下：

```
username="杜牧";      //未声明变量就对变量进行赋值
document.write(username); //输出变量的值
```

程序的运行结果为：

```
杜牧
```

> **注意**：虽然 JavaScript 允许给一个未声明的变量直接进行赋值，但还是建议在使用变量之前先对其进行声明，这是因为 JavaScript 采用动态编译方式，而这种方式不易发现代码中的错误，特别是变量命名方面的错误。

在使用变量时，最容易忽略的就是字母大小写。例如下面的代码：

```
var name="杜牧";                              document.write(Name);
```

在运行这段代码时，就会出现错误，这是因为定义了一个变量 name，而在输出语句中书写的是"Name"，这就忽略了字母的大小写。

在 JavaScript 中，如果只是声明了变量，并未对其赋值，其默认值为 undefined。如果出现重复声明的变量，且该变量已有一个初始值，那么后来声明的变量相当于给变量重新赋值。

▌实例 10：变量赋值的应用。

声明一个未赋值的变量 a 和一个进行重复声明的变量 b，并输出这两个变量的值，代码如下：

```
<!DOCTYPE html>
<html>
<head>
    <meta charset="UTF-8">
    <title>变量赋值的应用</title>
</head>
<body>
<script type="text/javascript">
    var a;     //声明变量a未赋值
    var b="Hello JavaScript! ";
//声明变量b并对其进行赋值
    var b="你好，JavaScript! ";
```

```
//重复声明变量b并对其进行赋值
          document.write(a);
//输出变量a的值
    document.write("<br>");
//输出换行标签
    document.write(b);//输出变量b的值
</script>
</body>
</html>
```

运行程序，结果如图 2-11 所示。

图 2-11　变量赋值的应用

2.3.4　变量的类型

变量的类型是指变量的值所属的数据类型，它可以是数值型、字符串型、布尔型等，因为 JavaScript 是一个弱类型的程序语言，所以可以把任意类型的数据赋值给变量。

例如，先将一个数值型数据赋值给一个变量，在程序运行过程中，还可以将一个字符串型数据赋值给同一个变量。代码如下：

```
var b=3.14;                //声明变量b并对其进行赋值
b="你好，JavaScript! ";     //将字符串型数据赋值变量b
document.write(b);         //输出变量b的值
```

上述代码运行结果如图 2-12 所示。

图 2-12　程序运行结果

2.3.5　变量的作用域

变量的作用范围又称为作用域，是指某变量在程序中的有效范围。根据作用域的不同，变量可划分为全局变量和局部变量。

（1）全局变量：全局变量的作用域是全局性的，即在整个 JavaScript 程序中，全局变量处处都起作用。

（2）局部变量：局部变量是函数内部声明的，只作用于函数内部，其作用域是局部性的；

函数的参数也是局部性的，只在函数内部起作用。

在函数内部，局部变量的优先级高于同名的全局变量。也就是说，如果存在与全局变量名称相同的局部变量，或者在函数内部声明了与全局变量同名的参数，则该全局变量将不再起作用。

▌实例 11：变量作用域的应用。

定义一个全局变量与一个局部变量，然后输出变量的作用域类型：

```html
<!DOCTYPE html>
<html>
<head>
    <meta charset="UTF-8">
    <title>变量的作用域</title>
</head>
<body>
<script type="text/javascript">
    var scope="全局变量";        //声明一个全局变量
    function checkscope()
    {
        var scope="局部变量";//声明一个同名的局部变量
        document.write(scope);//使用的是局部变量，而不是全局变量
    }
    checkscope();   //调用函数，输出结果
</script>
</body>
</html>
```

运行程序，结果如图 2-13 所示。从结果中可以看出输出的是"局部变量"，这就说明局部变量的优先级高于同名的全局变量。

图 2-13　变量的优先级

> **注意**：虽然在全局作用域中可以不使用 var 声明变量，但在声明局部变量时，一定要使用 var。

2.4　新手常见疑难问题

▌疑问 1：JavaScript 中有哪些基本数据类型？

JavaScript 中有 5 个简单数据类型，也被称为基本数据类型，分别是 Undefined、Null、Boolean、Number 和 String。还包含多个复杂数据类型，分别是 Object、Array、Function 等。

▌疑问 2：在 JavaScript 中，可以直接使用变量吗？

不能。在 JavaScript 中的变量必须先定义后才能使用，没有定义过的变量是不能直接使用的。例如，直接输出一个未定义的变量，代码如下：

```
document.write(x);                //输出未定义的变量x的值
```

这里由于没有定义变量 x，但是却使用 document.write 语句想要直接输出它的值，这就会发生错误。

2.5 实战技能训练营

▌实战 1：使用变量输出个人基本信息

定义用于存储个人信息的变量，然后输出这些个人信息，运行结果如图 2-14 所示。

▌实战 2：输出《水调歌头·明月几时有》

使用 document.write() 语句和转义字符输出古诗内容，运行结果如图 2-15 所示。

图 2-14　输出个人信息

图 2-15　输出古诗内容

第3章　运算符与表达式

📋 本章导读

　　运算符是完成一系列操作的符号，用于将一个或几个值进行计算而生成一个新的值，对其进行计算的值称为操作数，操作数可以是常量或变量。表达式是运算符和操作数组合而成的式子，表达式的值就是对操作数进行运算后的结果。本章就来介绍 JavaScript 运算符与表达式的应用。

📑 知识导图

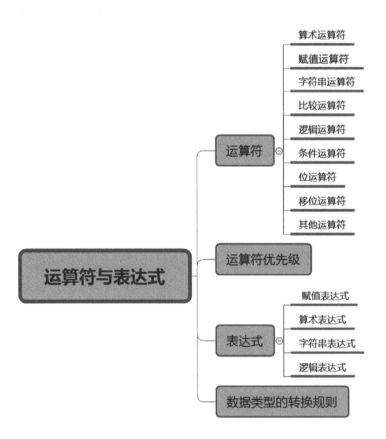

3.1 运算符

按照运算符的功能，可以将 JavaScript 的运算符分为算术运算符、逻辑运算符、位运算符、赋值运算符、条件运算符和字符串运算符等，按照操作数的个数，可以将运算符分为单目运算符、双目运算符和三目运算符。使用运算符可以进行算术、赋值、比较、逻辑等各种运算。

3.1.1 算术运算符

算术运算符用于各类数值之间的加、减、乘、除等运算。算术运算符是比较简单的运算符，也是在实际操作中经常用到的操作符。JavaScript 中常用的算术运算符如表 3-1 所示。

表 3-1 JavaScript 中常用的算术运算符

运 算 符	描 述	示 例
+	加运算符	3+2，返回值为 5
−	减运算符	3−2，返回值为 1
*	乘运算符	3*2，返回值为 6
/	除运算符	3/2，返回值为 1.5
%	取模（余数）运算符	3%2，返回值为 1
++	自增运算符。该运算符有两种情况：i++（在使用 i 之后，使 i 的值加 1）；++i（在使用 i 之前，先使 i 的值加 1）	i=1;j=i++, j 的值为 1, i 的值为 2 i=1;j=++i, j 的值为 2, i 的值为 2
--	自减运算符。该运算符有两种情况：i--（在使用 i 之后，使 i 的值减 1）--i（在使用 i 之前，先使 i 的值减 1）	i=5;j=i--, j 的值为 5, i 的值为 4 i=5;j=--i, j 的值为 4, i 的值为 4

▌实例 1：算术运算符的应用实例。

代码如下：

```html
<!DOCTYPE html>
<html>
<head>
    <meta charset="UTF-8">
    <title>算术运算符的应用</title>
</head>
<body>
<script type="text/javaScript">
    var a=25;
    document.write("a=" + a + "<br>");
    a=a+8;
    document.write("a+8=" + a +
"<br>");
    a=a-9;
    document.write("a-9=" + a +
"<br>");
```

```html
    a=a*3;
    document.write("a*3=" + a +
"<br>");
    a=a/6;
    document.write("a/6="+ a + "<br>");
    a=a%7;
    document.write("a%7=" + a +
"<br>");
    a=a++;
    document.write("a++="+a +"<br>");
    a=a--;
    document.write("a--=" + a +
"<br>");
    a=++a;
    document.write("++a=" + a +
"<br>");
    a=--a;
    document.write("--a=" + a);
</script>
</body>
```

```
</html>
```

运行程序，结果如图 3-1 所示。

图 3-1　算术运算符应用示例

> **提示**：算术运算符中需要注意自增与自减运算符。如果 ++ 或 -- 运算符在变量后面，执行的顺序为"先赋值后运算"；如果 ++ 或 -- 运算符在变量前面，执行顺序则为"先运算后赋值"。

3.1.2　赋值运算符

赋值运算符是将一个值赋给另一个变量或表达式的符号，在 JavaScript 中，赋值运算可以分为简单赋值运算和复合赋值运算。最基本的赋值运算符为"="，主要用于将运算符右边的操作数值赋给左边的操作数。复合赋值运算混合了其他操作和赋值操作。例如：

a+=b

这个复合赋值运算等同于"a=a+b;"。

JavaScript 中常用的赋值运算符如表 3-2 所示。

表 3-2　JavaScript 中常用的赋值运算符

运算符	描　　述	示　　例
=	将右边表达式的值赋给左边的变量	a=b
+=	将运算符左边的变量加上右边表达式的值赋给左边的变量	a+=b 相当于 a=a+b
-=	将运算符左边的变量减去右边表达式的值赋给左边的变量	a-=b 相当于 a=a-b
*=	将运算符左边的变量乘以右边表达式的值赋给左边的变量	a*=b 相当于 a=a*b
/=	将运算符左边的变量除以右边表达式的值赋给左边的变量	a/=b 相当于 a=a/b
%=	将运算符左边的变量用右边表达式的值求模，并将结果赋给左边的变量	a%=b 相当于 a=a%b

▌**实例 2**：计算一名员工的实际收入工资。

已知一名员工的月薪收入为 15000 元，扣除各项保险费用为 1500 元，个人所得税的征收起点为 5000 元，税率为 1.5%，计算该员工的实际收入工资：

```
<!DOCTYPE html>
<html>
<head>
    <meta charset="UTF-8">
    <title>实际收入工资数</title>
</head>
<body>
```

```
<script type="text/javaScript">
    var Ysalary=15000;
    var insurance=1500;
    var threshold=5000;
    var tax=0.03;
    var salary1;
    salary1=Ysalary-insurance;
    var salary2=salary1;
    salary2-=threshold;
    salary2*=tax;
    salary=salary1-salary2;
    document.write("该员工的月薪收入数为
"+Ysalary+"元");
    document.write("<p>");
    document.write("该员工的各项保险费为
"+insurance+"元");
```

```
document.write("<p>");
    document.write("该员工的应交个税费为
"+salary2+"元");
document.write("<p>");
    document.write("该员工的实际收入数为
"+salary+"元");
</script>
</body>
</html>
```

运行程序，结果如图 3-2 所示。

图 3-2　计算员工实际收入工资数

3.1.3　字符串运算符

字符串运算符是对字符串进行操作的符号，一般用于连接字符串。在 JavaScript 中，可以使用 + 和 += 运算符对两个字符串进行连接运算。JavaScript 中的常用字符串运算符如表 3-3 所示。

表 3-3　JavaScript 中常用的字符串运算符

运算符	描　　述	示　　例
+	连接两个字符串	" 好好学习，"+" 天天向上！"
+=	连接两个字符串并将结果赋给第一个字符串	var name=" 好好学习，" name+=" 天天向上！" 相当于 name= name+" 天天向上！"

注意：字符串连接符 += 与赋值运算符类似，用于将两边的字符串（操作数）连接起来并将结果赋给左边的操作数。

▎实例 3：输出一本书的分类信息。

将《西游记》这本书的书名、作者、类型、主要人物等信息定义在变量中，应用字符串连接运算符对多个变量和字符串进行连接并输出：

代码如下：

```
<!DOCTYPE html>
<html>
<head>
    <meta charset="UTF-8">
    <title>字符串运算符的应用</title>
</head>
<body>
<script type="text/javaScript">
    var BookName,author,type,character,price;        //声明变量
    BookName = "《西游记》";        //定义书名
    author = "吴承恩";              //定义作者
    type = "神话";                  //定义类型
    character= "孙悟空、唐僧、猪八戒、沙和尚";        //定义主要人物
    price= 49.9;                                     //定义书的定价
    document.write("<pre>");
    document.write("书名: "+BookName +"\n作者: "+author+"\n类型: "+type+"\n主要人物:
"+character+"\n定价: "+price+"元");        //连接字符串并输出
    document.write("</pre>");
```

```
</script>
</body>
</html>
```

　　运行程序，结果如图 3-3 所示。

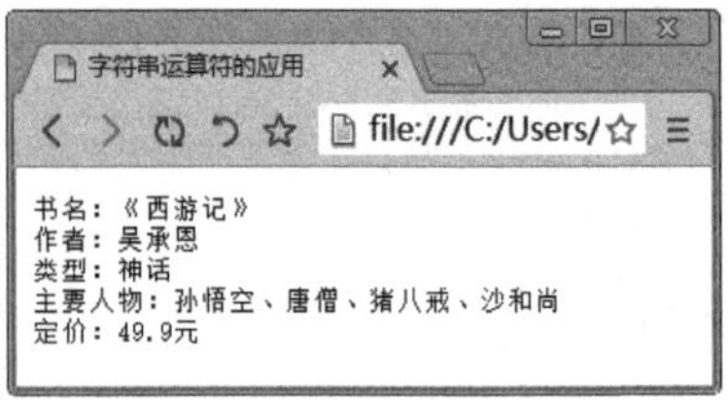

图 3-3　字符串运算符的应用示例

> **注意**：在使用字符串运算符对字符串进行连接时，字符串变量未进行初始化，在输出字符串时会出现错误。

　　字符串初始化的方法为：

```
var str="";              //声明str字符串是空字符串
str+="Hello";           //连接str字符串
str+="JavaScript!";     //连接str字符串
document.write(str);    //输出str字符串
```

　　JavaScript 中算术运算符中的 + 与字符串运算符中的 + 是一样的，不过，JavaScript 脚本会根据操作数的数据类型来确定表达式中的 + 是算术运算符还是字符串运算符。在两个操作数中只要有一个是字符串类型，那么 + 就是字符串运算符，而不是算术运算符。

3.1.4　比较运算符

　　比较运算符在逻辑语句中使用，用于连接操作数组成比较表达式，并对操作符两边的操作数进行比较，其结果为逻辑值 true 或 false。JavaScript 中的常用比较运算符如表 3-4 所示。

表 3-4　JavaScript 中常用的比较运算符

运 算 符	描　　述	示　　例
>	大于	2>3 返回值为 false
<	小于	2<3 返回值为 true
>=	大于等于	2>=3 返回值为 false
<=	小于等于	2<=3 返回值为 true
==	等于。只根据表面值进行判断，不涉及数据类型	"2"==2 返回值为 true
===	绝对等于。根据表面值和数据类型同时进行判断	"2"===2 返回值为 false
!=	不等于。只根据表面值进行判断，不涉及数据类型	"2"!=2 返回值为 false
!==	不绝对等于。根据表面值和数据类型同时进行判断	"2"!==2 返回值为 true

> **注意**：在各种运算符中，比较运算符 == 与赋值运算符 = 是功能相似，运算符 = 是用于给操作数赋值；而运算符 == 则是用于比较两个操作数的值是否相等。

　　如果在需要比较两个表达式的值是否相等时，错误地使用了赋值运算符 =，则会将右边操作数的值赋给左边的操作数。

实例 4：比较运算符和赋值运算符的应用示例。

代码如下：

```html
<!DOCTYPE html>
<html>
<head>
    <meta charset="UTF-8">
     <title>比较运算符和赋值运算符的区别</title>
</head>
<body>
<script type="text/javaScript">
    var a=15;
    var test1=(a==15);
```

```html
    var test2=(a=15);
    document.write("执行语句test1=
(a==15)后的结果为: " + test1 +"<br>");
    document.write("执行语句test2=
(a=15)后的结果为: " + test2 );
</script>
</body>
</html>
```

运行程序，结果如图 3-4 所示。

图 3-4　区别比较运算符和赋值运算符的应用示例

从运行结果中可以看出，语句执行"a==15"后返回结果为逻辑值 true，然后通过赋值运算符"="将其赋给变量 test1，因此 test1 最终的结果为 true；同理，语句执行"a=15"后返回结果为 15 并将其赋给变量 test2。

3.1.5　逻辑运算符

逻辑运算符用于判断变量或值之间的逻辑关系，操作数一般是逻辑型数据。在 JavaScript 中，有 3 种逻辑运算符，如表 3-5 所示。

表 3-5　JavaScript 中常用的逻辑运算符

运算符	描述	示例
&&	逻辑与	a&&b：当 a 和 b 同时都为真时，结果为真，否则为假
||	逻辑或	a||b：当 a 或 b 有一个为真时，结果为真，否则为假
!	逻辑非	!a：当 a 为假时，结果为真，否则为假

> **提示：** 在逻辑与运算中，如果运算符左边的操作数为 false，系统将不再执行运算符右边的操作数；在逻辑或运算中，如果运算符左边的操作数为 true，系统同样地不再执行右边的操作数。

实例 5：判断儿童是否需要购买餐券。

某自助餐厅规定，一名成人顾客可免费携带一名年龄低于 5 岁儿童或一名年龄超过 75 岁的老人，已知儿童的年龄为 4 岁，判断是否需要购买餐券：

代码如下：

```html
<!DOCTYPE html>
<html>
<head>
    <meta charset="UTF-8">
```

```html
    <title>逻辑运算符的应用示例</title>
</head>
<body>
<script type="text/javaScript">
    var age=4;
    document.write("申请免餐费顾客的年龄
为: "+age+"岁");
    document.write("<p>");
    if(age<=5||age>=75){
        document.write("用餐类型: 可以免餐
费");
    }else{
        document.write("用餐类型: 不可以免
```

```
餐费");
    }
</script>
</body>
</html>
```

运行程序，结果如图 3-5 所示。

图 3-5　判断是否需要购买餐券

3.1.6　条件运算符

条件运算符是构造快速条件分支的三目运算符，可以看作是 if...else... 语句的简写形式，语法格式如下：

逻辑表达式?语句1:语句2;

如果 "?" 前的逻辑表达式结果为 true，则执行 ? 与 : 之间的语句 1，否则执行语句 2。由于条件运算符构成的表达式带有一个返回值，因此，可通过其他变量或表达式对其值进行引用。

▌ 实例 6：判断是否达到投票年龄。

凡是年满 18 周岁的公民可以参与活动投票，已知苏轼的年龄为 20 岁，判断他是否可以参与投票：

```
<!DOCTYPE html>
<html>
<head>
    <meta charset="UTF-8">
    <title>是否达到投票年龄</title>
</head>
<body>
<script type="text/javaScript">
    var age=20;            //定义年龄变量
    result=(age<18)?"年龄太小未达到投票年
龄":"年龄已达到投票年龄";
//应用条件运算符进行判断
```

```
document.write("苏轼今年"+age+"岁");
document.write("<p>");//输出段落标记
document.write("苏轼的"+result);
                   //输出判断结果
</script>
</body>
</html>
```

运行程序，结果如图 3-6 所示。

图 3-6　判断是否达到投票年龄

3.1.7　位运算符

位运算符是将操作数以二进制为单位进行操作的符号。在进行位运算之前，通常先将操作数转换为二进制整数，再进行相应的运算，最后的输出结果以十进制整数表示。此外，位运算的操作数和结果都应是整型。

在 JavaScript 中，位运算符包含按位与（&）、按位或（|）、按位异或（^）、按位非（~）等。

（1）按位与运算：将操作数转换成二进制以后，如果两个操作数对应位的值均为 1，则结果为 1，否则结果为 0。例如，对于表达式 41&23，41 转换成二进制数 00101001，而 23 转换成二进制数 00010111，按位与运算后结果为 00000001，转换成十进制数即为 1。

（2）按位或运算：将操作数转换为二进制后，如果两个操作数对应位的值中任何一个为 1，则结果为 1，否则结果为 0。例如，对于表达式 41|23，按位或运算后结果为 00111111，

转换成十进制数为 63。

（3）按位异或运算：将操作数转换成二进制后，如果两个操作数对应位的值互不相同，则结果为 1，否则结果为 0。例如，对于表达式 41^23，按位异或运算后结果为 00111110，转换成十进制数为 62。

（4）按位非的运算：将操作数转换成二进制后，对其每一位取反（即值为 0 则取 1，值为 1 则取 0）。如，对于表达式 ~41，将每一位取反后结果为 11010110，转换成十进制数就是 -42。

▌ 实例 7：位运算符应用示例。

代码如下：

```
<!DOCTYPE html>
<html>
<head>
    <meta charset="UTF-8">
    <title>位运算符应用示例</title>
</head>
<body>
<script type="text/javaScript">
    document.write("按位与41&23结果： " +
(41&23) + "<br>");
    document.write("按位或41|23结果： " +
(41|23) + "<br>");
    document.write("按位异或41^23结果： "
```

```
+ (41^23) + "<br>");
    document.write("按位非~41结果： "+
(~41) );
</script>
</body>
</html>
```

运行程序，结果如图 3-7 所示。

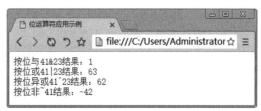

图 3-7　位运算符应用示例

3.1.8　移位运算符

移位运算符与位运算符相似，都是将操作数转换成二进制，然后对转换之后的值进行操作。JavaScript 位操作运算符有 3 个：<<、>>、>>>。

▌ 实例 8：移位运算符的应用示例。

代码如下：

```
<!DOCTYPE html>
<html>
<head>
    <meta charset="UTF-8">
    <title>移位运算符应用示例</title>
</head>
<body>
<script type="text/javaScript">
    var a= 10;
    document.write("当前变量值： a=" + a +
"<br>");
    document.write("变量<<2的结果： " + (a
<< 2) + "<br>");
    document.write("变量>>2的结果： " + (a
>> 2) + "<br>");
    document.write("变量>>>2的结果： " +
(a>>> 2) + "<br>");
    a= -10;
    document.write("当前变量值： a=" + a +
```

```
"<br>");
    document.write("变量<<2的结果： " + (a
<< 2) + "<br>");
    document.write("变量>>2的结果： " + (a
>> 2) + "<br>");
    document.write("变量>>>2的结果： " +
(a >>> 2) );
</script>
</body>
</html>
```

运行程序，结果如图 3-8 所示。

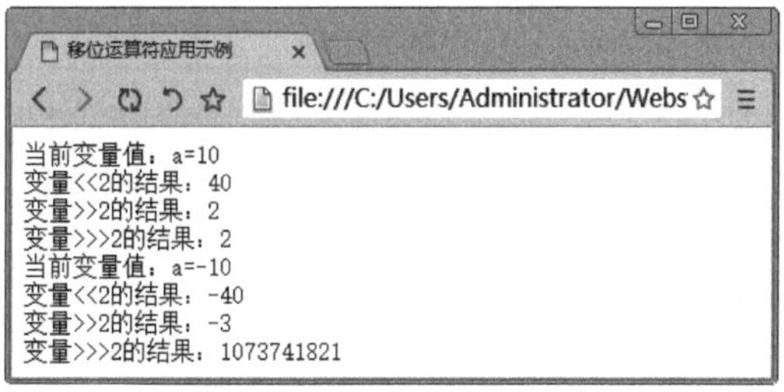

图 3-8　移位运算符的应用示例

3.1.9 其他运算符

除前面介绍的几种之外，JavaScript 还有一些特殊运算符，下面进行简要介绍。

1. 逗号运算符

逗号运算符用于将多个表达式连接为一个表达式，新表达式的值为最后一个表达式的值。其语法格式为：

```
变量=表达式1,表达式2
```

2. void 运算符

void 运算符对表达式求值，并返回 undefined。其语法格式为：

```
void 表达式
```

3. typeof 运算符

typeof 运算符返回一个字符串，指明其操作数的数据类型，这对于判断一个变量是否已经被定义特别重要。其语法格式如下：

```
typeof 表达式
```

不同类型的操作数使用 typeof 运算符的返回值如表 3-6 所示。

表 3-6　不同类型数据使用 typeof 运算符的返回值

数据类型	返 回 值	数据类型	返 回 值
数值	number	null	object
字符串	string	对象	object
布尔值	boolean	函数	function
undefined	undefined		

3.2　运算符优先级

在 JavaScript 中，运算符具有明确的优先级与结合性。优先级用于控制运算符的执行顺序，具有较高优先级的运算符先于较低优先级的运算符执行，如表 3-7 所示为 JavaScript 中各运算符的优先级；结合性则是指具有同等优先级的运算符将按照怎样的顺序进行运算，结合性有向左结合和向右结合，圆括号可用来改变运算符优先级所决定的求值顺序。

表 3-7　运算符的优先级

优 先 级	级　　别	运　算　符
最高	向左	.、[]、()
由高到低依次排序		++、--、-、!、delete、new、typeof、void
	向左	*、/、%
	向左	+、-
	向左	<<、>>、>>>
	向左	<、<=、>、>=、in、instanceof
	向左	==、!=、===、!===
	向左	&

续表

优 先 级	级 别	运 算 符
由高到低依次排序	向左	^
	向左	|
	向左	&&
	向左	||
	向右	?:
	向右	=
	向右	*=、 /=、 %=、 +=、 -=、 <<=、 >>=、 >>>=、 &=、 ^=、 |=
最低	向左	,

实例 9：计算贷款到期后的总还款数。

假设贷款的利率为 5%，贷款金额为 50 万元，贷款期限为 5 年，计算贷款到期后的总还款金额数：

代码如下：

```
<!DOCTYPE html>
<html>
<head>
    <meta charset="UTF-8">
    <title>运算符优先级应用示例</title>
</head>
<body>
<script type="text/javaScript">
    var rate=0.05;
    var money=500000;
    var total=money*(1+rate)*(1+rate)*
(1+rate)*(1+rate)*(1+rate);
    document.write("贷款利率为: "+rate
+"<br>");
    document.write("贷款金额为: "+money+"
元"+"<br>");
    document.write("贷款年限为: "+"5年
"+"<br>");
    document.write("还款总额为: "+total+"
元");
</script>
</body>
</html>
```

运行程序，结果如图 3-9 所示。

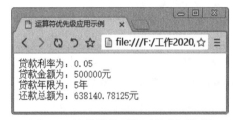

图 3-9　计算贷款到期后的总还款额

3.3　表达式

表达式是运算符和操作数组合而成的式子，可以包含常量、变量、运算符等。表达式的类型由运算符及参与运算的操作数类型决定，其基本类型包括赋值表达式、算术表达式、逻辑表达式和字符串表达式等。

1. 赋值表达式

在 JavaScript 中，赋值表达式的计算过程中是按照自右向左结合的，其语法格式如下：

变量　赋值运算符　表达式

在赋值表达式中，有比较简单的赋值表达式，例如 i=1；也有定义变量时，给变量赋初始值的赋值表达式，如 var str="Happy JavaScript！"；还有使用比较复杂的赋值运算符连接的赋值表达式，如 k+=18。

■ **实例 10：赋值表达式应用示例。**

代码如下：

```html
<!DOCTYPE html>
<html>
<head>
    <meta charset="UTF-8">
    <title>赋值表达式应用示例</title>
</head>
<body>
<script type="text/javaScript">
    var x = 10;
        document.write("<p>目前变量x的值为：
x="+ x);
    x+=x-=x*x;
    document.write("<p>执行语句
"x+=x-=x*x"后，变量x的值为：x="+ x);
    var y = 20;
        document.write("<p>目前变量y的值为：
```

```html
y="+ y);
    y+=(y-=y*y);
        document.write("<p>执行语句"y+=(y-
=y*y)"后，变量y的值为：y=" +y);
</script>
</body>
</html>
```

运行程序，结果如图 3-10 所示。

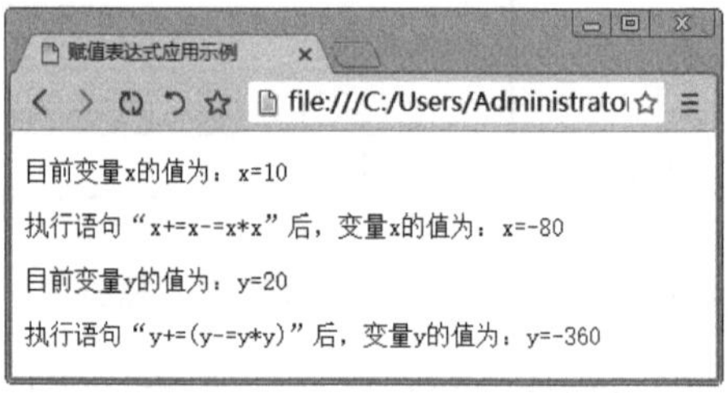

图 3-10　赋值表达式应用示例

> **注意**：由于运算符的优先级规定较多并且容易混淆，为提高程序的可读性，在使用多操作符的运算时，尽量使用括号"()"来保证程序的正常运行。

2. 算术表达式

算术表达式就是用算术运算符连接的 JavaScript 语句，其运行结果为数字。如"i+j+k;、20-x;、a*b;、j/k;、sum%2;"等，即为合法的算术运算符的表达式。算术运算符的两边必须都是数值，若在"+"运算中存在字符或字符串，则该表达式将是字符串表达式，因为 JavaScript 会自动将数值型数据转换成字符串型数据。例如，""好好学习 "+i+" 天天向上 "+ j;"表达式将被看作是字符串表达式。

■ **实例 11：算术表达式应用示例。**

代码如下：

```html
<!DOCTYPE html>
<html>
<head>
    <meta charset="UTF-8">
    <title>算术表达式应用示例</title>
</head>
<body>
<script type="text/javaScript">
    x=5+5;
    document.write(x+"<br>");
    x="5"+"5";
    document.write(x+"<br>");
    x=5+"5";
    document.write(x+"<br>");
    x="5"+5;
    document.write(x+"<br>");
```

```html
</script>
</body>
</html>
```

运行程序，结果如图 3-11 所示。从运算结果中可以看出，通过算术表达式对字符串和数字进行了加法运算。

图 3-11　算术表达式应用示例

3. 字符串表达式

字符串表达式是操作字符串的 JavaScript 语句，其运行结果为字符串。JavaScript 的字符串表达式只能使用 "+" 与 "+=" 两个字符串运算符。如果在同一个表达式中既有数字又有字符串，同时还没有将字符串转换成数字的方法，则返回值一定是字符串型。

▎实例 12：字符串表达式应用示例。

代码如下：

```html
<!DOCTYPE html>
<html>
<head>
    <meta charset="UTF-8">
    <title>字符串表达式应用示例</title>
</head>
<body>
<script type="text/javaScript">
    var x = 10;
    document.write("<p>目前变量x的值为：x="+ x);
    x=4+5+6;
    document.write("<p>执行语句"x=4+5+6"后，变量x的值为：x="+ x);
    document.write("<p>此时，变量x的数据类型为："+ (typeof x));
    x=4+5+'6';
    document.write("<p>执行语句"x=4+5+'6'"后，变量x的值为：x="+ x);
    document.write("<p>此时，变量x的数据类型为："+ (typeof x));
</script>
</body>
</html>
```

运行程序，结果如图 3-12 所示。从运算结果中可以看出表达式 "4+5+6"，将三者相加和为 15；而在表达式 "4+5+'6'" 中，表达式按照从左至右的运算顺序，先计算数值 4、5 的和，结果为 9；接着与字符串 '6' 连接，最后得到的结果是字符串 "96"。

图 3-12　字符串表达式应用示例

4. 逻辑表达式

逻辑表达式一般用来判断某个条件或者表达式是否成立，其结果只能为 true 或 false。

▎实例 13：逻辑表达式的应用示例。

按照闰年的规定，即某年的年份值是 4 的倍数并且不是 100 的倍数，或者该年份值是 400 的倍数，那么这一年就是闰年。下面应用逻辑表达式来判断输入年份是否为闰年。

代码如下：

```html
<!DOCTYPE html>
<html>
<head>
    <meta charset="UTF-8">
    <title>逻辑表达式应用示例</title>
</head>
<body>
<script type="text/javaScript">
    function checkYear()
```

```
        {
            var txtYearObj = document.all.txtYear;                    //文本框对象
            var txtYear = txtYearObj.value;
            if((txtYear == null) || (txtYear.length < 1)||(txtYear < 0))
            {              //文本框值为空
                window.alert("请在文本框中输入正确的年份！");
                txtYearObj.focus();
                return;
            }
            if(isNaN(txtYear))
            {               //用户输入不是数字
                window.alert("年份必须为整型数字！");
                txtYearObj.focus();
                return;
            }
            if(isLeapYear(txtYear))
                window.alert(txtYear + "年是闰年！");
            else
                window.alert(txtYear + "年不是闰年！");
        }
        function isLeapYear(yearVal)              //*判断是否闰年
        {
            if((yearVal % 100 == 0) && (yearVal % 400 == 0))
                return true;
            if(yearVal % 4 == 0) return true;
            return false;
        }
</script>
<form action="#" name="frmYear">
    请输入当前年份：
    <input type="text" name="txtYear">
    <p>判断是否为闰年：
        <input type="button" value="确定" onclick="checkYear()">
</form>
</body>
</html>
```

运行程序，在显示的文本框中输入 2020，单击"确定"按钮后，系统先判断文本框是否为空，再判断文本框输入的数值是否合法，最后判断其是否为闰年并弹出相应的提示框，如图 3-13 所示。

如果输入值为 2021，单击"确定"按钮，得出的结果如图 3-14 所示。

图 3-13　返回判断结果（1）　　　图 3-14　返回判断结果（2）

3.4 数据类型的转换规则

在 JavaScript 中，其语法规则没有对表达式的操作数进行数据类型限制，而且允许运算符对不匹配的数据进行计算。不过，在代码执行过程中，JavaScript 会根据一定的数据类型转换规则进行自动类型转换。下面介绍几种数据类型之间的转换规则。

其他数据类型转换为数值型数据，如表 3-8 所示。

表 3-8　转换为数值型数据

类　型	转换后的结果
undefined	NaN
null	0
逻辑型	若其值为 true，则结果为 1；若其值为 false，则结果为 0
字符串型	若内容为数字，则结果为相应的数字，否则为 NaN
其他对象	NaN

其他数据类型转换为逻辑型数据，如表 3-9 所示。

表 3-9　转换为逻辑型数据

类　型	转换后的结果
undefined	false
null	false
数值型	若其值为 0 或 NaN，则结果为 false，否则为 true
字符串型	若字符串的长度为 0，则结果为 false，否则为 true
其他对象	true

其他数据类型转换为字符串型数据，如表 3-10 所示。

表 3-10　转换为字符串型数据

类　型	转换后的结果
undefined	undefined
null	null
数值型	0、NaN 或者与数值相对应的字符串
逻辑型	若其值为 true，则结果为 true；若其值为 false，则结果为 false
其他对象	若存在，则其结果为 toString() 方法的值，否则其结果为 undefined

▎实例 14：数据类型的转换规则。

代码如下：

```html
<!DOCTYPE html>
<html>
<head>
    <meta charset="UTF-8">
    <title>数据类型的转换规则</title>
</head>
<body>
<script type="text/javaScript">
```

```
        document.write(5+null);      //返回5      null转换为0
        document.write("<br>");
        document.write("5"+null);    //返回"5null"  null转换为"null"
        document.write("<br>");
        document.write("5"+1);   //返回"51"  1转换为"1"
        document.write("<br>");
        document.write("5"-1);       //返回4      "5"转换为5
        document.write("<br>");
        document.write(true+false);  //返回1    true转换为1，false转换为0
        document.write("<br>");
        document.write(true+5) ;     //返回6        true转换为1
        document.write("<br>");
        document.write(true+"5");    //返回true5        true转换为字符串"true"
        document.write("<br>");
        document.write("ab"-5);      //返回NaN
</script>
</body>
</html>
```

运行程序，结果如图 3-15 所示。

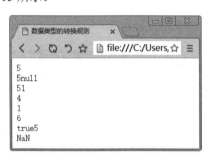

图 3-15　数据类型的自动转换

3.5　新手常见疑难问题

▌疑问 1：JavaScript 中，运算符 == 和 = 有什么区别？

运算符 == 是比较运算符，运算符 = 是赋值运算符，它们是完全不同的。运算符 = 是用于给操作数赋值；而运算符 == 则是用于比较两个操作数的值是否相等。如果在需要比较两个表达式的值是否相等时，错误地使用了赋值运算符 =，则会将右边操作数的值赋给左边的操作数。

▌疑问 2：在 JavaScript 中，如何理解表达式？

在 JavaScript 中，表达式是一个相对的概念，在表达式中可以包含有若干个子表达式，而且表达式中的一个常量或变量都可以看作是一个表达式。

3.6　实战技能训练营

▌实战 1：百分比与数值之间的换算

使用 JavaScript 中的运算符与表达式可以实现数学计算，这里编写代码，实现百分数与数值之间的计算，这里在文本框中输入相应的数值后，单击后面的"计算"按钮，即可实现数值与百分数的换算，程序运行结果如图 3-16 所示。

▌实战 2：计算平面中两点之间的距离

在平面中已知两个点的坐标值，然后使用 JavaScript 中的运算符与表达式计算这两个点之间的距离。这里假设 A 点的坐标为（0,3），B 点的坐标为（3,0），然后单击"计算距离"按钮，即可在下方的文本框中显示计算结果，如图 3-17 所示。

图 3-16　百分数与数值之间的换算

图 3-17　计算两点之间的距离

第4章　程序控制语句

本章导读

　　JavaScript 具有多种类型的程序控制语句，利用这些语句，可以进行程序流程上的判断与控制，从而完成比较复杂的程序操作。本章就来介绍 JavaScript 程序控制语句的相关知识，主要内容包括条件判断语句、循环语句、跳转语句等。

知识导图

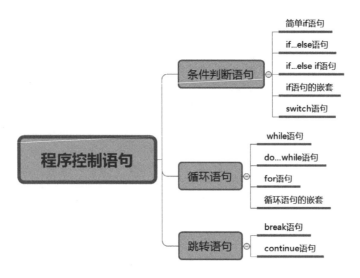

4.1 条件判断语句

条件判断语句就是对语句中不同条件的值进行判断，进而根据不同的条件来执行不同的语句，从而得出不同的结果。条件判断语句是一种比较简单的选择结构语句，它包括 if 语句、if...else 语句、switch 语句等，这些语句各具特点，在一定条件下可以相互转换。

4.1.1 简单 if 语句

if 语句是最常用的条件判断语句，通过判断条件表达式的值为 true 或 false，来确定程序的执行顺序。在实际应用中，if 语句有多种表现形式，最简单的 if 语句的应用格式为：

```
if(表达式)
{
                                    语句;
                                    }
```

参数说明如下。

（1）表达式：必选项，用于指定条件表达式，可以使用逻辑运算符。

（2）语句：用于指定要执行的语句序列，可以是一条或多条语句。当表达式为真时，执行大括号内包含的语句，否则就不执行。if 语句的执行流程如图 4-1 所示。

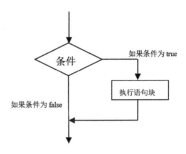

图 4-1 if 语句的执行流程

> **注意**：if 语句中的 if 必须是小写，如果使用大写字母（IF）会生成 JavaScript 错误！

▌ **实例 1：找出三个数值中的最大值。**

代码如下：

```html
<!DOCTYPE html>
<html>
<head>
    <meta charset="UTF-8">
    <title>找出三个数值中的最大值
</title>
</head>
<body>
<script type="text/javaScript">
```

```javascript
var maxValue;           //声明变量
var a=10;               //声明变量并赋值
var b=20;               //声明变量并赋值
var c=30;               //声明变量并赋值
maxValue=a;  //假设a的值最大，定义a为最大值
if(maxValue<b){         //如果最大值小于b
    maxValue=b;         //定义b为最大值
}
if(maxValue<c){         //如果最大值小于c
    maxValue=c;         //定义c为最大值
}
document.write("a="+a+"<br>");
document.write("b="+b+"<br>");
```

```
document.write("c="+c+"<br>");
    document.write("这三个数的最大值为
"+maxValue);//输出结果
</script>
</body>
</html>
```

运行程序，结果如图 4-2 所示。

图 4-2　输出三个数中的最大值

4.1.2　if...else 语句

if...else 语句是 if 语句的标准形式，具体语法格式如下：

```
if (表达式){
    语句块1
}
```
```
else{
    语句块2
}
```

参数说明如下。

（1）表达式：必选项，用于指定条件表达式，可以使用逻辑运算符。

（2）语句 1：用于指定要执行的语句序列，可以是一条或多条语句。当表达式为 true（真）时，执行该语句。

（3）语句 2：用于指定要执行的语句序列，可以是一条或多条语句。当表达式为 false（假）时，执行该语句。

if...else 语句的流程如图 4-3 所示。

在 if...else 语句中，首先对表达式的值进行判断，如果它的值是 true，则执行语句 1 中的内容，否则执行语句 2 中的内容。

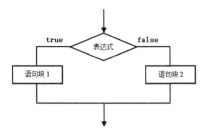

图 4-3　if...else 语句的执行流程

▌实例 2：根据时间输出不同的问候语。

本案例规定当时间小于 20:00 时，输出问候语 Good day!，否则，输出问候语 Good evening!。

代码如下：

```
<!DOCTYPE html>
<html>
<head>
    <meta charset="UTF-8">
    <title>if...else语句的应用</title>
</head>
<body>
<script type="text/javaScript">
    var x="";
```

```
    var time=new Date().getHours();
    if (time<20){
        x="Good day! ";
    }
    else{
        x="Good evening! ";
    }
    document.write("当前时间为: "+time+"
时");
    document.write("<p>");
    document.write("输出问候语为: "+x);
</script>
</body>
</html>
```

运行程序，结果如图 4-4 所示。

图 4-4 if...else 语句应用示例

4.1.3 if...else if 语句

在 JavaScript 语言中，还可以在 if...else 语句中的 else 后跟 if 语句的嵌套，从而形成 if...else if 的结构，这种结构的一般表现形式为：

```
if(表达式1)                          语句块3;
    语句块1;                          …
else if(表达式2)                     else
    语句块2;                              语句块n;
else if(表达式3)
```

该流程控制语句的功能是首先执行表达式 1，如果返回值为 true，则执行语句块 1，再判断表达式 2，如果返回值为 true，则执行语句块 2，再判断表达式 3，如果返回值为 true，则执行语句块 3……否则执行语句块 n。

▌实例 3：输出不同的问候语。

本案例规定如果时间小于 10:00，输出问候语"早上好！"，如果时间大于 10:00 小于 20:00，输出问候语"今天好！"，否则输出问候"晚上好！"。

代码如下：

```
<!DOCTYPE html>
<html>
<head>
    <meta charset="UTF-8">
    <title>if...else if语句的应用</title>
</head>
<body>
<script type="text/javaScript">
    var d = new Date();
    var time = d.getHours();
    document.write("当前时间为: "+time+"
时");
    document.write("<p>");
    if (time<10)
    {
        document.write("<b>输出的问候语
为: 早上好! </b>");
```

```
    }
    else if (time>=10 && time<16)
    {
        document.write("<b>输出的问候语
为: 今天好! </b>");
    }
    else
    {
        document.write("<b>输出的问候语
为: 晚上好! </b>");
    }
</script>
</body>
</html>
```

运行程序，结果如图 4-5 所示。

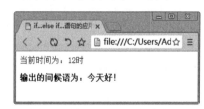

图 4-5 输出不同时间的问候语

4.1.4 if 语句的嵌套

if 语句不但可以单独使用，还可以嵌套使用，即在 if 语句的从句部分嵌套另外一个完整的 if 语句。基本语法格式如下：

```
if(表达式1){
    if(表达式2){
        语句块1
    }else{
        语句块2
    }
}else{
```

```
if(表达式3){
    语句块3
}else{
    语句块4
    }
}
```

> **注意**：在使用 if 语句的嵌套应用时，最好使用大括号 {} 来确定相互的层次关系。

■ 实例 4：判断某考生是否考上大学。

本案例设计效果如下：某考生的高考成绩为 550 分，才艺表演成绩为 120 分。假设重点戏剧类大学的录取分数为 500 分，而才艺表演成绩必须在 130 分以上才可以报考表演类大学。使用 if 嵌套语句判断这个考生是否可以报考表演类大学。代码如下：

```
<!DOCTYPE html>
<html>
<head>
    <meta charset="UTF-8">
    <title>if语句的嵌套</title>
</head>
<body>
<script type="text/javaScript">
    var totalscore=550;
    var Talentscore=120;
    document.write("高考总成绩为：
"+totalscore+"分");
    document.write("<p>");
    document.write("才艺表演成绩为：
"+Talentscore+"分");
    if(totalscore>500) {
        if (Talentscore>130) {
            document.write("该考生可以报
```

```
考表演类大学");
        } else{
            document.write("<p>");
            document.write("该考生可以报
考重点戏剧类大学，但不可报考表演类大学");
        }
    }else{
        if(totalscore>400){
            document.write("<p>");
            document.write("该考生可以报
考普通戏剧类大学");
        }else{
            document.write("<p>");
            document.write("该考生只能报
考专科学校");
        }
    }
</script>
</body>
</html>
```

运行程序，结果如图 4-6 所示。

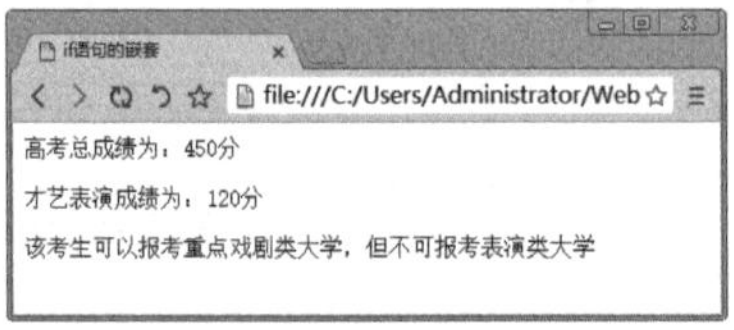

图 4-6　输出不同的判断结果

4.1.5　switch 语句

一个 switch 语句允许测试一个变量等于多个值时的情况。每个值称为一个 case，且被测试的变量会对每个 switch case 进行检查。一个 switch 语句相当于一个 if...else 嵌套语句，因此它们相似度很高，几乎所有的 switch 语句都能用 if...else 嵌套语句表示。

switch 语句与 if...else 嵌套语句最大的区别在于：if...else 嵌套语句中的条件表达式是一个逻辑表达的值，即结果为 true 或 false，而 switch 语句后的表达式值为数值类型或字符串型并与 case 标签里的值进行比较。

switch 语句的语法格式如下：

```
switch(表达式)
{
    case常量表达式1:
        语句块1;
        break;
    case常量表达式2:
        语句块2;
        break;
    case常量表达式3:
        语句块3;
```

```
        break;
        …
    case常量表达式n:
        语句块n;
        break;
    default:
        语句块n+1;
        break;
}
```

首先计算表达的值，当表达式的值等于常量表达式 1 的值时，执行语句块 1；当表达式的值等于常量表达式 2 的值时，执行语句块 2；……；当表达式的值等于常量表达式 n 的值时，执行语句块 n，否则执行 default 后面的语句块 n+1，当执行到 break 语句时跳出 switch 结构。

switch 语句必须遵循下面的规则。

（1）switch 语句中的表达式是一个常量表达式，必须是一个数值类型或字符串类型。

（2）在一个 switch 中可以有任意数量的 case 语句。每个 case 后跟一个要比较的值和一个冒号。

（3）case 标签后的表达式必须与 switch 中的变量具有相同的数据类型，且必须是一个常量或字面量。

（4）当被测试的变量等于 case 中的常量时，case 后跟的语句将被执行，直到遇到 break 语句为止。

（5）当遇到 break 语句时，switch 终止，控制流将跳转到 switch 语句后的下一行。

（6）不是每一个 case 都需要包含 break。如果 case 语句不包含 break，控制流将会继续后续的 case，直到遇到 break 为止。

（7）一个 switch 语句可以有一个可选的默认值，出现在 switch 的结尾。默认值可用于在上面所有 case 都不为真时执行一个任务。默认值中的 break 语句不是必需的。

实例 5：switch 语句应用示例。

```html
<!DOCTYPE html>
<html>
<head>
    <meta charset="UTF-8">
    <title>switch语句的应用</title>
</head>
<body>
<script type="text/javaScript">
    var x;
    var d=new Date().getDay();
    switch(d){
        case 0:
            x="今天是星期日";
            break;
        case 1:
            x="今天是星期一";
            break;
        case 2:
            x="今天是星期二";
            break;
        case 3:
            x="今天是星期三";
            break;
        case 4:
            x="今天是星期四";
            break;
        case 5:
            x="今天是星期五";
            break;
        case 6:
            x="今天是星期六";
            break;
    }
    document.write(x);
</script>
</body>
</html>
```

运行程序，结果如图 4-7 所示。

图 4-7　switch 语句的应用示例

4.2　循环语句

在实际应用中，往往会遇到一行或几行代码需要执行多次的情况，这就是代码的循环。几乎所有的程序都包含循环，循环是重复执行的指令，重复次数由条件决定，这个条件称为循环条件，反复执行的程序段称为循环体。

在 JavaScript 中，为用户提供了 4 种循环结构类型，分别为 while 循环、do...while 循环、for 循环、嵌套循环。具体介绍如表 4-1 所示。

表 4-1　循环结构类型

循环类型	描　　　述
while 循环	当给定条件为真时，重复语句或语句组。它会在执行循环主体之前测试条件
do...while 循环	除了它是在循环主体结尾测试条件外，其他与 while 语句类似
for 循环	多次执行一个语句序列，简化管理循环变量的代码
嵌套循环	用户可以在 while、for 或 do...while 循环内使用一个或多个循环

4.2.1　while 语句

while 循环根据循环条件的返回值来判断执行零次或多次循环体。当逻辑条件成立时，重复执行循环体，直到条件不成立时终止，while 循环的语法格式如下：

```
while(表达式)                         语句块;
{                                    }
```

在这里，语句块可以是一个单独的语句，也可以是几个语句组成的代码块。表达式可以是任意的表达式，表达式的值非零时为 true，当条件为 true 时执行循环；当条件为 false 时，退出循环，程序流将继续执行紧接着循环的下一条语句。

当遇到 while 循环时，首先计算表达式的返回值，当表达式的返回值为 true 时，执行一次循环体中的语句块，循环体中的语句块执行完毕时，将重新查看是否符合条件，若表达式的值还返回 true，将再次执行相同的代码，否则跳出循环。while 循环的特点：先判断条件，后执行语句。

使用 while 语句时要注意以下几点。

（1）while 语句中的表达式一般是关系表达式或逻辑表达式，只要表达式的值为真（非 0）即可继续循环。

（2）循环体包含一条以上语句时，应用"{}"括起来，以复合语句的形式出现；否则，它只认为 while 后面的第 1 条语句是循环体。

（3）循环前，必须给循环控制变量赋初值，如上例中的（sum=0;）。

（4）循环体中，必须有改变循环控制变量值的语句（使循环趋向结束的语句），如上例中的 (i++;)，否则循环永远不结束，形成所谓的死循环。例如下面的代码：

```
int i=1;                             document.write("while语句注意事项");
while(i<10)
```

因为 i 的值始终是 1，也就是说，永远满足循环条件 i<10，所以，程序将不断地输出"while 语句注意事项"，陷入死循环，因此必须给出循环终止条件。

while 循环之所以被称为有条件循环，是因为语句部分的执行要依赖于判断表达式中的条件。之所以说它是使用入口条件的，是因为在进入循环体之前必须满足这个条件。如果在第一次进入循环体时条件就没有被满足，程序将永远不会进入循环体。例如如下代码：

```
int i=11;
while(i<10)
```
```
document.write("while语句注意事项");
```

因为 i 一开始就被赋值为 11，不符合循环条件 i<10，所以不会执行后面的输出语句。要使程序能够进入循环，必须给 i 赋比 10 小的初值。

实例 6：求数列 1/2、2/3、3/4... 前 20 项的和。

代码如下：

```html
<!DOCTYPE html>
<html>
<head>
    <meta charset="UTF-8">
    <title>while语句的应用</title>
</head>
<body>
<script type="text/javaScript">
    var i;     //定义变量i用于存放整型数据
    var sum=0;    //定义变量sum用于存放累加
和
    i=1;         //循环变量赋初值
    while(i<=20)  //循环的终止条件是i<=20
    {
        sum=sum+i/(i+1.0);
                    //每次把新值加到sum中
```
```html
        i++;        //循环变量增值，此语句一定
要有
    }
    document.write("该数列前20项的和
为:"+sum);
</script>
</body>
</html>
```

运行程序，结果如图 4-8 所示。本实例的数列可以写成通项式：n/(n+1)，n=1, 2, ..., 20，n 从 1 循环到 20，计算每次得到当前项的值，然后加到 sum 中即可求出。

图 4-8　程序运行结果

> **注意**：while 后面不能直接加 ;，如果直接在 while 语句后面加了分号 (;)，系统会认为循环体是空体，什么也不做。后面用 {} 括起来的部分将认为是 while 语句后面的下一条语句。

4.2.2　do...while 语句

在 JavaScript 语言中，do...while 循环是在循环的尾部检查它的条件。do...while 循环与 while 循环类似，但是也有区别。do...while 循环和 while 循环的最主要区别如下。

（1）do...while 循环是先执行循环体后判断循环条件，while 循环是先判断循环条件后执行循环体。

（2）do...while 循环的最小执行次数为 1 次，while 语句的最小执行次数为 0 次。

do...while 循环的语法格式如下：

```
do
{
    语句块;
```
```
}
while(表达式);
```

这里的条件表达式出现在循环的尾部，所以循环中的语句块会在条件被测试之前至少执行一次。如果条件为真，控制流会跳转回上面的 do，然后重新执行循环中的语句块，这个过程会不断重复，直到给定条件变为假为止。

程序遇到关键字 do，执行大括号内的语句块，语句块执行完毕，执行 while 关键字后的表达式，如果表达式的返回值为 true，则向上执行语句块，否则结束循环，执行 while 关键字后的程序代码。

使用 do...while 语句应注意以下几点。

（1）do...while 语句是先执行"循环体语句"，后判断循环终止条件，与 while 语句不同。二者的区别在于：当 while 后面的表达式开始的值为 0（假）时，while 语句的循环体一次也不执行，而 do...while 语句的循环体至少要执行一次。

（2）在书写格式上，循环体部分要用 {} 括起来，即使只有一条语句也如此；do-while 语句最后以分号结束。

> **提示**：while 与 do...while 的最大区别在于 do...while 将先执行一遍大括号中的语句，再判断表达式的真假。

实例 7：使用 do...while 语句计算 1+2+3+...+100 的和。

代码如下：

```html
<!DOCTYPE html>
<html>
<head>
    <meta charset="UTF-8">
    <title>do...while语句的应用
</title>
</head>
<body>
<script type="text/javaScript">
    var i=1;         //定义变量并初始化
    var sum=1;       //定义变量并初始化
    document.write("100以内自然数求和: ");
    document.write("<p>");
    do{
        sum+=i;
```

```html
        i++;             //自增运算
    }
    while(i<=100);     //while语句
    document.write("1+2+3+...+100=
"+sum);    //输出结果
</script>
</body>
</html>
```

运行程序，结果如图 4-9 所示。

图 4-9 输出计算结果

4.2.3 for 语句

for 循环和 while 循环、do...while 循环一样，可以循环重复执行一个语句块，直到指定的循环条件返回值为假。for 循环的语法格式为：

```
for(表达式1;表达式2;表达式3)              语句块;
{                                        }
```

主要参数介绍如下。

（1）表达式 1 为赋值语句，如果有多个赋值语句可以用逗号隔开，形成逗号表达式。

（2）表达式 2 返回一个布尔值，用于检测循环条件是否成立。

（3）表达式 3 为赋值表达式，用来更新循环控制变量，以保证循环能正常终止。

for 循环的执行过程如下。

（1）表达式 1 会首先被执行，且只会执行一次。这一步允许用户声明并初始化任何循环控制变量。用户也可以不在这里写任何语句，只要有一个分号出现即可。

（2）接下来会判断表达式 2。如果为真，则执行循环主体。如果为假，则不执行循环主体，且控制流会跳转到紧接着 for 循环的下一条语句。

（3）在执行完 for 循环主体后，控制流会跳回表达式 3 语句。该语句允许用户更新循环控制变量。该语句可以留空，只要在条件后有一个分号出现即可。

（4）最后条件再次被判断。如果为真，则执行循环，这个过程会不断重复（循环主体，然后增加步值，然后重新判断条件）。在条件变为假时，for 循环终止。

实例 8：使用 for 循环语句计算 1+2+3+...+100 的和。

代码如下：

```html
<!DOCTYPE html>
<html>
<head>
    <meta charset="UTF-8">
    <title>for循环语句的应用</title>
</head>
<body>
<script type="text/javaScript">
    for(var i=0,Sum=0;i<=100;i++)
    {
        Sum+=i;
    }
    document.write("100以内自然数求和: ");
    document.write("<p>");
    document.write("1+2+3+...+100=
"+Sum);
</script>
</body>
</html>
```

运行程序，结果如图 4-10 所示。

图 4-10　for 语句的应用示例

> **注意**：通过上述实例可以发现，while 循环、do...while 循环和 for 循环有很多相似之处，几乎所有的循环语句，这三种循环都可以互换。

4.2.4　循环语句的嵌套

在一个循环体内又包含另一个循环结构，称为循环嵌套。如果内嵌的循环中还包含有循环语句，这种称为多层循环。while 循环、do...while 循环和 for 循环语句之间可以相互嵌套。

1. 嵌套 for 循环

在 JavaScript 语言中，嵌套 for 循环的语法结构如下：

```
for (表达式1;表达式2;表达式3)
{
    语句块;
    for(表达式1;表达式2;表达式3)
    {
        语句块;
        ...
    }
    ...
}
```

实例 9：输出九九乘法口诀。

代码如下：

```html
<!DOCTYPE html>
<html>
<head>
    <meta charset="UTF-8">
    <title>嵌套for循环语句的应用
</title>
</head>
<body>
<script type="text/javaScript">
    var i,j;
    for(i=1; i<=9;i++)
            //外层循环 每循环1次输出一行
    {
        for(j=1;j<=i;j++)
            //内层循环 循环次数取决于i
        {
            document.write(i+" × "+j+"="
+i*j+" ");
        }
        document.write("<br>");
    }
</script>
</body>
</html>
```

运行程序，结果如图 4-11 所示。

图 4-11 输出乘法口诀

2. 嵌套 while 循环

在 JavaScript 语言中，嵌套 while 循环的语法结构如下：

```
while(条件1)
{
    语句块
    while(条件2)
    {
        语句块;
        ...
    }
    ...
}
```

实例 10：使用 while 语句在屏幕上输出由 * 组成的形状。

代码如下：

```html
<!DOCTYPE html>
<html>
<head>
    <meta charset="UTF-8">
    <title>嵌套while循环语句的应用</title>
</head>
<body>
<script type="text/javaScript">
    var i=1,j;
    while(i<=5)
    {
        j=1;
        while(j<=i)
        {
            document.write("*");
            j++;
        }
        document.write("<br>");
        i++;
    }
</script>
</body>
</html>
```

运行程序，结果如图 4-12 所示。

```
*
**
***
****
*****
```

图 4-12 由 * 组成的形状

3. 嵌套 do...while 循环

在 JavaScript 语言中，嵌套 do...while 循环的语法结构如下：

```
do
{
```

```
    语句块;
    do
    {
        语句块;
```

实例 11：使用 do...while 语句在屏幕上输出由 * 组成的形状。

代码如下：

```html
<!DOCTYPE html>
<html>
<head>
    <meta charset="UTF-8">
    <title>嵌套do...while循环语句的应用</title>
</head>
<body>
<script type="text/javaScript">
    var i=1,j;
    do{
        j=1;
        do{
            document.write("*");
```

```
            ...
        }while (条件2);
        ...
    }while (条件1);
```

```javascript
            j++;
        }while(j<=i);
        i++;
        document.write("<br>");
    }while(i<=6);
</script>
</body>
</html>
```

运行程序，结果如图 4-13 所示。

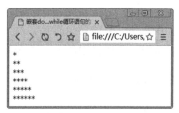

图 4-13　由 * 组成的形状（使用 do...while）

4.3　跳转语句

循环控制语句可以改变代码的执行顺序，通过这些语句可以实现代码的跳转。JavaScript 语言提供的 break 和 continue 语句可以实现这一目的。break 语句的作用是立即跳出循环，continue 语句的作用是停止正在进行的循环，而直接进入下一次循环。

4.3.1　break 语句

break 语句只能应用在选择结构 switch 语句和循环语句中，如果出现在其他位置，会引起编译错误。break 语句有以下两种用法，分别如下。

（1）当 break 语句出现在一个循环内时，循环会立即终止，且程序流将继续执行紧接着循环的下一条语句。

（2）break 语句可用于终止 switch 语句中的一个 case。

> **注意**：如果用户使用的是嵌套循环（一个循环内嵌套另一个循环），break 语句会停止执行最内层的循环，然后开始执行该语句块之后的下一行代码。

break 语句的语法格式如下：

```
break;
```

break 语句用在循环语句的循环体内的作用，是终止当前的循环语句。

例如，无 break 语句：

```
int sum=0, number;
while (number !=0) {
```

　　有 break 语句：

```
int sum=0, number;
while (1) {
    if (number==0)
```

```
        sum+=number;
}
```

```
        break;
        sum+=number;
}
```

　　这两段程序产生的效果是一样的。需要注意的是：break 语句只是跳出当前的循环语句，对于嵌套的循环语句，break 语句的功能是从内层循环跳到外层循环。例如：

```
int i=0,j,sum=0;
while(i<10){
    for(j=0;j<10;j++){
        sum+=i+j;
```

```
        if(j==i) break;
    }
    i++;
}
```

　　本例中的 break 语句执行后，程序立即终止 for 循环语句，并转向 for 循环语句的下一个语句，即 while 循环体中的 i++ 语句，继续执行 while 循环语句。

▌实例 12：break 语句应用示例。

　　使用 while 循环输出变量 a 在 10 到 20 之间的整数，在内循环中使用 break 语句，当输出到 15 时跳出循环：

　　代码如下：

```
<!DOCTYPE html>
<html>
<head>
    <meta charset="UTF-8">
    <title>break语句的应用</title>
</head>
<body>
<script type="text/javaScript">
    var a =10;          //局部变量定义
    while(a<20)         // while循环执行
    {
        document.write("a的值: "+a);
        document.write("<br>");
```

```
        a++;
        if(a>15)
        {
            break;
            /*使用break语句终止循环*/
        }
    }
</script>
</body>
</html>
```

　　运行程序，结果如图 4-14 所示。

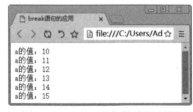

图 4-14　break 语句的应用示例

> **注意**：在嵌套循环中，break 语句只能跳出离自己最近的那一层循环。

4.3.2　continue 语句

　　JavaScript 中的 continue 语句有点像 break 语句。但它不是强制终止，continue 会跳过当前循环中的代码，强迫开始下一次循环。对于 for 循环，continue 语句执行后自增语句仍然会执行。对于 while 和 do...while 循环，continue 语句重新执行条件判断语句。

　　continue 语句的语法格式如下：

```
continue;
```

通常情况下，continue 语句总是与 if 语句连在一起，用来加速循环。假设 continue 语句用于 while 循环语句，要求在某个条件下跳出本次循环，一般形式如下：

```
while(表达式1) {                              }
    ...                                     ...
    if(表达式2) {                            }
        continue;
```

这种形式和前面介绍的 break 语句用于循环的形式十分相似，其区别是：continue 只终止本次循环，继续执行下一次循环，而不是终止整个循环。而 break 语句则是终止整个循环过程，不会再去判断循环条件是否还满足。在循环体中，continue 语句被执行之后，其后面的语句均不再执行。

▎**实例 13**：continue 语句应用示例。

输出 100~120 之间所有不能被 2 和 5 同时整除的整数：

代码如下：

```
<!DOCTYPE html>
<html>
<head>
    <meta charset="UTF-8">
    <title>continue语句的应用</title>
</head>
<body>
<script type="text/javaScript">
    var i,n=0;            //n计数
    for(i=100;i<=120;i++)
    {
        if(i%2==0&&i%5==0)
//如果能同时整除2和5，不打印
        {
            continue;            //结束本次
循环未执行的语句，继续下次判断
        }
        document.write(i+" ");
        n++;
        if(n%5==0)            //5个数输出一行
            document.write("<br>");
    }
</script>
</body>
</html>
```

运行程序，结果如图 4-15 所示。可以看出，输出的这些数值不能同时被 2 和 5 整除，并且每 5 个数输出一行。

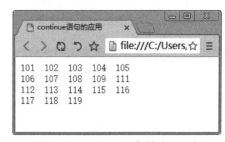

图 4-15　continue 语句的应用示例

在本例中，只有当 i 的值能同时被 2 和 5 整除时，才执行 continue 语句，然后判断循环条件 i<=120，再进行下一次循环。只有当 i 的值不能同时被 2 和 5 整除时，才执行后面的语句。

4.4　新手常见疑难问题

▎**疑问 1**：JavaScript 语言中 while、do...while、for 几种循环语句有什么区别？

同一个问题，往往既可以用 while 语句解决，也可以用 do...while 或者 for 语句来解决，但在实际应用中，应根据具体情况来选用不同的循环语句。选用的一般原则如下。

（1）如果循环次数在执行循环体之前就已确定，一般用 for 语句。如果循环次数是由循

环体的执行情况确定的，一般用 while 语句或者 do...while 语句。

（2）当循环体至少执行一次时，用 do...while 语句，反之，如果循环体可能一次也不执行，则选用 while 语句。

（3）循环语句中，for 语句使用频率最高，while 语句其次，do 语句很少用。

三种循环语句 for、while、do...while 可以互相嵌套、自由组合。但要注意的是，各循环必须完整，相互之间绝不允许交叉。

┃疑问 2：continue 语句和 break 语句有什么区别？

continue 语句只结束本次循环，而不是终止整个循环的执行。break 语句则是结束整个循环过程，不再判断执行循环的条件是否成立。break 语句可以用在循环语句和 switch 语句中。在循环语句中用来结束内部循环；在 switch 语句中用来跳出 switch 语句。

4.5 实战技能训练营

┃实战 1：输出员工业绩划分等级。

某公司将员工的销售金额分为不同的等级，划分标准如下。

① "业绩优秀"：销售额大于或等于 100 万。

② "业绩良好"：大于或等于 80 万。

③ "业绩完成"：大于或等于 60 万。

④ "业绩未完成"：小于 60 万。

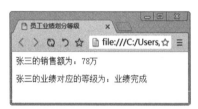

这里假设张三的销售业绩为 78 万，输出该销售业绩对应的等级。运行结果如图 4-16 所示。

实战 2：在下拉菜单中选择年月信息。

图 4-16 输出销售业绩对应的等级

在注册页面中，一般会出现要求用户选择年月的内容，为方便用户的选择，可以把年月信息放置在下拉菜单中输出，这里可以使用循环语句来实现这一功能，如图 4-17 所示为选择年份的运行结果，如图 4-18 所示为选择月份的运行结果。

图 4-17 选择年份信息　　　　图 4-18 选择月份信息

第5章 函数的应用

本章导读

当在 JavaScript 中需要实现较为复杂的系统功能时，就需要使用函数功能了，函数是进行模块化程序设计的基础，通过函数的使用，可以提高程序的可读性与易维护性。本章将详细介绍 JavaScript 函数的应用，主要内容包括函数的定义、函数的调用、常用内置函数、特殊函数等。

知识导图

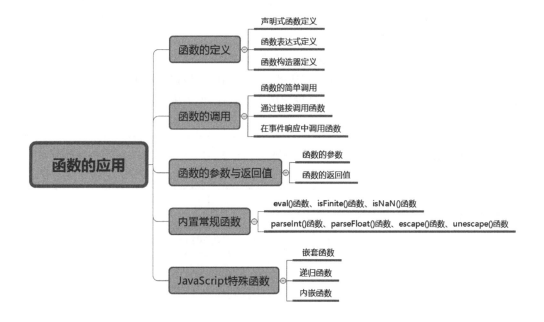

5.1 函数的定义

函数是由事件驱动的或者当它被调用时执行的可重复使用的代码块，是实现一个特殊功能和作用的程序接口，可以被当作一个整体来引用和执行。

1. 声明式函数定义

使用函数前，必须先定义函数，JavaScript 使用关键字 function 定义函数。在 JavaScript 中，函数的定义通常由 4 个部分组成：关键字、函数名、参数列表和函数内部实现语句，具体语法格式如下：

```
function 函数名([参数1,参数2...])
{
    执行语句;
                                    [return表达式;]
                                    }
```

主要参数介绍如下。

（1）function：定义函数的关键字。

（2）函数名：是函数调用的依据，可由编程者自行定义，函数名要符合标识符的定义。

（3）参数 1, 参数 2...：为函数的参数，可以是常量，也可以是变量或表达式。参数列表中可定义一个或多个参数，各参数之间加逗号 "," 分隔开来；当然，参数列表也可为空。

（4）执行语句：为函数体，该部分执行语句是对数据处理的描述，函数的功能由它们实现，本质上相当于一个脚本程序。

（5）return 指定函数的返回值，为可选参数。

函数声明后不会立即执行，会在用户需要的时候调用。当调用该函数时，会执行函数内的代码。同时，可以在某事件发生时直接调用函数（比如当用户单击按钮时），并且可由 JavaScript 在任何位置进行调用。

> **注意：** JavaScript 对大小写敏感，关键词 function 必须是小写的，并且必须以与函数名称相同的大小写来调用函数。

▌实例 1：定义带有参数的函数。

定义一个带有参数的函数，用于计算两个数的和。

代码如下：

```html
<!DOCTYPE html>
<html>
<head>
    <meta charset="UTF-8">
    <title>带有参数的函数</title>
    <script type="text/javaScript">
        function sum(a,b)
        {
            var sum=a+b;
            return sum;
        }
        document.write("10+20=
"+sum(10,20));
    </script>
</head>
<body>
</body>
</html>
```

运行程序，结果如图 5-1 所示。

图 5-1　带有参数的函数

> **提示**：在编写函数时，应尽量降低代码的复杂度及难度，保持函数功能的单一性，简化程序设计，以使脚本代码结构清晰、简单易懂。

2. 函数表达式定义

JavaScript 函数除了可以使用声明方式定义外，还可以通过一个表达式定义，并且函数表达式可以存储在变量中，例如定义一个函数，实现两个数的相乘，具体代码如下：

```javascript
var x=function(a,b) {return a*b};
```

实例 2：计算两个数的乘积。

使用表达式方式定义一个函数，用于计算两个数的乘积。

代码如下：

```html
<!DOCTYPE html>
<html>
<head>
    <meta charset="UTF-8">
    <title>函数表达式定义方式</title>
    <script type="text/javaScript">
            var x=function(a,b)  {return
a*b};
        document.write("5*6="+ x(5,6));
    </script>
</head>
<body>
</body>
</html>
```

运行程序，结果如图 5-2 所示。从运算结果可以得出函数存储在变量中后，变量可作为函数使用。

图 5-2　函数表达式定义应用示例

3. 函数构造器定义

使用 JavaScript 内置函数构造器 Function() 可以定义函数，例如定义一个函数，实现两个数的相减，具体代码如下：

```javascript
var myFunction=new Function("a","b","return a-b");
```

实例 3：计算两个数的差值。

使用函数构造器方式定义一个函数，用于计算两个数的差值。

代码如下：

```html
<!DOCTYPE html>
<html>
<head>
    <meta charset="UTF-8">
    <title>函数构造器定义方式</title>
    <script type="text/javaScript">
        var myFunction=new Function
("a","b","return a-b");
        document.write("10-6=
```

```html
"+myFunction(10,6));
    </script>
</head>
<body>
</body>
</html>
```

运行程序，结果如图 5-3 所示。

图 5-3　函数构造器的定义

在 JavaScript 中，很多时候，用户不必使用构造函数，这样就可以避免使用 new 关键字。因此上面的函数定义示例可以修改为如下代码：

```
var myFunction=Function(a,b) {return a-b};
document.write("10-6="+myFunction(10,6));
```

在浏览器中的运行结果与实例 3 的运行结果一样。

5.2 函数的调用

定义函数是为了在后续的代码中调用函数，在 JavaScript 中调用函数的方法有简单调用、通过链接调用、在事件响应中调用等。

1. 函数的简单调用

函数的简单调用是 JavaScript 中函数调用常用的方法，语法格式如下：

```
函数名(传递给函数的参数1,传递给函数的参数2,...)
```

函数的定义语句通常被放在 HTML 文件的 <head> 段中，而函数的调用语句则可以放在 HTML 文件中的任何位置。

▌实例 4：在网页中输出图片。

定义一个函数 showImage()，该函数的功能是在页面中输出一张图片，然后通过调用这个函数实现图片的输出。

代码如下：

```
<!DOCTYPE html>
<html>
<head>
    <meta charset="UTF-8">
    <title>函数的简单调用</title>
    <script type="text/javaScript">
        function showImage(){
                document.write("<img
src='01.jpg'>");
        };
    </script>
</head>
```

```
<body>
<script type="text/javaScript">
    showImage();
</script>
</body>
</html>
```

运行程序，结果如图 5-4 所示。

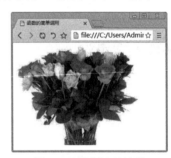

图 5-4 程序运行结果

2. 通过链接调用函数

通过单击网页中的超级链接，可以调用函数。具体的方法是在标签 <a> 中的 href 属性添加调用函数的语句，语法格式如下：

```
javascript:函数名()
```

当单击网页中的超链接时，相关函数就会被执行。

▌实例 5：通过单击超链接调用函数。

定义一个函数 showTest()，该函数可以实现通过单击网页中的超链接，在弹出的对话框中显示一段文字：

```
<!DOCTYPE html>
<html>
<head>
    <meta charset="UTF-8">
    <title>通过链接调用函数</title>
```

```
<script type="text/javaScript">
    function showTest(name,job)
{
            alert("欢迎"+name+"来我店
"+job);
        }
    </script>
</head>
<body>
    <p>单击这个超链接，来调用函数。</p>
    <a href="javascript: showTest
('张董事长','检查工作! ');">单击链接</a>
</body>
</html>
```

运行程序，结果如图 5-5 所示。

图 5-5　程序运行结果（通过单击链接调用函数）

从上述代码中可以看出，首先定义了一个名称为 showTest() 的函数，函数体比较简单，然后使用 alert() 语句输出了一个字符串，最后在单击网页中的超链接时调用 showTest() 函数，在弹出的对话框中显示内容。

3. 在事件响应中调用函数

当用户在网页中单击按钮、复选框、单选按钮等触发事件时，可以实现相应的操作。这时，我们就可以通过编写程序对事件做出的反应进行规定，这一过程也被称为响应事件。在 JavaScript 中，将函数与事件相关联就完成了响应事件的过程。

实例 6：通过单击按钮调用函数。

定义一个函数 showTest()，该函数可以实现通过单击按钮，在弹出的对话框中显示一段文字：

```
<!DOCTYPE html>
<html>
<head>
    <meta charset="UTF-8">
    <title>通过链接调用函数</title>
    <script type="text/javaScript">
        function showTest(name,job)
{
                alert("欢迎"+name+"来我店
"+job);
        }
    </script>
```

```
</head>
<body>
    <p>单击这个按钮，来调用函数。</p>
<button onclick="showTest('张董事长',
'检查工作! ')">单击按钮</button>
</body>
</html>
```

运行程序，结果如图 5-6 所示。

图 5-6　在事件响应中调用函数

5.3　函数的参数与返回值

函数的参数与返回值是函数中比较重要的两个概念，本节就来介绍函数的参数与返回值的应用。

1. 函数的参数

在定义函数时，有时会指定函数的参数，这个参数被称为形参，在调用带有形参的函数时，需要指定实际传递的参数，这个参数被称为实参。

在 JavaScript 中，定义函数参数的语法格式如下：

```
function 函数名(形参,形参,...)          函数体
{                                    }
```

定义函数时，可以在函数名后的小括号内指定一个或多个形参，当指定多个形参时，中间使用逗号隔开。指定形参的作用为当调用函数时，可以为被调用的函数传递一个或多个值。

如果定义的函数带有一个或多个形参，那么在调用该函数时就需要指定对应的实参。具体的语法格式如下：

```
函数名(实参,实参,...)
```

▌实例 7：输出学生的姓名与班级。

定义一个带有两个参数的函数 studentinfo()，这两个参数用于指定学生的姓名与班级信息，然后对它进行输出。代码如下：

```html
<!DOCTYPE html>
<html>
<head>
    <meta charset="UTF-8">
    <title>函数参数的应用</title>
    <script type="text/javaScript">
        function studentinfo(name,
classinfo){
            alert("学生姓名: "+name+" \n
所在班级: "+classinfo);
        }
    </script>
```

```html
</head>
<body>
    <p>单击这个按钮，来调用带有参数的函数。
</p>
    <button onclick="studentinfo
('张一涵','英语系4班')">单击按钮</button>
</body>
</html>
```

运行程序，结果如图 5-7 所示。

图 5-7　定义函数的参数

2. 函数的返回值

在调用函数时，有时希望通过参数向函数传递数据，有时希望从函数中获取数据，这个数据就是函数的返回值。在 JavaScript 的函数中，可以使用 return 语句为函数返回一个值。语法格式如下：

```
return 表达式;
```

> **注意**：在使用 return 语句时，函数会停止执行，并返回指定的值。但是，整个 JavaScript 程序并不会停止执行，它会从调用函数的地方继续执行代码。

▌实例 8：计算购物清单中所有商品的总价。

某公司要开展周年庆，需要购买一些鲜花来装饰会场，假设需要购买的鲜花信息如下。
（1）玫瑰花：单价 5 元，购买 50 支。
（2）长寿花：单价 35 元，购买 10 盆。
（3）百合花：单价 25 元，购买 25 支。
定义一个函数 price()，该函数带有两个参数，将商品单价与商品数量作为参数进行传递，然后分别计算鲜花的总价，最后将不同鲜花的总价进行相加，最终计算出所有鲜花的总价：

```
<!DOCTYPE html>
<html>
<head>
    <meta charset="UTF-8">
    <title>购物清单及总价</title>
    <script type="text/javascript">
        function price(unitPrice,number){//定义函数，将商品单价和商品数量作为参数传递
            var totalPrice=unitPrice*number;//计算单个商品总价
            return totalPrice;//返回单个商品总价
        }
        var Rose=price(5,50);//调用函数，计算玫瑰花的总价
        var Kalanchoe = price(35,10);//调用函数，计算长寿花总价
        var Lilies = price(25,25);//调用函数，计算百合花总价
        document.write("玫瑰花总价: "+Rose+"元"+"<br>");
        document.write("长寿花总价: "+Kalanchoe+"元"+"<br>");
        document.write("百合花总价: "+Lilies+"元"+"<br>");
        var total=Rose+Kalanchoe+Lilies;//计算所有商品总价
        document.write("商品总价: "+total+"元");//输出所有商品总价
    </script>
</head>
<body>
</body>
</html>
```

运行程序，结果如图 5-8 所示。

图 5-8　计算购物清单及总价

5.4　内置常规函数

内置函数是语言内部事先定义好的函数，使用 JavaScript 的内置函数，可提高编程效率，其中常用的内置函数有多种，常见的内置函数如下。

1. eval() 函数

eval() 函数计算 JavaScript 字符串，并把它作为脚本代码来执行。如果参数是一个表达式，eval() 函数将执行表达式；如果参数是 JavaScript 语句，eval() 将执行 JavaScript 语句。语法结构如下：

```
eval(string)
```

参数 string 是必选项。要计算的字符串，其中含有要计算的 JavaScript 表达式或要执行的语句。

2. isFinite() 函数

isFinite() 函数用于检查其参数是否是无穷大，如果该参数为非数字、正无穷数，或负无穷数，则返回 false，否则返回 true。如果是字符串类型的数字，则将会自动转化为数字型。语法结构如下：

```
isFinite(value)
```

参数 value 是必选项，为要检测的数值。

3. isNaN() 函数

isNaN() 函数用于检查其参数是否是非数字值。如果参数值为 NaN 或字符串、对象、undefined 等非数字值，则返回 true，否则返回 false。语法结构如下：

```
isNaN(value)
```

参数 value 为必选项，为需要检测的数值。

4. parseInt() 函数

parseInt() 函数可解析一个字符串，并返回一个整数。具体语法格式如下：

```
parseInt(string, radix)
```

函数中参数的使用方法如下。

（1）string 必选项。要被解析的字符串。

（2）radix 可选项。表示要解析的数字的基数，该值介于 2~36 之间。

（3）当参数 radix 的值为 0，或没有设置该参数时，parseInt() 会根据 string 来判断数字的基数。当忽略参数 radix 时，JavaScript 默认数字的基数如下。

①如果 string 以 "0x" 开头，parseInt() 会把 string 的其余部分解析为十六进制的整数。

②如果 string 以 0 开头，那么 ECMAScript v3 允许 parseInt() 的一个实现把其后的字符解析为八进制或十六进制的数字。

③如果 string 以 1~9 的数字开头，parseInt() 将把它解析为十进制的整数。

5. parseFloat() 函数

parseFloat() 函数可解析一个字符串，并返回一个浮点数。该函数指定字符串中的首个字符是否是数字。如果是，则对字符串进行解析，直至到达数字的末端为止，然后以数字返回该数字，而不是作为字符串。语法格式如下：

```
parseFloat(string)
```

参数 string 为必选项，要被解析的字符串。

> **注意**：字符串中只返回第一个数字，开头和结尾的空格是允许的，如果字符串的第一个字符不能被转换为数字，那么 parseFloat() 会返回 NaN。

6. escape() 函数

escape() 函数可对字符串进行编码，这样就可以在所有的计算机上读取该字符串。该方法不会对 ASCII 字母和数字进行编码，也不会对下面这些 ASCII 标点符号进行编码： * @ - _ + . / 。其他所有的字符都会被转义序列替换。语法结构如下：

```
escape(string)
```

其中，参数 string 为必选项，是要被转义或编码的字符串。

7. unescape() 函数

unescape() 函数可对通过 escape() 编码的字符串进行解码。语法结构如下：

```
unescape(string)
```

参数 string 为必选项，是要解码的字符串。

下面以 escape() 函数和 unescape() 函数为例进行讲解。

■ 实例 9：使用 escape() 函数和 unescape() 函数对字符串进行编码和解码。

代码如下：

```
<!DOCTYPE html>
<html>
<head>
    <meta charset="UTF-8">
    <title>对字符串进行编码和解码</title>
</head>
<body>
<h3>cscape()函数应用示例</h3>
<script type="text/javascript">
    document.write("空格符对应的编码是%20, 感叹号对应的编码符是%21, "+"<br/>") ;
    document.write("<br/>"+"故, 执行语句escape('hello JavaScript!')后, "+"<br/>") ;
document.write("<br/>"+"结果为: "+escape("hello JavaScript!") +"<br/>") ;
    document.write("<br/>"+"故, 执行语句unescape('Hello%20
JavaScript%21')后, "+"<br/>");
    document.write("<br/>"+"结果为:
"+unescape('Hello%20JavaScript%21')) ;
</script>
</body>
</html>
```

运行程序，结果如图 5-9 所示。

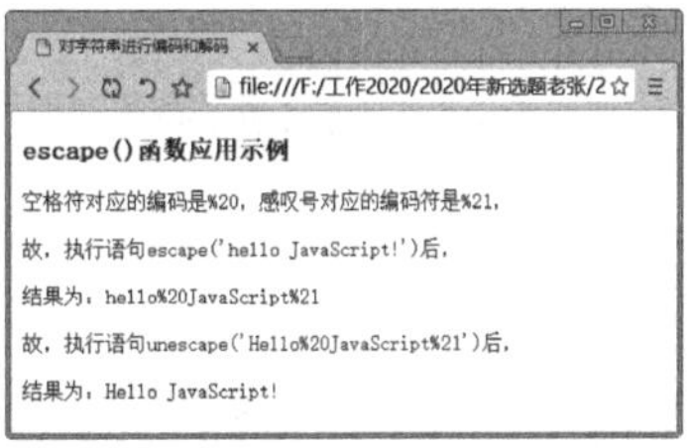

图 5-9　对字符串进行编码和解码

5.5　JavaScript 特殊函数

在了解了什么是函数以及函数的调用方法后，下面再来介绍一些特殊函数，如嵌套函数、递归函数、内嵌函数等。

5.5.1　嵌套函数

嵌套函数是指在一个函数的函数体中使用了其他的函数，这样定义的优点在于可以使用内部函数轻松获得外部函数的参数以及函数的全局变量。嵌套函数的语法格式如下：

```
function 外部函数名(参数1,参数2,...){
    function 内部函数名(参数1,参数2,...){
        函数体
    }
}
```

> **注意**：在 JavaScript 中使用嵌套函数会使程序的可读性降低，因此，应尽量避免使用这种定义嵌套函数的方式。

■ 实例 10：使用嵌套函数计算某学生成绩的平均分。

代码如下：

```
<!DOCTYPE html>
<html>
<head>
```

```
    <meta charset="UTF-8">
    <title>计算某学生成绩的平均分</title>
    <script type="text/javascript">
        function getAverage(math,chinese,english){//定义含有3个参数的函数
            var average=(math+chinese+english)/3;//获取3个参数的平均值
            return average; //返回average变量的值
        }
        function getResult(math,chinese,english){//定义含有3个参数的函数
            document.write("该学生各课成绩如下："+"<br>");//输出传递的3个参数值
            document.write("数学："+math+"分"+"<br>");
            document.write("语文："+chinese+"分"+"<br>");
            document.write("英语："+english+"分"+"<br>");
            var result=getAverage(math,chinese,english);//调用getAverage()函数
            document.write("该学生的平均成绩为："+result+"分");//输出函数的返回值
        }
    </script>
</head>
<body>
<script type="text/javascript">
    getResult(93,90,87);                //调用getResult()函数
</script>
</body>
</html>
```

运行程序，结果如图 5-10 所示。

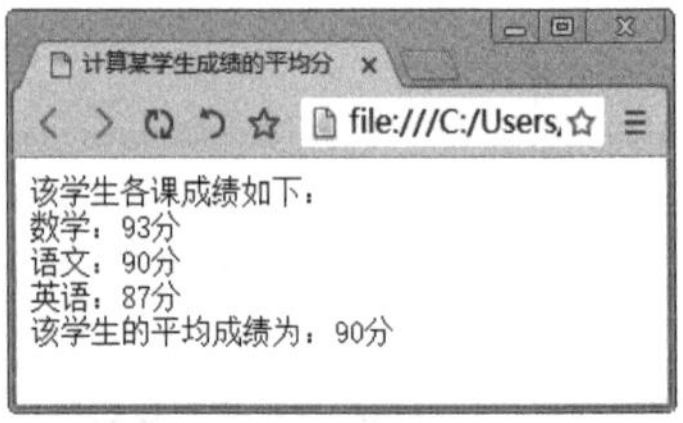

5.5.2 递归函数

递归是一种重要的编程技术，它用于让一个函数从其内部调用其自身。在定义递归函数时，需要两个必要条件：首先包括一个结束递归的条件；其次包括一个递归调用的语句。

图 5-10 嵌套函数的应用

递归函数的语法格式如下：

```
function递归函数名(参数1){
    递归函数名(参数2);
}
```

实例 11：使用递归函数求取 30 以内偶数的和。

代码如下：

```
<!DOCTYPE html>
<html>
<head>
    <meta charset="UTF-8">
    <title>函数的递归调用</title>
    <script type="text/javascript">
        var msg="\n函数的递归调用 : \n\n";
        function Test()        //响应按钮的onclick事件处理程序
        {
            var result;
            msg+="调用语句 : \n";
            msg+="          result = sum(30);\n";
            msg+="调用步骤 : \n";
            result=sum(30);
            msg+="计算结果 : \n";
            msg+="          result = "+result+"\n";
            alert(msg);
        }
        function sum(m)        //计算当前步骤的和值
        {
            if(m==0)
                return 0;
            else
            {
                msg+="          语句 : result = " +m+ "+sum(" +(m-2)+");\n";
                result=m+sum(m-2);
```

```
        }
            return result;
        }
    </script>
</head>
<body>
```

```
<form>
    <input type=button value="测试"
onclick="Test()">
</form>
</body>
</html>
```

在上述代码中，为了求取 30 以内的偶数和定义了递归函数 sum(m)，而函数 Test() 对其进行调用，并利用 alert 方法弹出相应的提示信息。

运行程序，结果如图 5-11 所示。单击"测试"按钮，即可在弹出的信息提示框中查看递归函数的使用，如图 5-12 所示。

图 5-12　函数的递归调用　　　　图 5-12　查看运行结果

5.5.3　内嵌函数

所有函数都能访问全局变量，实际上，在 JavaScript 中，所有函数都能访问它们上一层的作用域。JavaScript 支持内嵌函数，内嵌函数可以访问上一层的函数变量。

▌实例 12：使用内嵌函数访问父函数。

定义一个内嵌函数 plus()，使它可以访问父函数的 counter 变量，在其中添加如下代码：

```
<!DOCTYPE html>
<html>
<head>
    <meta charset="UTF-8">
    <title>内嵌函数的使用</title>
</head>
<body>
<p>内嵌函数的使用</p>
<script>
    function add(){
        var counter = 0;
```

```
        function plus() {counter += 1;}
        plus();
        return counter;
    }
    document.write(add());
</script>
</body>
</html>
```

运行程序，结果如图 5-13 所示。

图 5-13　内嵌函数的使用

5.6　新手常见疑难问题

▌疑问 1：函数中的形参个数与实参个数必须相同吗?

可以不相同。一般情况下，在定义函数时定义了多少个形参，在函数调用时就会给出多少个实参。但是，JavaScript 本身不会检查实参个数与形参是否一样。如果实参个数小于函数定义的形参个数，JavaScript 会自动将多余的参数值设置为 undefined。如果实参个数大于函数定义的形参个数，那么多余的实参就会被忽略掉。

▌疑问 2：在定义函数时，一个页面可以定义两个名称相同的函数吗？

可以定义，而且 JavaScript 不会给出报错提示。不过，在程序运行的过程中，由于两个函数的名称相同，第一个函数会被第二函数所覆盖，所以第一个函数不会执行。因此，要想程序能够正确执行，最好不要在一个页面中定义两个名称相同的函数。

5.7　实战技能训练营

▌实战 1：一元二次方程式求解

编写函数 calcF()，实现输入一个值，计算一元二次方程式 $f(x)=4x^2+3x+2$ 的结果。运行程序，结果如图 5-14 所示。单击"计算"按钮，在对话框中提示用户输入 x 的值，如图 5-15 所示。然后单击"确定"按钮，在对话框中显示相应的计算结果，如图 5-16 所示。

▌实战 2：制作一个立体导航菜单

立体导航菜单效果在网页制作中经常会使用到。通过使用 JavaScript 中强大的函数功能，可以建立一个立体导航菜单。程序运行效果如图 5-17 所示。

图 5-14　加载网页效果

图 5-15　输入数值

图 5-16　显示计算结果

图 5-17　立体导航菜单

第6章　对象的应用

📖 本章导读

在 JavaScript 中，几乎所有的事物都是对象。对象是 JavaScript 最基本的数据类型之一，是一种复合的数据类型，它将多种数据类型集中在一个数据单元，并允许通过对象来存取这些数据的值。本章将详细介绍 JavaScript 的对象，主要内容包括创建对象的方法、常用内置对象、对象的访问语句等。

📖 知识导图

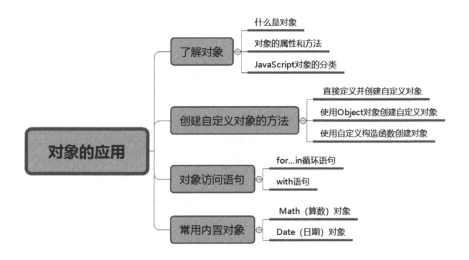

6.1　了解对象

在 JavaScript 中，对象是非常重要的，当你理解了对象后，才真正了解了 JavaScript。对象包括内置对象、自定义对象等多种类型，使用这些对象可大大简化 JavaScript 程序的设计，并提供直观、模块化的方式进行脚本程序开发。

6.1.1　什么是对象

对象（object）可以是一件事、一个实体、一个名词，还可以是有自己标识的任何东西。对象是类的实例化。比如，自然人就是一个典型的对象，"人"的状态包括身高、体重、肤色、性别等特性，如图 6-1 所示。"人"的行为包括吃饭、睡觉等，如图 6-2 所示。

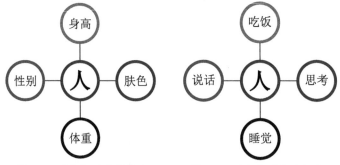

图 6-1　"人"对象的状态　　图 6-2　"人"对象的行为

在计算机的世界里，也存在对象，这些对象不仅包含来自客观世界的对象，还包含为解决问题而引入的抽象对象。例如，一个用户就可以被看作一个对象，它包含用户名、用户密码等状态，还包含注册、登录等行为，如图 6-3 所示。

6.1.2　对象的属性和方法

在 JavaScript 中，可以使用字符来定义和创建 JavaScript 对象，对象包含两个要素：属性和方法。通过访问或设置对象的属性，并且调用对象的方法，就可以对对象进行各种操作，从而实现需要的功能。

图 6-3　用户对象的状态与行为

1. 对象的属性

对象的属性可以用来描述对象状态，它是包含在对象内部的一组变量。在程序中使用对象的一个属性类似于使用一个变量。获取或设置对象的属性值的语法格式如下：

对象名.属性名

例如，这里以汽车"car"对象为例，该对象有颜色、名称等属性，以下代码可以分别获取该对象的这些属性值：

```
var name=car.name;                          var weight=car.weight;
var color=car.color;
```

也可以通过以下代码来设置"car"对象的这些属性：

```
car.name="Fiat";                            car.weight="850kg";
car.color="white";
```

2. 对象的方法

针对对象行为的复杂性，JavaScript 语言将包含在对象内部的函数称为对象的方法，利用它可以实现某些功能，例如，可以定义方法 Open() 来处理文件的打开情况，此时 Open() 就成为方法。

在程序中调用对象的一个方法类似于调用一个函数，语法格式如下：

对象名.方法名(参数)

与函数一样，在对象的方法中可以使用一个或多个参数，也可以不使用参数，这里以对象"car"为例，该对象包含启动、行驶、刹车、停止等方法，以下代码可以分别调用该对象的这几个方法：

```
car.start();                                car.brake();
car.drive();                                car.stop();
```

总之，在 JavaScript 中，对象就是属性和方法的集合，这些属性和方法也叫作对象的成员。方法是作为对象成员的函数，表示对象所具有的行为；属性作为对象成员的变量，表明对象的状态。

6.1.3 JavaScript 对象的分类

JavaScript 中可以使用的对象有 3 类，包括自定义对象、内置对象和浏览器对象。自定义对象是指用户根据需要自己定义的新对象。

使用 JavaScript 中的内置对象可以帮助用户在编写程序时实现一些最常用、最基本的功能，JavaScript 的内置对象包括 Object、Math、Date、String、Array、Number、Boolean、RegExp 对象等，如表 6-1 所示。

表 6-1 JavaScript 中常见的内置对象

对 象 名	功 能
Object 对象	使用该对象可以在程序运行时为 JavaScript 对象随意添加属性
Math 对象	执行常见的算数任务
String 对象	用于处理或格式化文本字符串以及确定和定位字符串中的子字符串
Date 对象	使用 Date 对象执行各种日期和时间的操作
Array 对象	使用单独的变量名来存储一系列的值
Boolean 对象	将非布尔值转换为布尔值（true 或者 false）
RegExp 对象	用于对字符串模式匹配及检索替换，是对字符串执行模式匹配的强大工具
Number 对象	用于包装原始数值

浏览器对象是浏览器根据系统当前的配置和所装载的页面为 JavaScript 提供的一些对象，例如 Document、Windows 对象等，如表 6-2 所示为 JavaScript 中常用的浏览器对象。

表 6-2　JavaScript 中常见的浏览器对象

对 象 名	功　　能
window 对象	表示浏览器中打开的窗口
navigator 对象	包含有关浏览器的信息
screen 对象	包含有关客户端显示屏幕的信息
history 对象	包含用户（在浏览器窗口中）访问过的 URL。history 对象是 window 对象的一部分，可通过 window.history 属性对其进行访问
location 对象	包含有关当前 URL 的信息。location 对象是 window 对象的一部分，可通过 window.Location 属性对其进行访问
document 对象	document 对象使我们可以从脚本中对 HTML 页面中的所有元素进行访问，它是 window 对象的一部分，可通过 window.document 属性对其进行访问

JavaScript 中的对象按照使用方式又可以分为静态对象和动态对象两种。在引用动态对象的属性和方法时，必须使用 new 关键字来创建一个对象，然后才能使用"对象名 . 成员"的方式来访问其属性和方法；在引用静态对象属性和方法时，不需要使用 new 关键字来创建对象，可以直接使用"对象名 . 成员"的方式来访问其属性和方法。

6.2　创建自定义对象的方法

JavaScript 对象是拥有属性和方法的数据。例如，在真实生活中，一辆汽车是一个对象。对象具有自己的属性，如重量、颜色等，方法有启动、停止等。

JavaScript 中创建自定义对象有以下几种方法。

（1）直接创建自定义对象。

（2）通过自定义构造函数创建对象。

（3）通过系统内置的 Object 对象创建。

6.2.1　直接定义并创建自定义对象

直接定义并创建对象，易于阅读和编写，同时也易于对其解析和生成。直接定义并创建自定义对象采用"键 / 值对"集合的形式。在这种形式下，一个对象以 {（左括号）开始，}（右括号）结束。每个"名称"后跟一个 :（冒号），"'键 / 值'对"之间使用 ,（逗号）分隔。

直接定义并创建自定义对象的语法格式如下：

```
var 对象名={属性名1:属性值1,属性名2:属性值2, 属性名3:属性值3...}
```

例如创建一个 person 对象，设置 3 个属性，包括 name、age、eyecolor，代码如下：

```
person={name:"刘天佑",age:3,eyecolor:"black"}
```

直接定义并创建自定义对象具有以下特点。

（1）便于简单格式化的数据交换。

（2）符合人们的读写习惯。

（3）易于机器的分析和运行。

实例 1：创建对象并输出对象属性值。

创建一个人物对象 person，并设置 3 个属性，包括姓名、年龄、职业，然后输出这 3 个属性的值：

```
<!DOCTYPE html>
<html>
<head>
    <meta charset="UTF-8">
    <title>直接定义并创建自定义对象
</title>
</head>
<body>
<script type="text/javascript">
    var person={
//创建人物person对象
        name:"刘一诺",
        age:"35岁",
        job:"教师"
    }
```

```
        document.write("姓名："+person.
name+"<br>"); //输出name属性值
        document.write("年龄："+person.
age+"<br>"); //输出age属性值
        document.write("职业："+person.
job+"<br>"); //输出job属性值
</script>
</body>
</html>
```

运行程序，结果如图 6-4 所示。

图 6-4　直接定义并创建对象

6.2.2　使用 Object 对象创建自定义对象

Object 对象是 JavaScript 中的内置对象，它提供了对象的最基本功能，这些功能构成了所有其他对象的基础，使用 Object 对象可以在不定义构造函数的情况下，来创建自定义对象。具体的语法格式如下：

```
obj=new Object([value])
```

（1）obj：要赋值为 Object 对象的变量名。

（2）value：对象的属性值，可以是任意一种基本数据类型，还可以是一个对象。如果 value 是一个对象，则返回不做改动的该对象。如果 value 是 null 或 undefined，或者没有定义任何数据类型，则产生没有内容的对象。

使用 Object 可以创建一个没有任何属性的空对象。如果要设置对象的属性，可以将一个值赋给对象的新属性。在使用 Object 对象创建自定义对象时，还可以定义对象的方法。

实例 2：使用 Object 创建对象的同时创建方法。

创建一个人物对象 person，并设置 3 个属性，包括姓名、年龄、职业，然后使用 show() 方法输出这 3 个属性的值：

```
<!DOCTYPE html>
<html>
<head>
    <meta charset="UTF-8">
    <title>使用Object创建对象</title>
</head>
<body>
```

```
<script type="text/javascript">
    var person=new Object(); //创建人物
person空对象
    person.name="刘一诺";  //设置name属性
值
    person.age="35岁";     //设置age属性值
    person.job="教师";     //设置job属性值
    person.show=function(){
        alert("姓名："+person.name+" \
n年龄："+person.age+"\n职业："+person.
job); //输出属性值
    };
    person.show();  //调用方法
</script>
</body>
</html>
```

运行程序，结果如图 6-5 所示。

如果在创建 Object 对象时指定了参数，可以直接将这个参数的值转换为相应的对象。例如，通过 Object 对象创建一个字符串对象，代码如下：

```
var mystr=new Object("初始化String"); //创建一个字符串对象
```

图 6-5　使用 show() 方法输出属性值

6.2.3　使用自定义构造函数创建对象

在 JavaScript 中可以自定义构造函数，通过调用自定义的构造函数可以创建并初始化一个新的对象。与普通函数不同，调用构造函数必须使用 new 运算符。构造函数与普通函数一样，可以使用参数，其参数通常用于初始化新对象。

1. 使用"this"关键字构造

在构造函数的函数体内需要通过 this 关键字初始化对象的属性与方法，例如，要创建一个教师对象 teacher，可以定义一个名称 Teacher 的构造函数，代码如下：

```
function Teacher(name,sex,age)      //定义构造函数
{
    this.name=name;                 //初始化对象的name属性
    this.sex=sex;                   //初始化对象的sex属性
    this.age=age;                   //初始化对象的age属性
}
```

从代码中可知，Teacher 构造函数内部对 3 个属性进行了初始化，其中 this 关键字表示对对象自己的属性和方法的引用。

利用定义的 Teacher 构造函数，再加上 new 运算符可以创建一个新对象，代码如下：

```
var teacher01=new Teacher("陈婷婷","女","26岁");//创建对象实例
```

在这里 teacher01 是一个新对象，具体来讲，teacher01 是对象 teacher 的实例。使用 new 运算符创建一个对象实例后，JavaScript 会自动调用所使用的构造函数，执行构造函数中的程序。

在使用构造函数创建自定义对象的过程中，对象的实例不是唯一的。例如，这里可以创建多个 teacher 对象的实例，而且每个实例都是独立的。代码如下：

```
var teacher02=new Teacher("纪萌萌","女","28岁"); //创建对象实例
var teacher03=new Teacher("陈尚军","男","36岁"); //创建对象实例
```

实例 3：使用自定义构造函数创建对象。

创建一个商品对象 shop，并设置 5 个属性，包括商品的名称、类别、品牌、价格与尺寸，然后为 shop 对象创建多个对象实例并输出实例属性：

```
<!DOCTYPE html>
<html>
```

```
<head>
    <meta charset="UTF-8">
    <title>使用自定义构造函数创建对象</title>
    <style type="text/css">
        *{
            font-size:15px;
            line-height:28px;
            font-weight:bolder;
        }
    </style>
</head>
<body>
<img src="02.jpg" align="left" hspace="10" />
<script type="text/javascript">
    function Shop(name,type,brand,price,size){
        this.name=name;                              //对象的name属性
        this.type=type;                              //对象的type属性
        this.brand=brand;                            //对象的brand属性
        this.price=price;                            //对象的price属性
        this.size=size;                              //对象的size属性
    }
    document.write("春季连衣裙"+"<br>");
    var Shop1=new Shop("春季收腰长袖连衣裙","裙装类","EICHITOO/爱居兔","351元","155/
80A/S 160/84A/M 165/88A/L");   //创建一个新对象Shop1
    document.write("商品名称: "+Shop1.name+"<br>");      //输出name属性值
    document.write("商品类别: "+Shop1.type+"<br>");      //输出type属性值
    document.write("商品品牌: "+Shop1.brand+"<br>");     //输出brand属性值
    document.write("商品价格: "+Shop1.price+"<br>");     //输出price属性值
    document.write("尺码类型: "+Shop1.size+"<br>");      //输出size属性值
    document.write("秋季连衣裙"+"<br>");
    var Shop2=new Shop("秋季V领长袖连衣裙","裙装类","EICHITOO/爱居兔","289元","155/
80A/S 160/84A/M 165/88A/L");   //创建一个新对象Shop2
    document.write("商品名称: "+Shop2.name+"<br>");      //输出name属性值
    document.write("商品类别: "+Shop2.type+"<br>");      //输出type属性值
    document.write("商品品牌: "+Shop2.brand+"<br>");     //输出brand属性值
    document.write("商品价格: "+Shop2.price+"<br>");     //输出price属性值
    document.write("尺码类型: "+Shop2.size+"<br>");      //输出size属性值
</script>
</body>
</html>
```

在浏览器中显示的运行结果如图 6-6 所示。

图 6-6　输出两个对象实例

对象不仅可以拥有属性，还可以拥有方法。在定义构造函数的同时，可以定义对象的方法，与对象的属性一样，在构造函数里需要使用 this 关键字来初始化对象的方法。例如，在 teacher 对象中可以定义 3 个不同的方法，分别用于显示姓名（showName）、年龄（showAge）和性别（showSex）：

```
function Teacher(name,sex,age)        //定义构造函数
{
    this.name=name;                    //初始化对象的name属性
    this.sex=sex;                      //初始化对象的sex属性
    this.age=age;                      //初始化对象的age属性
    this.showName=showName;        //初始化对象的方法
    this.showSex=showSex;          //初始化对象的方法
    this.showAge=showAge;          //初始化对象的方法
}
function showName(){                //定义showName()方法
    alert(this.name);              //输出name属性值
}
function showSex(){                //定义showSex()方法
    alert(this.sex);               //输出sex属性值
}
function showAge(){                //定义showAge()方法
    alert(this.age);               //输出age属性值
}
```

另外，在构造函数时，还可以直接定义对象的方法，代码如下：

```
function Teacher(name,sex,age)            //定义构造函数
{
    this.name=name;                        //初始化对象的name属性
    this.sex=sex;                          //初始化对象的sex属性
    this.age=age;                          //初始化对象的age属性
    this.showName=function(){           //定义showName()方法
        alert(this.name);               //输出name属性值
    };
    this.showSex= function(){           //定义showSex()方法
        alert(this.sex);
    };
    this.showAge=function(){            //定义showAge()方法
        alert(this.age);
    };
}
```

▌实例 4：输出某学生的高考考试成绩。

创建一个学生对象 student，并在对象中定义统计考试分数的方法，代码如下：

```
<!DOCTYPE html>
<html>
<head>
    <meta charset="UTF-8">
    <title>统计高考考试分数</title>
    <script type="text/javascript">
        function Student(math,Chinese,English,lizong){
            this.math = math;                      //对象的math属性
            this.Chinese = Chinese;                //对象的Chinese属性
            this.English = English;                //对象的English属性
            this.lizong = lizong;                  //对象的lizong属性
```

```
            this.totalScore = function(){              //对象的totalScore方法
                document.write("数学: "+this.math);
                document.write("<br>语文: "+this.Chinese);
                document.write("<br>英语: "+this.English);
                document.write("<br>理综: "+this.lizong);
                document.write("<br>------------------");
                document.write("<br>总分: "
                            +(this.math+this.Chinese+this.English+this.lizong));
            }
        }
    </script>
</head>
<body>
<script type="text/javascript">
    var Student1=new Student(135,128,125,268);        //创建对象Student1
    Student1.totalScore();
</script>
</body>
</html>
```

运行程序，结果如图 6-7 所示。

2. 使用 prototype 属性

在使用构造函数创建自定义对象的过程中，如果构造函数定义了多个属性和方法，那么在每次创建对象实例时都会为该对象分配相同的属性和方法，这样会增加对内存的需求，这时可以通过 prototype 属性来解决。

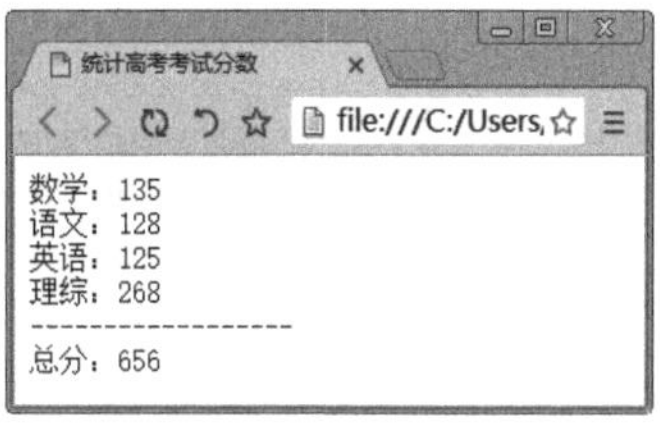

图 6-7　输出某学生的考分

prototype 属性是 JavaScript 中所有函数都具有的一个属性，该属性可以向对象中添加属性或方法，语句格式如下：

```
object.prototype.name=value
```

各个参数的含义如下。

（1）object：构造函数的名称。

（2）name：需要添加的属性名或方法名。

（3）value：添加属性的值或执行方法的函数。

> **注意**：this 与 prototype 的区别主要在于属性访问的顺序以及占用的空间不同。使用 this 关键字，实例初始化时为每个实例开辟构造方法所包含的所有属性、方法所需的空间，而使用 prototype 定义，由于 prototype 实际上是指向父级元素的一种引用，仅仅是个数据的副本，因此在初始化及存储上都比 this 节约资源。

▍**实例 5**：使用 prototype 属性的方式输出商品信息。

创建一个商品对象 shop，并设置 5 个属性，包括商品的名称、类别、品牌、价格与尺寸，然后使用 prototype 属性向对象中添加属性和方法，并输出这些属性的值：

```
<!DOCTYPE html>
<html>
<head>
    <meta charset="UTF-8">
```

```
<title>使用prototype属性</title>
<style type="text/css">
    *{
        font-size:15px;
        line-height:28px;
        font-weight:bolder;
    }
</style>
<script type="text/javascript">
    function Shop(name,type,brand,price,number){
        this.name=name;                            //对象的name属性
        this.type=type;                            //对象的type属性
        this.brand=brand;                          //对象的brand属性
        this.price=price;                          //对象的price属性
        this.number=number;                            //对象的size属性
        Shop.prototype.show=function(){
            document.write("<br>商品名称: "+this.name);
            document.write("<br>商品类别: "+this.type);
            document.write("<br>商品品牌: "+this.brand);
            document.write("<br>商品价格: "+this.price);
            document.write("<br>商品数量: "+this.number);
        }
    }
</script>
</head>
<body>
<img src="02.jpg" align="left" hspace="10" />
<script type="text/javascript">
    var shop1 = new Shop("春季收腰长袖连衣裙","裙装类",
                                    "EICHITOO/爱居兔
","351元","1800件");
    shop1.show();
    document.write("<p>");
    var shop2 = new Shop("秋季V领长袖连衣裙","裙装
类",
                                    "EICHITOO/爱居兔
","289元","2000件");
    shop2.show();
</script>
</body>
</html>
```

运行程序，结果如图 6-8 所示。

图 6-8　输出商品信息

6.3　对象访问语句

在 JavaScript 中，用于对象访问的语句有两种，分别是 for...in 循环语句和 with 语句。下面详细介绍这两种语句的用法。

1. for...in 循环语句

for...in 循环语句和 for 语句十分相似，该语句用来遍历对象的每一个属性。每次都会将属性名作为字符串保存在变量中。语法格式如下：

```
for(变量 in 对象{                                     }
    语句
```

主要参数介绍如下。

（1）变量：用于存储某个对象的所有属性名。

（2）对象：用于指定要遍历属性的对象。

（3）语句：用于指定循环体。

for...in 语句用于对某个对象的所有属性进行循环操作，将某个对象的所有属性名称依次赋值给同一个变量，而不需要事先知道对象属性的个数。

> **注意**：应用 for...in 语句遍历对象属性时，在输出属性值时一定要使用数组的形式（对象名 [属性名]）进行输出，不能使用 "对象名 . 属性名" 的形式输出。

▌实例 6：使用 for...in 语句输出书籍信息。

创建一个对象 mybook，以数组的形式定义对象 mybook 的属性值，然后使用 for...in 语句输出书籍信息：

```
<!DOCTYPE html>
<html>
<head>
    <meta charset="UTF-8">
    <title>使用for in语句</title>
    <style type="text/css">
        *{
            font-size:15px;
            line-height:28px;
            font-weight:bolder;
        }
    </style>
</head>
<body>
<h1 style="font-size:25px;">四大名著
</h1>
<script type="text/javascript">
    var mybook = new Array()
```

```
    mybook[0] = "《红楼梦》";
    mybook[1] = "《西游记》";
    mybook[2] = "《水浒传》";
    mybook[3] = "《三国演义》";
    for (var i in mybook)
    {
        document.write(mybook[i]+
"<br/>")
    }
</script>
</body>
</html>
```

运行程序，结果如图 6-9 所示。

图 6-9　for...in 循环语句的应用

2. with 语句

有了 with 语句，在存取对象属性和方法时就不用重复指定参考对象了，在 with 语句块中，凡是 JavaScript 不识别的属性和方法都和该语句块指定的对象有关。语法格式如下：

```
with (对象名称){
    语句
```

```
}
```

主要参数介绍如下。

（1）对象名称：用于指定要操作的对象名称。

（2）语句：要执行的语句，可直接引用对象的属性名或方法名。

▌实例 7：使用 with 语句输出商品信息。

创建一个商品对象 shop，并设置 4 个属性，包括商品的名称、品牌、价格与数量，

然后使用 with 语句输出这些属性的值。代码如下：

```
<!DOCTYPE html>
```

```html
<html>
<head>
    <meta charset="UTF-8">
    <title>使用with语句输出商品信息
</title>
    <style type="text/css">
        *{
            font-size:18px;
            line-height:35px;
            font-weight:bolder;
        }
    </style>
</head>
<body>
<script type="text/javascript">
    function Shop(name,brand,price,
number){
        this.name=name;
//对象的name属性
        this.brand=brand;
//对象的brand属性
        this.price=price;
//对象的price属性
        this.number=number;
//对象的number属性
    }
    var shop=new Shop("秋季收腰长袖连衣
```

```html
裙","EICHITOO/爱居兔",
                                "351元","2500件");
//创建一个新对象Shop
    with(shop){
            alert("商品名称: "+name+"\n商品品
牌: "+brand+"\n商品价格: "
                                +price+"\n库存数
量: "+number);
    }
</script>
</body>
</html>
```

运行程序，结果如图 6-10 所示。

图 6-10　with 语句的应用

6.4　常用内置对象

JavaScript 作为一门基于对象的编程语言，以其简单、快捷的对象操作获得 Web 应用程序开发者的认可，而其内置的几个核心对象，则构成了 JavaScript 脚本语言的基础。

6.4.1　Math（算数）对象

Math（算数）对象的作用是：执行常见的算数任务。这是因为 Math 对象提供了大量的数学常量和数学函数。在使用 Math 对象时，不能使用关键字 new 来创建对象实例，而应直接使用"对象名 . 成员"的格式来访问其属性和方法。使用 Math 对象的语法结构如下：

```
Math.[{property|method}]
```

主要参数介绍如下。

（1）property 为必选项，为 Math 对象的一个属性名。

（2）method 也是必选项，为 Math 对象的一个方法名。

Math 对象无须在使用这个对象之前对它进行定义。具体应用示例代码如下：

```
var x = Math.PI; // 返回PI
var y = Math.sqrt(16); // 返回16的平方根
```

1. Math 对象的属性

Math 对象的属性是数学中常用的常量，Math 对象的属性如表 6-3 所示。

表 6-3　Math 对象的属性

属 性 名	说　　明
E	返回算术常量 e，即自然对数的底数（约等于 2.718）
LN2	返回 2 的自然对数（约等于 0.693）
LN10	返回 10 的自然对数（约等于 2.302）
LOG2E	返回以 2 为底的 e 的对数（约等于 1.414）
LOG10E	返回以 10 为底的 e 的对数（约等于 0.434）
PI	返回圆周率（约等于 3.14159）
SQRT1_2	返回 2 的平方根的倒数（约等于 0.707）
SQRT2	返回 2 的平方根（约等于 1.414）

2. Math 对象的方法

Math 对象的方法是数学中常用的函数，如表 6-4 所示。

表 6-4　Math 对象的方法

方 法 名	说　　明
abs(x)	返回数的绝对值
acos(x)	返回数的反余弦值
asin(x)	返回数的反正弦值
atan(x)	以介于 -PI/2 与 PI/2 弧度之间的数值来返回 x 的反正切值
atan2(y,x)	返回从 x 轴到点 (x,y) 的角度（介于 -PI/2 与 PI/2 弧度之间）
ceil(x)	对数进行上舍入
cos(x)	返回数的余弦
exp(x)	返回 e 的指数
floor(x)	对数进行下舍入
log(x)	返回数的自然对数（底为 e）
max(n1,n2...)	返回参数列表中的最大值
mix(n1,n2...)	返回参数列表中的最小值
pow(x,y)	返回 x 的 y 次幂
random()	返回 0~1 之间的随机数
round(x)	把数四舍五入为最接近的整数
sin(x)	返回数的正弦
sqrt(x)	返回数的平方根
tan(x)	返回角的正切

下面以返回两个或多个参数中的最大值或最小值为例，来介绍 Math 对象方法的使用。使用 max() 方法可返回指定参数中的较大值。语法格式如下：

```
Math.max(x...)
```

其中参数 x 为 0 或多个值。其返回值为参数中最大的数值。

使用 min() 方法可返回指定参数中的最小值。语法格式如下：

```
Math.min(x...)
```

其中参数 x 为 0 或多个值。其返回值为参数中最小的数值。

6.4.2　Date（日期）对象

在 JavaScript 中，可以使用 Date 对象（日期对象）来实现对日期和时间的控制。如果想在网页中显示计时时钟，就需要使用 Date 对象来获取当前计算机的时间，Date 对象是一种内置式 JavaScript 对象。

1. 创建 Date 对象

在使用 Date 对象处理与日期和时间有关的数据信息之前，需要创建 Date 对象，语法格式如下：

```
dateObj=new Date()
dateObj=new Date(dateVal)
dateObj=new Date(year,month,date[,hours,minutes[,seconds[,ms[[[[)
```

Date 对象语法中各参数的说明如表 6-5 所示。

表 6-5　Date 对象语法中各参数说明

参　数　名	说　　　　明
dateObj	必选项，要赋值为 Date 对象的变量名
dateVal	必选项。如果是数字值，返回从 1970 年 1 月 1 日至今的毫秒数。如果是字符串，常用的格式为"月 日，年 小时：分钟：秒"，其中月份用英文表示，其余用数字表示，时间部分可以省略；另外，还可以使用"年 / 月 / 日小时：分钟：秒"的格式
year	必选项。完整的年份，比如 2020
month	必选项。表示月份，从 0 到 11 之间的整数（1 月至 12 月）
date	必选项。表示日期，是从 1 到 31 之间的整数
hours	可选项。如果提供了 minutes 则必须给出，表示小时，是从 0 到 23 的整数
minutes	可选项。如果提供了 seconds 则必须给出，表示分钟，是从 0 到 59 的整数
seconds	可选项。如果提供了 ms 则必须给出，表示秒数，是从 0 到 59 的整数
ms	可选项。表示毫秒，是从 0 到 999 的整数

2. Date 对象的属性

Date 日期对象只包含两个属性，分别是 constructor 和 prototype，如表 6-6 所示。

表 6-6　Date 对象的属性及说明

属　　　性	描　　　　述
constructor	返回对创建此对象的 Date 函数的引用
prototype	允许用户向对象添加属性和方法

1）constructor 属性

constructor 属性可以判断一个对象的类型，该属性引用的是对象的构造函数。语法格式如下：

```
object.constructor
```

object 是对象实例的名称，是必选项。

例如，判断当前对象是否为日期对象。代码如下：

```
var mydate=new Date();  //创建当前的日期对象
if(mydate.Constructor==Date)  //判断当前对象是否为日期对象
document.write("日期型对象");  //输出字符串
```

2）prototype 属性

prototype 属性可以为 Date 对象添加自定义的属性或方法。语法格式如下：

```
Date.prototype.name=value
```

参数含义如下。

① name：要添加的属性名或方法名。

② value：添加属性的值或执行方法的函数。

例如，用自定义属性来记录当前的年份。代码如下：

```
var mydate=new Date();               //创建当前的日期对象
Date.prototype.mark=mydate.getFullYear();  //向当前日期对象添加属性值
document.write(mydate.mark);          //输出新添加的属性值
```

3. 日期对象的常用方法

日期对象的方法可分为三大组：setXxx、getXxx、toXxx。setXxx 方法用于设置时间和日期值；getXxx 方法用于获取时间和日期值；toXxx 主要是将日期转换成指定格式。Date（日期）对象的方法如表 6-7 所示。

表 6-7　Date 对象的方法

方　　法	描　　述
getDate()	从 Date 对象返回一个月中的某一天 (1~31)
getDay()	从 Date 对象返回一周中的某一天 (0~6)
getFullYear()	从 Date 对象以四位数字返回年份
getHours()	返回 Date 对象的小时 (0~23)
getMilliseconds()	返回 Date 对象的毫秒 (0~999)
getMinutes()	返回 Date 对象的分钟 (0~59)
getMonth()	从 Date 对象返回月份 (0~11)
getSeconds()	返回 Date 对象的秒数 (0 ~ 59)
getTime()	返回 1970 年 1 月 1 日至今的毫秒数
getTimezoneOffset()	返回本地时间与格林尼治标准时间 (GMT) 的分钟差
getUTCDate()	根据世界时从 Date 对象返回月中的一天 (1 ~ 31)
getUTCDay()	根据世界时从 Date 对象返回周中的一天 (0 ~ 6)
getUTCFullYear()	根据世界时从 Date 对象返回四位数的年份

方　法	描　述
getUTCHours()	根据世界时返回 Date 对象的小时 (0 ~ 23)
getUTCMilliseconds()	根据世界时返回 Date 对象的毫秒 (0 ~ 999)
getUTCMinutes()	根据世界时返回 Date 对象的分钟 (0 ~ 59)
getUTCMonth()	根据世界时从 Date 对象返回月份 (0 ~ 11)
getUTCSeconds()	根据世界时返回 Date 对象的秒钟 (0 ~ 59)
getYear()	已废弃。使用 getFullYear() 方法代替
parse()	返回 1970 年 1 月 1 日午夜到指定日期（字符串）的毫秒数
setDate()	设置 Date 对象中月的某一天 (1 ~ 31)
setFullYear()	设置 Date 对象中的年份（四位数字）
setHours()	设置 Date 对象中的小时 (0 ~ 23)
setMilliseconds()	设置 Date 对象中的毫秒 (0 ~ 999)
setMinutes()	设置 Date 对象中的分钟 (0 ~ 59)
setMonth()	设置 Date 对象中的月份 (0 ~ 11)
setSeconds()	设置 Date 对象中的秒钟 (0 ~ 59)
setTime()	setTime() 方法以毫秒设置 Date 对象
setUTCDate()	根据世界时设置 Date 对象中月份的一天 (1 ~ 31)
setUTCFullYear()	根据世界时设置 Date 对象中的年份（四位数字）
setUTCHours()	根据世界时设置 Date 对象中的小时 (0 ~ 23)
setUTCMilliseconds()	根据世界时设置 Date 对象中的毫秒 (0 ~ 999)
setUTCMinutes()	根据世界时设置 Date 对象中的分钟 (0 ~ 59)
setUTCMonth()	根据世界时设置 Date 对象中的月份 (0 ~ 11)
setUTCSeconds()	用于根据世界时 (UTC) 设置指定时间的秒字段
setYear()	已废弃。使用 setFullYear() 方法代替
toDateString()	把 Date 对象的日期部分转换为字符串
toGMTString()	已废弃。使用 toUTCString() 方法代替
toISOString()	使用 ISO 标准返回字符串的日期格式
toJSON()	以 Json 数据格式返回日期字符串
toLocaleDateString()	根据本地时间格式，把 Date 对象的日期部分转换为字符串
toLocaleTimeString()	根据本地时间格式，把 Date 对象的时间部分转换为字符串
toLocaleString()	根据本地时间格式，把 Date 对象转换为字符串
toString()	把 Date 对象转换为字符串
toTimeString()	把 Date 对象的时间部分转换为字符串
toUTCString()	根据世界时把 Date 对象转换为字符串
UTC()	根据世界时返回 1970 年 1 月 1 日到指定日期的毫秒数
valueOf()	返回 Date 对象的原始值

> **注意**：应用 Date 对象中的 getMonth() 方法获取月份的值要比系统中实际月份的值小 1，
> 因此要想获取正确的月份值，需要 date.getMonth()+1。代码如下：

```
var mydate=new Date();
document.write("现在是: "+(date.getMonth()+1)+"月份");   //输出当前月份
```

6.5 新手常见疑难问题

▌疑问 1：使用 for...in 语句遍历对象属性，为什么不能正确输出数据？

在应用 for...in 语句遍历对象属性时，在输出属性值时一定要使用数组的形式（对象名 [属性名]）进行输出，不能使用"对象名 . 属性名"的形式输出。如果使用了"对象名 . 属性名"的形式输出数据，是不能正确输出数据的。

▌疑问 2：在使用 getMonth() 方法获取月份时，为什么不能正确获取？

在使用 getMonth() 方法获取月份时，其获取的值要比系统中实际月份的值小 1，要想正确获取月份值，需要在 getMonth() 方法获取当前月份的值时要加上 1。代码如下：

```
date.getMonth()+1
```

6.6 实战技能训练营

▌实战 1：使用对象制作一个网页钟表特效。

通过 JavaScript 中的自定义对象功能，并结合 HTML 5 中的容器画布 canvas 技术，以及 CSS3 样式表，在网页中创建一个类似于钟表的特效。程序运行结果如图 6-11 所示。

▌实战 2：计算当前日期距离明年元旦的天数。

使用 Date 对象中的方法获取当前日期距离明年元旦的天数。程序运行结果如图 6-12 所示。

图 6-11　钟表特效

图 6-12　显示距离元旦的天数

第7章　数组对象的应用

📖 **本章导读**

　　数组是 JavaScript 中唯一用来存储和操作有序数据集的数据结构，使用数组可以快速、方便地管理一组相关数据。通过运用数组，可以对大量性质相同的数据进行存储、排序、插入及删除等操作，提高了程序开发的效率。本章就来介绍 JavaScript 数组对象的应用。

📑 **知识导图**

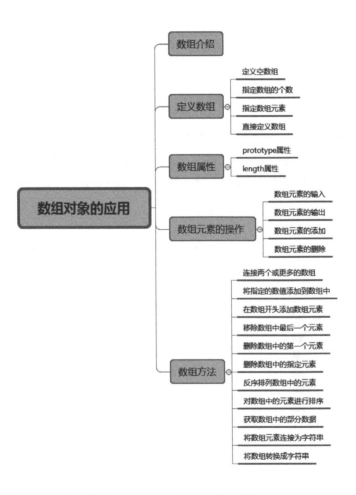

7.1 数组介绍

数组对象是使用单独的变量名来存储一系列的值，并且可以用变量名访问任何一个值，数组中的每个元素都有自己的 ID，以便它可以很容易地被访问到。例如，如果你有一组数据（例如车名），存在单独变量中，如下所示：

```
var car1="Saab";                      var car3="BMW";
var car2="Volvo";
```

如果你想从 3 辆中找出某一辆车比较容易，然而，如果是从 300 辆找出某一辆车呢？这将不是一件容易的事！最好的方法就是用数组。

数组是 JavaScript 中一种复合数据类型。变量中保存单个数据，而数组中则保存的是多个数据的集合。我们可以把数组看作一个单行表格，该表格中的每一个单元格中都可以存储一个数据，即一个数组中可以包含多个元素，如图 7-1 所示。

元素 1	元素 2	元素 3	元素 4	元素 5	...	元素 n

图 7-1　数组示意

数组是数组元素的集合，每个单元格中所存放的就是数组元素，每个数组元素都有一个索引号（数组的下标），通过索引号可以方便地引用数组元素。数组的下标需要从 0 开始编号，例如，第一个数组元素的下标是 0，第二个数组元素的下标是 1，以此类推。

7.2 定义数组

数组是具有相同数据类型的变量集合，这些变量都可以通过索引进行访问。数组中的变量称为数组的元素，数组能够容纳元素的数量称为数组的长度。在 JavaScript 中定义数组的主要方法有 4 种。

7.2.1 定义空数组

使用不带参数的构造函数可以定义一个空数组。空数组中是没有数组元素的，不过，可以在定义空数组后再向数组中添加数组元素。定义空数组的语法格式如下：

```
arrayObject=new Array();
```

arrayObject：必选项，表示新创建的数组对象名。

▌**实例 1：创建空数组并输出数组元素值。**

代码如下：

```
<!DOCTYPE html>
<html>
<head>
    <meta charset="UTF-8">
    <title>定义空数组</title>
</head>
<body>
<h3>四大名著</h3>
<script type="text/javascript">
    var mybooks=new Array();        //
定义一个名称为mybooks的空数组
    mybooks[0]="《红楼梦》";        //向
```

数组中添加第1个数组元素
```
    mybooks[1]="《水浒传》";                //向
```
数组中添加第2个数组元素
```
    mybooks[2]="《西游记》";                //向
```
数组中添加第3个数组元素
```
    mybooks[3]="《三国演义》";              //向
```
数组中添加第4个数组元素
```
    document.write(mybooks);
</script>
</body>
</html>
```

运行程序，结果如图 7-2 所示。这里定

义了一个空数组，此时数组中元素的个数为
0，只有在为数组的元素赋值后，数组中才
有了数组元素。

图 7-2　输出数组元素值

> **注意**：在定义数组对象时，一定要注意不能与已经存在的变量重名，否则就会出现输出的结果与预期结果不一致的情况。例如，以下代码：
>
> ```
> var myCars="Volk"          //定义变量myCars
> var myCars=new Array();    //定义一个名称为myCars的空数组
> myCars[0]="Saab";          //向数组中添加第1个数组元素
> myCars[1]="Volvo";         //向数组中添加第2个数组元素
> myCars[2]="BMW";           //向数组中添加第3个数组元素
> document.write(myCars);
> ```
>
> 这段代码在运行过程中不会出现报错，但是由于定义的数组对象名和已经存在的变量重名，使得变量的值被数组的值所覆盖，所以在输出 myCars 变量的时候只能输出数组的值。

7.2.2　指定数组的个数

在定义数组时，可以指定数组元素的个数。此时并没有为数组元素赋值，所有数组元素的值都是 undefined。语法格式如下：

```
arrayObject=new Array(size);
```

相关各项介绍如下。

（1）arrayObject：必选项，新创建的数组对象名。

（2）size：设置数组的长度。由于数组的下标是从 0 开始，因此创建元素的下标将从 0 到 size-1。

实例 2：指定数组元素的个数。

创建一个数组对象 mybooks 并定义数组元素的个数为 4，然后使用 for 循环语句输出数组元素值：

```
<!DOCTYPE html>
<html>
<head>
    <meta charset="UTF-8">
```
```
    <title>指定数组元素个数</title>
</head>
<body>
<h3>四大名著</h3>
<script type="text/javascript">
    var mybooks=new Array(4);
    mybooks[0]="《红楼梦》";
    mybooks[1]="《水浒传》";
    mybooks[2]="《西游记》";
    mybooks[3]="《三国演义》";
    for (i = 0; i < 4; i++) {
```

```
            document.write(mybooks[i] +
"<br>");
    }
</script>
</body>
</html>
```

运行程序，结果如图 7-3 所示。

图 7-3　指定数组个数

7.2.3　指定数组元素

在定义数组的同时，可以直接给出数组元素的值。此时，数组的长度就是在括号中给出的数组元素的个数。语法格式如下：

```
arrayObject=new Array(element1, element2, element3,...);
```

（1）arrayObject：必选项，新创建的数组对象名。

（2）element：存入数组中的元素。使用该语法时必须有一个以上的元素。

例如，定义一个名为 myCars 的数组对象，向该对象中存入数组元素，代码如下：

```
var myCars=new Array("Saab","Volvo","BMW");    //定义一个包含3个数组元素的数组
```

实例 3：创建数组对象的同时指定数组元素。

代码如下：

```
<!DOCTYPE html>
<html>
<head>
    <meta charset="UTF-8">
    <title>指定数组元素</title>
</head>
<body>
<h3>四大名著</h3>
<script type="text/javascript">
    var mybooks=new Array("《红楼梦》",
```

```
"《水浒传》","《西游记》","《三国演义》");
    document.write(mybooks);
</script>
</body>
</html>
```

运行程序，结果如图 7-4 所示。

图 7-4　指定数组元素

7.2.4　直接定义数组

直接定义数组的方法就是将数组元素直接放在一个中括号中，元素与元素之间需要用逗号分隔，语法格式如下：

```
arrayObject=[element1, element2, element3,...];
```

（1）arrayObject：必选项，新创建的数组对象名。

（2）element：存入数组中的元素。使用该语法时必须有一个以上的元素。

例如，定义一个名为 myCars 的数组对象，并向该对象中存入数组元素，代码如下：

```
var myCars=["Saab","Volvo","BMW"];
```

实例 4：直接定义数组并输出数组元素。

创建一个数组对象 myArray，并同时指定数组元素，然后输出数组元素值：

```
<!DOCTYPE html>
<html>
<head>
    <meta charset="UTF-8">
    <title>直接定义数组</title>
</head>
<body>
<h3>输出数组元素</h3>
<script type="text/javascript">
    var myArray=[["a1","b1","c1"],["a2",
"b2","c2"],["a3","b3","c3"]];
    for (var i=0; i <= 2; i++){
        document.write( myArray
[i]);
        document.write("<br>");
    }
    document.write("<hr>");
    for (i=0;i<3;i++){
        for (j=0;j<3;j++){
            document.write(myArray
[i][j]+"  ");
        }
        document.write("<br>");
    }
</script>
</body>
</html>
```

运行程序，结果如图 7-5 所示。

图 7-5　直接定义数组

7.3　数组属性

数组对象的属性有 3 个，常用属性是 length 属性和 prototype 属性，如表 7-1 所示。

表 7-1　数组对象的属性及描述

属　　性	描　　述
constructor	返回创建数组对象的原型函数
length	设置或返回数组元素的个数
prototype	允许向数组对象添加属性或方法

1. prototype 属性

prototype 属性是所有 JavaScript 对象所共有的属性，让用户向数组对象中添加属性和方法。当构建一个属性时，所有的数组将被设置属性，它是默认值，在构建一个方法时，所有的数组都可以使用该方法。其语法格式为：

```
Array.prototype.name=value;
```

> **注意**：Array.prototype 单独不能引用数组，而 Array() 对象可以。

实例 5：使用 prototype 属性将数组值转为大写。

创建一个数组对象 fruits，并同时指定数组元素，然后将数组元素值转换为大写并输出。

```
<!DOCTYPE html>
<html>
<head>
    <meta charset="UTF-8">
```

```
        <title>prototype属性的使用</title>
</head>
<body>
<p id="demo">创建一个新的数组，将数组值转为
大写</p>
<button onclick="myFunction()">获取结果
</button>
<script type="text/javascript">
    Array.prototype.myUcase=function()
    {
        for (i=0;i<this.length;i++)
        {
            this[i]=this[i].
toUpperCase();
        };
    };
    function myFunction()
    {
        var fruits=["Banana","Orange","
Apple","Mango"];
        fruits.myUcase();
        var x=document.
getElementById("demo");
        x.innerHTML=fruits;
    };
</script>
</body>
```

```
</html>
```

运行程序，结果如图 7-6 所示。单击“获取结果”按钮，即可在浏览器窗口中显示符合条件的结果信息，如图 7-7 所示。

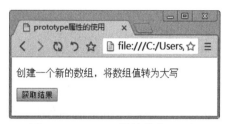

图 7-6　prototype 属性的应用示例

图 7-7　获取符合条件的数据信息

2. length 属性

使用数组属性中的 length 属性可以计算数组长度，该属性的作用是指定数组中元素数量的非从 0 开始的整数，当将新元素添加到数组时，此属性会自动更新。其语法格式为：

```
arrayObject.length
```

其中 arrayObject 是数组对象的名称。

实例 6：使用 length 属性返回数组元素的个数。

创建一个数组对象 fruits，并同时指定数组元素，然后将数组元素的个数输出。代码如下：

```
<!DOCTYPE html>
<html>
<head>
    <meta charset="UTF-8">
    <title>length属性的使用</title>
</head>
<body>
<p>创建一个数组，并显示数组元素个数。</p>
```

```
<button  onclick="myFunction()">获取长度
</button>
<script type="text/javascript">
        function myFunction()
        {
                var fruits=["Banana",
"Orange", "Apple", "Mango"];
            alert(fruits.length);
        };
</script>
</body>
```

运行程序，结果如图 7-8 所示。单击“获取长度”按钮，即可在弹出的信息提示框中显示数组元素的个数，如图 7-9 所示。

图 7-8　获取数组长度　　　　　　　　　　图 7-9　输出元素个数

7.4　数组元素的操作

数组元素是数组的集合，对数组进行操作时，实际上就是对数组元素进行操作，对数组元素的操作主要包括输入、输出、添加和删除等。

7.4.1　数组元素的输入

数组元素的输入实际上就是给数组元素赋值，主要方法包括 3 种，下面分别进行介绍。

（1）在定义数组对象时直接输入数组元素。

在确定了数组元素的个数后，可以在使用定义数组对象时直接输入数组元素的方法来输入数组元素。例如，在创建数组对象的同时存入字符串数组，代码如下：

```
var myCars=new Array("Saab","Volvo","BMW");//定义一个包含3个数组元素的数组
```

（2）利用数组对象的元素下标向其输入数组元素。

该方法是常用的数组元素输入方法，它可以随意地向数组对象中的各元素赋值，或是修改数组中的任意元素值。例如，创建一个长度为 4 的数组对象后，为下标为 2 和 3 的元素赋值，代码如下：

```
var myCars=new Array(4);        //定义一个包含4个数组元素的数组
myCars[2]="Volvo";             //为下标为2的数组元素赋值
myCars[3]="BMW";               //为下标为3的数组元素赋值
```

（3）利用 for 语句向数组对象中输入数组元素。

该方法可以向数组对象批量输入数组元素，一般用于向数组对象中赋初值。例如，可以通过改变变量 n 的值，给数组对象赋指定个数的数组元素，其中 n 必须是整数。代码如下：

```
var n=10;                      //定义变量并对其赋值
var myCars=new Array();        //定义一个空数组
for (var i=0;i<n;i++){         //应用for循环语句给数组元素赋值
    myCars[i]=i;
}
```

> **注意**：数组元素的下标是从 0 开始的。

7.4.2　数组元素的输出

数组元素的输出方法有 3 种，下面分别进行介绍。

（1）使用数组对象名输出所有元素值。

这种方法是用创建的数组对象本身显示数组中的所有元素值。例如，输出数组对象 myCars 中的所有元素值。代码如下：

```
var myCars=new Array("Saab","Volvo","BMW");//定义一个包含3个数组元素的数组
document.write(myCars); //输出数组中所有元素的值
```

运行结果如下：

```
Saab,Volvo,BMW
```

（2）使用 for 语句获取数组中的元素值。

该方法是利用 for 语句获取数组对象中的所有元素值。例如，获取数组对象 mybooks 中的所有元素值。代码如下：

```
var mybooks=new Array(4);
mybooks[0]="《红楼梦》";
mybooks[1]="《水浒传》";
mybooks[2]="《西游记》";
mybooks[3]="《三国演义》";
for (i=0; i<4;i++){
    document.write(mybooks[i] + "<br>");    //输出数组中所有元素值的值
}
```

运行结果如下：

```
《红楼梦》                    《西游记》
《水浒传》                    《三国演义》
```

（3）利用下标获取指定元素值。

该方法通过数组对象的下标，获取指定的元素值。例如，获取数组对象中的第 3 个元素的值。代码如下：

```
var mybooks=new Array("《红楼梦》","《水浒传》","《西游记》","《三国演义》"); //定义数组
document.write(mybooks[2]);       //输出下标为2的数组元素值
```

运行结果如下：

```
《西游记》
```

> **注意**：使用下标输出指定数组元素值时，一定要注意下标是否正确以及是否超出数组对象的长度，例如，如下一段代码：
>
> ```
> var mybooks=new Array("《红楼梦》","《水浒传》"); //定义数组
> document.write(mybooks[2]);                           //输出变量的值
> ```
>
> 运行结果如下：
>
> ```
> undefined
> ```
>
> 在运行这段代码时，并不会不错，但是定义的数组对象中只有两个元素，这两个元

素对应的下标分别是 0 和 1，由于输出的数组元素下标超出了数组的范围，所有输出结果是 undefined。

实例 7：使用数组对象输出商品信息。

创建一个数组对象 shop，该数组对象包含 5 个数组元素，并为每个数组元素赋值，然后使用 for 循环语句输出数组中的所有元素：

```html
<!DOCTYPE html>
<html>
<head>
    <meta charset="UTF-8">
    <title>输出商品信息</title>
    <style type="text/css">
        *{
            font-size:15px;
            line-height:35px;
            font-weight:bolder;
        }
    </style>
</head>
<body>
<img src="01.jpg" align="left" hspace="10" />
<h1 style="font-size:25px;">连衣裙</h1>
<script type="text/javascript">
    var Shop=new Array(5);
        Shop[0]="商品名称：秋季收腰长袖连衣裙";
```

```javascript
        Shop[1]="商品类别：裙装类";
        Shop[2]="商品品牌：EICHITOO/爱居兔";
        Shop[3]="商品价格：351元";
        Shop[4]="库存数量：2500件";
        for(var i=0;i<5;i++){
            document.write(Shop[i]+
"</br>");
        }
</script>
</body>
</html>
```

运行程序，结果如图 7-10 所示。

图 7-10　数组元素的输出

7.4.3　数组元素的添加

数组对象的元素个数即使在定义时已经设置好，但是它的元素个数也不是固定的，我们可以通过添加数组元素的方法增加数组元素的个数，添加数组元素的方法非常简单，只要对数组元素进行重新赋值就可以了。

例如，定义一个包含两个数组元素的数组对象 mybooks，然后为数组添加 3 个元素，然后输出数组中的所有元素值，代码如下：

```javascript
var mybooks=new Array("《红楼梦》","《水浒传》"); //定义包含2个数组元素的数组
mybooks[2]="《西游记》";
mybooks[3]="《三国演义》";
document.write(mybooks);    //输出所有数组元素值
```

运行结果如下：

《红楼梦》,《水浒传》,《西游记》,《三国演义》

另外，还可以对已经存在的数组元素进行重新赋值。例如，定义一个包含两个元素的数组，

将第二个数组元素进行重新赋值并输出数组中的所有元素值，代码如下：

```
var mybooks=new Array("《红楼梦》","《水浒传》"); //定义包含2个数组元素的数组
mybooks[1]="《西游记》";
document.write(mybooks);      //输出所有数组元素值
```

运行结果如下：

《红楼梦》,《西游记》

7.4.4　数组元素的删除

使用 delete 运算符可以删除数组元素的值，但是只能将该元素恢复为未赋值的状态，即 undefined，数组对象的元素个数是不改变的。

例如，定义一个包含 4 个元素的数组，然后使用 delete 运算符删除下标为 2 的数组元素，最后输出数组对象的所有元素值。代码如下：

```
//定义数组
var mybooks=new Array("《红楼梦》","《水浒传》","《西游记》","《三国演义》");
delete mybooks[2];
document.write(mybooks);      //输出下标为2的数组元素值
```

运行结果如下：

《红楼梦》,《水浒传》,undefined,《三国演义》

7.5　数组方法

在 JavaScript 中，数据对象的方法有 25 种，常用的方法有连接方法 concat、分隔方法 join、追加方法 push、倒转方法 reverse、切片方法 slice 等，如表 7-2 所示。

表 7-2　数组对象的方法及描述

方　　法	描　　述
concat()	连接两个或更多的数组，并返回结果
copyWithin()	从数组的指定位置拷贝元素到数组的另一个指定位置中
every()	检测数值元素的每个元素是否都符合条件
fill()	使用一个固定值来填充数组
filter()	检测数值元素，并返回符合条件的所有元素的数组
find()	返回符合传入测试（函数）条件的数组元素
findIndex()	返回符合传入测试（函数）条件的数组元素索引
forEach()	数组每个元素都执行一次回调函数
indexOf()	搜索数组中的元素，并返回它所在的位置
join()	把数组的所有元素放入一个字符串

方　　法	描　　述
lastIndexOf()	返回一个指定的字符串值最后出现的位置，在一个字符串中的指定位置从后向前搜索
map()	通过指定函数处理数组的每个元素，并返回处理后的数组
pop()	删除数组的最后一个元素并返回删除的元素
push()	向数组的末尾添加一个或更多元素，并返回新的长度
reduce()	将数组元素计算为一个值（从左到右）
reduceRight()	将数组元素计算为一个值（从右到左）
reverse()	反转数组的元素顺序
shift()	删除并返回数组的第一个元素
slice()	选取数组的一部分，并返回一个新数组
some()	检测数组元素中是否有元素符合指定条件
sort()	对数组的元素进行排序
splice()	从数组中添加或删除元素
toString()	把数组转换为字符串，并返回结果
toLocalString()	把数组转换为本地字符串，并返回结果
unshift()	向数组的开头添加一个或更多元素，并返回新的长度
valueOf()	返回数组对象的原始值

这些方法主要用于数组对象的操作，下面详细介绍常用的数组对象方法的使用。

7.5.1　连接两个或更多的数组

使用 concat() 方法可以连接两个或多个数组。该方法不会改变现有的数组，而仅仅会返回被连接数组的一个副本。语法格式如下：

```
arrayObject.concat(array1,array2,...,arrayN)
```

各项介绍如下。

（1）arrayObject：必选项，数组对象的名称。

（2）arrayN：必选项，该参数可以是具体的值，也可以是数组对象，可以是任意多个。

> **注意**：连接多个数组后，其返回值是一个新的数组，而原有数组中的元素和数组长度是不变的。

例如，在数组的尾部添加数组元素。代码如下：

```
var myNumber=new Array(1,2,3,4,5);    //定义数组
document.write(myNumber.concat(6,7));
```

输出的结果为：

```
1,2,3,4,5,6,7
```

例如，在数组的尾部添加其他数组对象。代码如下：

```
var Letters1=new Array("A","B","C","D");      //定义数组
var Letters2=new Array("E","F","G","H");      //定义数组
document.write(Letters1.concat(Letters2));   //输出连接后的数组
```

输出的结果为：

```
A,B,C,D,E,F,G,H
```

▌实例 8：使用 concat() 方法连接三个数组。

创建三个数组对象，然后使用 concat() 方法连接这三个数组，并返回连接后的结果。代码如下：

```
<!DOCTYPE html>
<html>
<head>
    <meta charset="UTF-8">
    <title>连接多个数组</title>
</head>
<body>
<h4>连接多个数组</h4>
<script type="text/javascript">
    var arr = new Array(3);
    arr[0] = "北京";
    arr[1] = "上海";
    arr[2] = "广州";
    var arr2 = new Array(3);
    arr2[0] = "西安";
    arr2[1] = "天津";
    arr2[2] = "杭州";
    var arr3 = new Array(2);
    arr3[0] = "长沙";
    arr3[1] = "温州";
    document.write(arr.concat
(arr2,arr3))
</script>
</body>
</html>
```

运行程序，结果如图 7-11 所示。

图 7-11　连接数组

7.5.2　将指定的数值添加到数组中

使用 push() 方法可向数组的末尾添加一个或多个元素，并返回新的长度。语法格式如下：

```
arrayObject.push(newelement1,newelement2,...,newelementN)
```

各项介绍如下。

（1）arrayObject：必选项，数组对象的名称。

（2）newelement1：必选项，要添加到数组的第一个元素。

（3）newelement2：可选项，要添加到数组的第二个元素。

（4）newelementN：可选项，可添加的多个元素。

> **注意**：将指定的数值添加到数组中，其返回值是把指定的值添加到数组后的新长度。push() 方法可把它的参数顺序添加到 arrayObject 的尾部，它直接修改 arrayObject，而不是创建一个新的数组。

▌实例 9：使用 push() 方法将指定数值添加到数组中。

创建一个数组对象，然后使用 push() 方法将指定数值添加到数组中，并返回添加后的结果：

```
<!DOCTYPE html>
<html>
<head>
    <meta charset="UTF-8">
    <title>将指定数值添加到数组中</title>
</head>
<body>
<h4>将指定数值添加到数组中</h4>
<script type="text/javascript">
    var fruits = ["香蕉", "橘子", "苹果", "火龙果"];
    document.write("数组中原有元素: "+ fruits);
    document.write("<br />");
    document.write("添加元素后数组的长度: "+ fruits.push("香梨"));
    document.write("<br />");
    document.write("添加元素后的数组元素: "+
fruits);
</script>
</body>
</html>
```

运行程序，结果如图 7-12 所示。

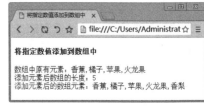

图 7-12　将指定数值添加到数组中

7.5.3　在数组开头添加数组元素

使用 unshift() 方法可以将指定的元素插入数组开始位置，并返回该数组。其语法格式如下：

```
arrayObject.unshift(newelement1,newelement2,...,newelementN)
```

各项介绍如下。

（1）arrayObject：必选项，数组对象的名称。

（2）newelement1：必选项，要添加到数组的第一个元素。

（3）newelement2：可选项，要添加到数组的第二个元素。

（4）newelementN：可选项，可添加的多个元素。

实例 10：使用 unshift() 方法在数组开头添加数组元素。

创建一个数组对象，然后使用 unshift() 方法在数组开头位置添加数组元素。代码如下：

```
<!DOCTYPE html>
<html>
<head>
    <meta charset="UTF-8">
    <title>在数组的开头添加元素</title>
</head>
<body>
<h4>在数组的开头添加元素</h4>
<script type="text/javascript">
    var arr = new Array();
    arr[0] = "北京";
    arr[1] = "上海";
```

```
    arr[2] = "广州";
    document.write("原有数组元素为: "+arr
+ "<br />");
    document.write("添加元素后数组的长度:
"+arr.unshift("天津") + "<br />");
    document.write("添加元素后的数组元素:
"+arr);
</script>
</body>
</html>
```

运行程序，结果如图 7-13 所示。

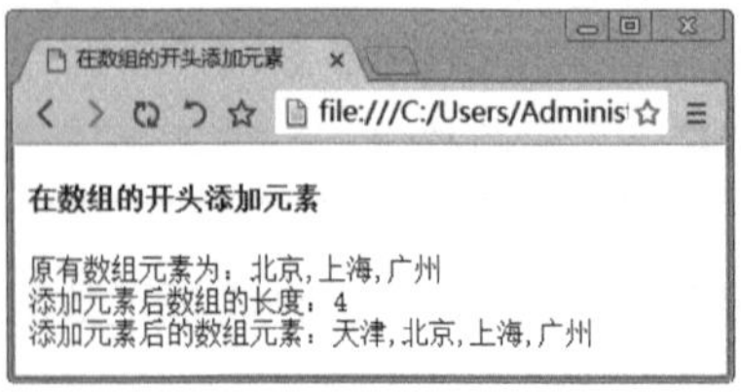

图 7-13　在数组开头添加数组元素

7.5.4 移除数组中最后一个元素

使用 pop() 方法可以移除数组中的最后一个元素，并返回删除元素的值。语法格式如下：

```
arrayObject.pop()
```

参数 arrayObject 为必选项，表示数组对象的名称。

> **注意**：pop() 方法将移除 arrayObject 的最后一个元素，把数组长度减 1，并且返回它移除的元素的值。如果数组已经为空，则 pop() 不改变数组，并返回 undefined 值。

实例 11：使用 pop() 方法移除数组最后一个元素。

代码如下：

```
<!DOCTYPE html>
<html>
<head>
    <meta charset="UTF-8">
    <title>移除数组最后一个元素
</title>
</head>
<body>
<h4>移除数组最后一个元素</h4>
<script type="text/javascript">
    var fruits = ["香蕉", "橘子", "苹果",
"火龙果"];
    document.write("数组中原有元素: "+
fruits);
    document.write("<br />");
```

```
    document.write("被移除的元素: "+
fruits.pop());
    document.write("<br />");
     document.write("移除元素后的数组元素:
"+ fruits);
</script>
</body>
</html>
```

运行程序，结果如图 7-14 所示。

图 7-14 移除数组中最后一个元素

7.5.5 删除数组中的第一个元素

使用 shift() 方法可以把数组的第一个元素删除，并返回第一个元素的值。语法格式如下：

```
arrayObject.shift()
```

参数 arrayObject 为必选项，表示数组对象的名称。

> **注意**：如果数组是空的，那么 shift() 方法将不进行任何操作，返回 undefined 值。该方法不创建新数组，而是直接修改原有的 arrayObject。

实例 12：使用 shift() 方法删除数组中的第一个元素。

创建一个数组对象，然后使用 shift() 方法删除数组中的第一个元素。代码如下：

```
<!DOCTYPE html>
<html>
<head>
```

```
    <meta charset="UTF-8">
    <title>删除数组中第一个元素
</title>
</head>
<body>
<h4>删除数组中第一个元素</h4>
<script type="text/javascript">
    var fruits=["香蕉", "橘子", "苹果",
"火龙果"];
    document.write("原有数组元素为: "+
```

```
fruits);
    document.write("<br/>");
     document.write("删除数组中的第一个元素
为: "+ fruits.shift());
    document.write("<br />");
    document.write("删除元素后的数组为: "+
fruits)
</script>
</body>
</html>
```

运行程序，结果如图 7-15 所示。

图 7-15　删除数组中的第一个元素

7.5.6　删除数组中的指定元素

使用 splice() 方法可以灵活地删除数组中的元素，即通过 splice() 方法删除数组中指定位置的元素，还可以向数组中的指定位置添加新元素。语法格式如下：

```
arrayObject.splice(start,length,element1,element2,...)
```

各项介绍如下。

（1）arrayObject：必选项，数组对象的名称。

（2）start：必选项，指定要删除数组元素的开始位置，即数组的下标。

（3）length：可选项，指定删除数组元素的个数。如果未设置该参数，则删除从 start 开始到原数组末尾的所有元素。

（4）element：可选项，要添加到数组的新元素。

▎实例 13：使用 splice() 方法删除数组中的指定元素。

创建一个数组对象，然后在 splice() 方法中应用不同的参数，对相同的数组中的元素进行删除操作：

```
<!DOCTYPE html>
<html>
<head>
    <meta charset="UTF-8">
    <title>删除数组中的指定元素</title>
</head>
<body>
<h4>删除数组中的指定元素</h4>
<script type="text/javascript">
    var fruits01=["香蕉","橘子","苹果","火龙果","香梨"];   //定义数组
    fruits01.splice(1);   //删除第2个元素和之后的所有元素
    document.write(fruits01+"<br/>");   //输出删除后的数组
    var fruits02=["香蕉","橘子","苹果","火龙果","香梨"];   //定义数组
    fruits02.splice(1,2);    //删除第2个与第3个元素
    document.write(fruits02+"<br/>");   //输出删除后的数组
    var fruits03=["香蕉","橘子","苹果","火龙果","香梨"];   //定义数组
    fruits03.splice(1,2,"山竹","葡萄"); //删除第2个与第3个元素，并添加新元素
    document.write(fruits03+"<br/>");    //输出删除后的数组
    var fruits04=["香蕉","橘子","苹果","火龙果","香梨"];   //定义数组
    fruits04.splice(1,0,"山竹","葡萄");      //在第2个元素前，并添加新元素
    document.write(fruits04+"<br/>");   //输出删除后的数组
</script>
</body>
</html>
```

运行程序，结果如图 7-16 所示。

7.5.7 反序排列数组中的元素

使用 reverse() 方法可以颠倒数组中元素的顺序。语法格式如下：

图 7-16 删除数组中的指定元素

```
arrayObject.reverse()
```

arrayObject 为必选项，表示数组对象的名称。

> 提示：该方法会改变原来数组元素的顺序，而不会创建新的数组。

实例 14：使用 reverse() 方法反序排列数组中的元素。

创建一个数组对象，然后使用 reverse() 方法反序排列数组中的元素，并输出排序后的数组元素。代码如下：

```html
<!DOCTYPE html>
<html>
<head>
    <meta charset="UTF-8">
    <title>反序排列数组中的元素</title>
</head>
<body>
<h4>反序排列数组中的元素</h4>
<script type="text/javascript">
    var fruits = ["香蕉", "橘子", "苹果",
"火龙果"];
```

```html
    document.write("数组原有元素的顺序:
"+fruits + "<br />");
    document.write("颠倒数组中的元素顺序:
"+fruits.reverse());
</script>
</body>
</html>
```

运行程序，结果如图 7-17 所示。

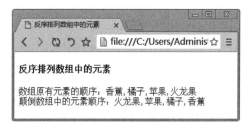

图 7-17 反序排列数组中的元素

7.5.8 对数组中的元素进行排序

使用 sort() 方法可以对数组的元素进行排序，排序顺序可以是字母或数字，并按升序或降序，默认排序顺序为按字母升序。语法格式如下：

```
arrayObject.sort(sortby)
```

各项介绍如下。

（1）arrayObject：必选项，数组对象的名称。

（2）sortby：可选项，用来确定元素顺序的函数的名称，如果省略，那么元素将按照 ASCII 字符顺序进行升序排序。

实例 15：使用 sort() 方法排序数组中的元素。

创建一个数组对象 x 并赋值 5、8、3、6、4、9，然后使用 sort() 方法排列数组中的元素，并输出排序后的数组元素。代码如下：

```
<!DOCTYPE html>
<html>
<head>
    <meta charset="UTF-8">
    <title>排列数组中的元素</title>
</head>
<body>
<h4>排列数组中的元素</h4>
<script type="text/javascript">
    var x=new Array(5,8,3,6,4,9);                //创建数组
    document.write("排序前数组:"+x.join(",")+"<p>");    //输出数组元素
    x.sort();        //按字符升序排列数组
    document.write("按照ASCII字符顺序进行排序:"+x.join(",")+"<p>");
//输出排序后数组
    x.sort(asc);    //有比较函数的升序排列
    /*升序比较函数*/
    function asc(a,b)
    {
        return a-b;
    }
    document.write("排序升序后数组:"+x.join(",")+"<p>");//输出排序后数组
    x.sort(des);    //有比较函数的降序排列
    /*降序比较函数*/
    function des(a,b)
    {
        return b-a;
    }
    document.write("排序降序后数组:"+x.
join(","));//输出排序后数组
</script>
</body>
</html>
```

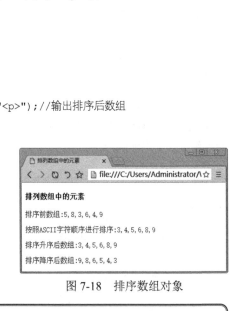

运行程序，结果如图 7-18 所示。　　　　　　　　图 7-18　排序数组对象

> **注意**：当数字是按字母顺序排列时，有些比较大的数字会在小的数字前，例如："40"
> 将排在"5"的前面。对数字进行排序时，需要通过一个函数作为参数来调用，函数指定
> 数字是按照升序还是降序排列，这种方法会改变原始数组。

7.5.9　获取数组中的部分数据

使用 slice() 方法可从已有的数组中返回选定的元素。语法格式如下：

```
arrayObject.slice(start,end)
```

各项介绍如下。

（1）arrayObject：必选项，数组对象的名称。

（2）start：必选项，表示开始元素的位置，是从 0 开始计算的索引。如果是负数，那么它规定从数组尾部开始算起的位置，也就是说，–1 指数组中最后一个元素，–2 指数组中倒数第二个元素，以此类推。

（3）end：可选项，表示结束元素的位置，也是从 0 开始计算的索引。

▌ 实例 16：使用 slice() 方法获取数组中的部分数据。

创建一个数组对象，然后使用 slice() 方法获取数组中的部分数据。代码如下：

```
<!DOCTYPE html>
<html>
<head>
    <meta charset="UTF-8">
    <title>获取数组中的部分元素</title>
</head>
<body>
<h4>获取数组中的部分元素</h4>
<script type="text/javascript">
    var fruits = ["香蕉", "橘子", "苹果", "火龙果", "香梨", "葡萄"];
    document.write("原有数组元素: "+ fruits);
    document.write("<br />");
    document.write("获取数组中第3个元素后的所有元素: "+ fruits.slice(2));
    document.write("<br />");
    document.write("获取数组中第2个到第4个元素: "+ fruits.slice(1,4));
    document.write("<br />");
    document.write("获取数组中倒数第2个元素后的所有元素: "+ fruits.slice(-2));
</script>
</body>
</html>
```

运行程序，结果如图 7-19 所示。

图 7-19　获取数组中的部分元素

7.5.10　将数组元素连接为字符串

使用 join() 方法可以把数组中的所有元素放入一个字符串中。语法格式如下：

```
arrayObject.join(separator)
```

各项介绍如下。

（1）arrayObject：必选项，数组对象的名称。

（2）separator：可选项。用于指定要使用的分隔符，如果省略该参数，则使用逗号作为分隔符。

▌ 实例 17：使用 join() 方法将数组元素连接为字符串。

创建一个数组对象，然后使用 join() 方法将数组元素连接为字符串并输出。代码如下：

```
<!DOCTYPE html>
<html>
<head>
    <meta charset="UTF-8">
    <title>将数组元素连接为字符串
</title>
</head>
<body>
```

```
<h4>将数组元素连接为字符串</h4>
<script type="text/javascript">
    var arr = new Array(3);
    arr[0] = "苹果";
    arr[1] = "橘子";
    arr[2] = "香蕉";
    document.write(arr.join());
    document.write("<br />");
    document.write(arr.join("."));
</script>
</body>
```

```
</html>
```

运行程序，结果如图 7-20 所示。

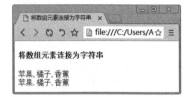

图 7-20　将数组连接为字符串

7.5.11　将数组转换成字符串

按照显示方式的不同，字符串可以分为字符串与本地字符串，使用 toString() 方法可把数组转换为字符串，并返回结果。语法格式如下：

```
arrayObject.toString()
```

使用 toLocaleString() 方法可以把数组转换为本地的字符串。语法格式如下：

```
arrayObject.toLocaleString()
```

arrayObject 为必选项，是数组对象的名称。

> **提示**：首先调用每个数组元素的 toLocaleString() 方法，然后使用地区特定的分隔符把生成的字符串连接起来，形成一个字符串。

实例18：将数组转换成字符串与本地字符串。

创建一个数组对象，然后使用 toString() 方法与 toLocaleString() 方法将数组转换成字符串与本地字符串：

```
<!DOCTYPE html>
<html>
<head>
    <meta charset="UTF-8">
    <title>数组转换成字符串与本地字符串
</title>
</head>
<body>
<h4>数组转换成字符串与本地字符串</h4>
<script type="text/javascript">
    var arr = new Array(4)
    arr[0] = "香蕉"
    arr[1] = "橘子"
    arr[2] = "苹果"
    arr[3] = "火龙果"
        document.write("字符串："+arr.
toString())
    document.write("<br />")
        document.write("本地字符串："+arr.
toLocaleString())
</script>
</body>
</html>
```

运行程序，结果如图 7-21 所示。

图 7-21　将数组转换为字符串

7.6　新手常见疑难问题

▌疑问 1：数组对象名和已经存在的变量可以重名吗？

在定义数组对象名时，一定不能与存在的变量重名。当数组对象名与已经存在的变量名重名后，运行代码时虽然不会报错，但是会使变量的值被数组的值所覆盖，因此当输出数据时，就不能正确输出了。

▌疑问 2：在输出数组元素值时，为什么总不能正确输出想要的数值呢？

在输出数组元素值时，一定要注意输出数组元素值的下标是否正确，因为数组对象的元素下标是从 0 开始的，例如，如果想要输出数组中的第 3 个元素值，其下标值为 2；另外在定义数组元素的下标时，一定不能超过数组元素的个数，不然就会输出未知值 undefined。这也是很多初学者容易犯的错误。

7.7　实战技能训练营

▌实战 1：制作动态下拉列表。

通过 JavaScript 的 Array 对象来创建一个数组对象，然后通过在数组元素中使用数组来实现二维数组，从而制作一个动态下拉列表。程序运行结果如图 7-22 所示。

▌实战 2：制作背景颜色选择器。

创建了一个数组对象 hex 用来存放不同的颜色值，然后定义几个函数，分别将数组中颜色组合在一起，并在页面上显示，最后定义一个 display 函数，来显示颜色值。程序运行结果如图 7-23 所示。

图 7-22　动态下拉列表

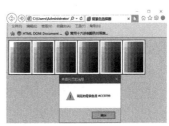

图 7-23　背景颜色选择器

第8章 String对象的应用

📋 本章导读

在任何编程语言中，字符串、数值都是基本的数据类型。在 JavaScript 语言中，使用字符串对象可以对字符串进行处理。字符串对象是 JavaScript 中常用内置对象的一种。本章就来介绍字符串对象的创建、字符串对象的属性以及方法的应用。

📖 知识导图

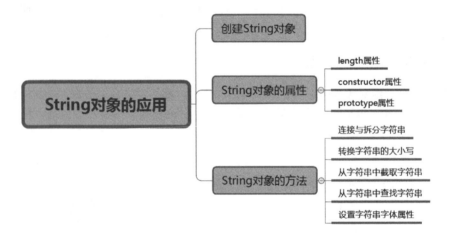

8.1 创建 String 对象

字符串类型是 JavaScript 中的基本数据类型之一，在 JavaScript 中，可以将字符串直接看成 String 对象，不需要任何转换。使用 String 对象操作字符串时，不会改变字符串中的内容。

String 对象是动态对象，使用构造函数可以显式地创建字符串对象。用户可以通过 String 对象在程序中获取字符串的长度、提取子字符串以及将字符串转换为大小写样式。创建 String 对象的方法有两种，下面分别进行介绍。

1. 直接声明字串变量

通过声明字符串变量的方法，可以把声明的变量看作 String 对象，语法格式如下：

```
var StringName=StringText
```

各项介绍如下。

（1）StringName：字符串变量名称。

（2）StringText：字符串文本。

例如，创建字符串对象 myString，并对其赋值，代码如下：

```
var myString="This is a sample";
```

2. 使用 new 关键字来创建

使用 new 关键字创建 String 对象的方法如下：

```
var newstr=new String(StringText)
```

各项介绍如下。

（1）newstr：创建的 String 对象名。

（2）StringText：可选项，字符串文本。

> **注意**：字符串构造函数 String() 的第一个字母必须为大写字母。

例如，通过 new 关键字创建字符串对象 myString，并对其赋值，代码如下：

```
var myString=new String("This is a sample");// 创建字符串对象
```

> **注意**：上述两种语句效果是一样的，因此声明字符串时可以采用 new 关键字，也可以不采用 new 关键字。

JavaScript 会自动在字符串与字符串对象之间进行转换。因此，任何一个字符串常量都可以看作是一个 String 对象，可以将其直接作为对象来使用，只要在字符变量的后面加上 ".", 便可以直接调用 String 对象的属性和方法，只是字符串与 String 对象的不同之处在于返回的 typeof 值不同，字符串返回的是 string 类型，String 对象返回的则是 object 类型。

实例 1：创建 String 对象并输出该对象的字符串文本。

创建两个 String 对象 myString01 和 myString02，然后定义字符串对象的值并输出：

```
<!DOCTYPE html>
<html>
<head>
    <meta charset="UTF-8">
    <title>创建String对象</title>
</head>
<body>
<h3>四大名著</h3>
<script type="text/javascript">
    var myString01=new String("《红楼梦》,《水浒传》,《西游记》,《三国演义》");
    document.write(myString01+ "<br>");
    var myString02="《红楼梦》,《水浒传》,《西游记》,《三国演义》";
    document.write(myString02+ "<br>");
</script>
</body>
</html>
```

运行程序，结果如图 8-1 所示。

图 8-1　输出字符串的值

8.2　String 对象的属性

String 对象的属性比较少，常用的属性为 length，String 对象的属性如表 8-1 所示。

表 8-1　String 对象的属性及说明

属　　性	说　　明
constructor	字符串对象的函数模型
length	字符串的长度
prototype	添加字符串对象的属性

8.2.1　length 属性

length 属性用于获取当前字符串的长度，该长度包含字符串中所有字符的个数，而不是字节数，一个英文字符占一个字节，一个中文字符占两个字节。空格也占一个字符数。

length 属性的语法格式如下：

```
stringObject.length
```

stringObject 表示当前获取长度的 String 对象名，也可以是字符变量名。

例如，创建 String 对象 myArcticle，输出其包含的字符个数。代码如下：

```
var myArcticle=new String("千里之行, 始于足下。");    //创建String对象
document.write(myArcticle.length);                 //输出字符串对象字符的个数
```

运行结果如下：

10

注意：在获取字符串长度时，一个汉字是一个字符数，即一个汉字长度为 1。

另外，使用 length 属性还可以获取自定义的字符变量长度。代码如下：

```
var myArcticle="千里之行，始于足下。";  //定义一个字符串变量
document.write(myArcticle.length);  //输出字符串变量的长度
```

运行结果如下：

10

实例 2：将商品的名称按照字数进行分类。

创建一个数组对象 shop，然后根据商品名称的字数定义字符串变量，最后输出字符串变量的值在页面中：

```
<!DOCTYPE html>
<html>
<head>
    <meta charset="UTF-8">
    <title>输出商品分类结果</title>
</head>
<body>
<script type="text/javascript">
    //定义商品数组
    var shop=new Array("西红柿","茄子",
"西兰花","黄瓜","油麦菜","大叶青菜","辣椒","
红心萝卜","花菜");
    var two="";//初始化二字商品变量
    var three="";//初始化三字商品变量
    var four="";//初始化四字商品变量
    for(var i=0; i<shop.length; i++){
        if(shop[i].length==2){//如果商品
名称长度为2
            two+=shop[i]+" ";//将商品名称
连接在一起
        }
        if(shop[i].length==3){//如果商品
名称长度为3
            three+=shop[i]+" ";//将商品
名称连接在一起
        }
        if(shop[i].length==4){//如果商品
名称长度为4
            four+=shop[i]+" ";//将商品名
称连接在一起
        }
    }
    document.write("二字商品:
"+two+"<br>");//输出二字商品
    document.write("三字商品:
"+three+"<br>");//输出三字商品
    document.write("四字商品:
"+four+"<br>");//输出四字商品
</script>
</body>
</html>
```

运行程序，结果如图 8-2 所示。

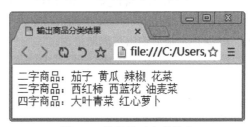

图 8-2　分类显示商品信息

8.2.2　constructor 属性

constructor 属性用于对当前对象的构造函数的引用，语法格式如下：

```
stringObject.constructor
```

stringObject 为 String 对象名，也可以是字符变量名。

实例 3：判断当前对象的类型。

使用 constructor 属性判断当前对象的类型：

```
<!DOCTYPE html>
<html>
```

```
<head>
    <meta charset="UTF-8">
    <title>使用constructor属性
</title>
</head>
<body>
<script type="text/javascript">
    var shop=new String("西红柿,茄子,西兰
```

```
花");    //创建字符串对象
        if(shop.constructor==String){
//判断当前对象是否为字符串对象
            document.write("这是一个字符串对
象。");    //输出判断结果
        };
</script>
</body>
</html>
```

图 8-3 判断当前对象的类型

运行程序，结果如图 8-3 所示。

8.2.3 prototype 属性

prototype 属性允许用户向字符串对象添加自定义属性和方法。语法格式如下：

```
String.prototype.name=value
```

各项介绍如下。

（1）name：要添加的属性名或方法名。

（2）value：添加属性的值或执行方法的函数。

> 注意：prototype 是全局属性，适用于所有的 JavaScript 对象。

实例 4：使用 prototype 属性给对象添加属性。

创建一个对象 employee，该对象包含 3 个属性，然后使用 prototype 属性给对象再添加一个属性，最后输出对象属性值：

```
<!DOCTYPE html>
<html>
<head>
    <meta charset="UTF-8">
    <title>使用prototype属性</title>
</head>
<body>
<script type="text/javascript">
    function employee(name,job, born){
        this.name=name;
        this.job=job;
        this.born=born;
    }
    var emp=new employee("侯新雨","部门主
管",1987);
```

```
    employee.prototype.salary=null;
    emp.salary=20000;
    document.write("员工姓名："+emp.
name+"<br>");
    document.write("工作职位："+emp.
job+"<br>");
    document.write("出生年月："+emp.
born+"<br>");
    document.write("基本工资："+emp.
salary+"元");
</script>
</body>
</html>
```

运行程序，结果如图 8-4 所示。

图 8-4 输出对象属性值

8.3 String 对象的方法

在 String 对象中提供了很多处理字符串的方法，通过这些方法可以对字符串进行查找、截取、大小写转换、连接以及格式化处理字符串等。为方便操作，JavaScript 中内置了大量的方法，用户只需要直接使用这些方法，即可完成相应操作，如表 8-2 所示为 String 对象的用户操作字符串的方法。

表 8-2　String 对象中用于操作字符串的方法

方　　法	描　　述
charAt()	返回在指定位置的字符
charCodeAt()	返回在指定的位置的字符的 Unicode 编码
concat()	连接字符串
fromCharCode()	从字符编码创建一个字符串
indexOf()	检索字符串
lastIndexOf()	从后向前搜索字符串
match()	找到一个或多个正则表达式的匹配
replace()	替换与正则表达式匹配的子串
search()	检索与正则表达式相匹配的值
slice()	提取字符串的片段，并在新的字符串中返回被提取的部分
split()	把字符串分割为字符串数组
substr()	从起始索引号提取字符串中指定数目的字符
substring()	提取字符串中两个指定的索引号之间的字符
toLocaleLowerCase()	用本地方法把字符串转换为小写
toLocaleUpperCase()	用本地方法把字符串转换为大写
toLowerCase()	把字符串转换为小写
toUpperCase()	把字符串转换为大写
toSource()	代表对象的源代码
toString()	返回字符串
valueOf()	返回某个字符串对象的原始值

8.3.1　连接与拆分字符串

1. 连接字符串

使用 concat() 方法可以连接两个或多个字符串。语法格式如下：

```
stringObject.concat(stringX,stringX,...,stringX)
```

各项介绍如下。

（1）stringObject：String 对象名，也可以是字符变量名。

（2）stringX：必选项，将被连接为一个字符串的一个或多个字符串对象。

concat() 方法将把它的所有参数转换成字符串，然后按顺序连接到字符串 stringObject 的尾部，并返回连接后的字符串。

> **注意**：stringObject 本身并没有被更改。另外，stringObject.concat() 与 Array.concat() 很相似。不过，使用 "+" 运算符来进行字符串的连接运算通常会更简便一些。

实例 5：使用 concat() 方法连接字符串。

代码如下：

```html
<!DOCTYPE html>
<html>
<head>
    <meta charset="UTF-8">
    <title>使用concat()方法</title>
</head>
<body>
<script type="text/javascript">
    var str1=new String("清明时节");
    document.write("字符串1: "+str1+
"<br>");
    var str2=new String("雨纷纷");
    document.write("字符串2: "+str2+
"<br>");
    document.write("连接后的字符串:
"+str1.concat(str2));
</script>
</body>
</html>
```

运行程序，结果如图 8-5 所示。

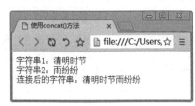

图 8-5　连接字符串

2. 分割字符串

使用 split() 方法可以把一个字符串分割成字符串数组。语法格式如下：

```
stringObject.split(separator,limit)
```

各项介绍如下。

（1）stringObject：String 对象名，也可以是字符变量名。

（2）separator：必选项。字符串或正则表达式，从该参数指定的地方分割 stringObject。

（3）limit：可选参数。该参数可指定返回的数组的最大长度。如果设置了该参数，返回的子字符串不会多于这个参数指定的数组。如果没有设置该参数，整个字符串都会被分割，不考虑它的长度。

实例 6：使用 split() 方法分割字符串。

创建一个字符串对象，然后使用 split() 方法分割这个字符串并输出分割后的结果。
代码如下：

```html
<!DOCTYPE html>
<html>
<head>
    <meta charset="UTF-8">
    <title>使用split()方法</title>
</head>
<body>
<script type="text/javascript">
    var str=new String("I Love World");
    document.write("原字符串: "+str+
"<br>");
    document.write("以空格分割字符串:
"+str.split(" ")+"<br>");
    document.write("以空字符串分割: "+str.
split("")+"<br>");
    document.write("以空格分割字符串并返回
两个元素: "+str.split(" ",2));
</script>
</body>
</html>
```

运行程序，结果如图 8-6 所示。

图 8-6　分割字符串

8.3.2　转换字符串的大小写

使用字符串对象的 toLocaleLowerCase()、toLocaleUpperCase()、toLowerCase()、toUpperCase()

方法，可以转换字符串的大小写。这四种方法的语法格式如下：

```
stringObject.toLocaleLowerCase()
stringObject.toLowerCase()
stringObject.toLocaleUpperCase()
stringObject.toUpperCase()
```

其中 stringObject 为 String 对象名，也可以是字符变量名。

▌实例 7：转换字符串的大小写。

创建一个字符串对象，然后使用字符串对象中转换字符串大小写的方法转换字符串的大小写：

```
<!DOCTYPE html>
<html>
<head>
    <meta charset="UTF-8">
    <title>转换字符串的大小写</title>
</head>
<body>
<script type="text/javascript">
    var str=new String("I Love World");
    document.write("正常显示为: " + str + "</p>")
    document.write("以小写方式显示为: " + str.toLowerCase() + "</p>")
    document.write("以大写方式显示为: " + str.toUpperCase() + "</p>")
    document.write("按照本地方式把字符串转化为小写: "
                            + str.toLocaleLowerCase() + "</p>")
    document.write("按照本地方式把字符串转化为大写: "
                            + str.toLocaleUpperCase() + "</p>")
</script>
</body>
</html>
```

运行程序，结果如图 8-7 所示。可以看出，按照本地方式转换大小写与不按照本地方式转换得到的大小写结果是一样的。

图 8-7　转换字符串的大小写

> **注意：** 与 toUpperCase()（toLowerCase()）不同的是，toLocaleUpperCase()（toLocaleLowerCase()）方法按照本地方式把字符串转换为大写（小写）。只有几种语言（如土耳其语）具有地方特有的大小写映射，所有该方法的返回值通常与 toUpperCase()（toLowerCase()）一样。

8.3.3　从字符串中截取字符串

JavaScript 的字符串对象提供了 3 种截取字符串的方法，分别是 substring() 方法、substr() 方法、slice() 方法。

1. substring() 方法

substring() 方法用于提取字符串中介于两个指定下标之间的字符。语法格式如下：

```
stringObject.substring(start,stop)
```

各项介绍如下。

（1）stringObject：String 对象名，也可以是字符变量名。

（2）start：必选项。一个非负的整数，规定要提取的子字符串的第一个字符在 stringObject 中的位置。

（3）stop：可选项。一个非负的整数，比要提取的子字符串的最后一个字符在 stringObject 中的位置多 1。如果省略该参数，那么返回的子字符串会一直到字符串的结尾。

▍实例 8：使用 substring() 方法截取字符串。

代码如下：

```html
<!DOCTYPE html>
<html>
<head>
    <meta charset="UTF-8">
    <title>截取字符串</title>
</head>
<body>
<script type="text/javascript">
    var str=new String("I Love World");
    document.write("正常显示为: " + str +
"</p>");
    document.write("从下标为2的字符截取到
下标为5的字符: "
                        +str.substring
```

```html
(2,5)+ "</p>");
    document.write("从下标为2的字符截取到
字符串末尾: " +str.substring(2));
</script>
</body>
</html>
```

运行程序，结果如图 8-8 所示。

图 8-8　使用 substring() 截取字符串

2. substr() 方法

使用 substr() 方法，可以从字符串的指定位置开始截取指定长度的子字符串。语法格式如下：

```
stringObject.substr(start,length)
```

各项介绍如下。

（1）stringObject：String 对象名，也可以是字符变量名。

（2）start：必选项。要截取的子字符串的起始下标。必须是数值。如果是负数，那么该参数声明从字符串的尾部开始算起的位置。也就是说，-1 指字符串中最后一个字符，-2 指倒数第二个字符，以此类推。

（3）length：可选项。子字符串中的字符数。必须是数值。如果省略了该参数，那么返回从 stringObject 的开始位置到结尾的字串。

▍实例 9：使用 substr() 方法截取字符串。

代码如下：

```html
<!DOCTYPE html>
<html>
<head>
    <meta charset="UTF-8">
    <title>截取字符串</title>
</head>
<body>
<script type="text/javascript">
```

```html
    var str=new String("I Love World");
    document.write("正常显示为: "+str+
"</p>");
    document.write("从下标为2的字符开始提
取8个字符: "+str.substr(2,8)+"</p>");
    document.write("从下标为2的字符截取到
字符串末尾: " +str.substr(2));
</script>
</body>
</html>
```

运行程序，结果如图 8-9 所示。

3. slice() 方法

slice() 方法可提取字符串的某个部分，并以新的字符串返回被提取的部分。语法格式如下：

```
stringObject.slice(start,end)
```

各项介绍如下。

（1）stringObject：String 对象名，也可以是字符变量名。

（2）start：必选项，要抽取的字符串的起始下标。第一个字符位置为 0。

（3）cnd：可选项。紧接着要截取的子字符串结尾的下标。若未指定此参数，则要提取的子字符串包括 start 到原字符串结尾的字符串。如果该参数是负数，那么它规定的是从字符串的尾部开始算起的位置。

> **提示**：字符串中第一个字符位置为 0，第二个字符位置为 1，以此类推。如果是负数，则该参数规定的是从字符串的尾部开始算起的位置。也就是说，–1 指字符串的最后一个字符，–2 指倒数第二个字符，以此类推。

实例 10：使用 slice() 方法截取字符串。

代码如下：

```html
<!DOCTYPE html>
<html>
<head>
    <meta charset="UTF-8">
    <title>截取字符串</title>
</head>
<body>
<script type="text/javascript">
    var str=new String("你好
JavaScript");
    document.write("正常显示为: " + str +
"</p>");
    document.write("从下标为2的字符截取到
下标为5的字符: " +str.slice(2,6)+
"</p>");
```

```html
    document.write("从下标为2的字符截取到
字符串末尾: " +str.slice(2)+"</p>");
    document.write("从第一个字符提取到倒数
第7个字符: " +str.slice(0,-6));
</script>
</body>
</html>
```

图 8-9 使用 substr() 截取字符串

运行程序，结果如图 8-10 所示。

图 8-10 使用 slice() 截取字符串

8.3.4 从字符串中查找字符串

字符串对象提供了几种用于查找字符串中的字符或子字符串的方法。常用的方法为 charAt()、indexOf()、lastIndexOf()。

1. charAt()

charAt() 方法可返回字符串中指定位置的字符。其中，第一个字符位置为 0，第二个字符位置为 1，以此类推。语法格式如下：

```
stringObject.charAt(index)
```

各项介绍如下。

（1）stringObject：String 对象名，也可以是字符变量名。

（2）index：必选项。表示字符串中某个位置的数字，即字符在字符串中的下标。

> **注意**：由于字符串中的第一个字符的下标是 0，因此，index 参数的取值范围是 0~string.length-1，如果设置的 index 参数超出了这个范围，则返回一个空字符串。

实例 11：使用 charAt() 方法返回指定位置的字符。

代码如下：

```
<!DOCTYPE html>
<html>
<head>
    <meta charset="UTF-8">
    <title>查找字符串</title>
</head>
<body>
<script type="text/javascript">
    var str=new String("你好
JavaScript");
    document.write("原字符串: "+str+
"</p>");
```

```
    document.write("返回字符串中的第一个字
符: "+str.charAt(0)+"</p>");
    document.write("返回字符串中的最后一个
字符: "+str.charAt(str.length-1));
</script>
</body>
</html>
```

运行程序，结果如图 8-11 所示。

图 8-11　返回指定位置的字符

2. indexOf()

indexOf() 方法可返回某个指定的字符串值在字符串中首次出现的位置。如果没有找到匹配的字符串，则返回 -1。语法格式如下：

```
stringObject.indexOf(substring,start)
```

各项介绍如下。

（1）stringObject：String 对象名，也可以是字符变量名。

（2）substring：必选项。要在字符串中查找的子字符串。

（3）start：可选参数。规定在字符串中开始检索的位置。它的合法取值是 0 到 stringObject.length-1。如果省略该参数，则将从字符串的首字符开始检索。如果要查找的子字符串没有出现，则返回 -1。

> **注意**：indexOf() 方法区分大小写。

实例 12：使用 indexOf() 方法返回某字符串首次出现的位置。

代码如下：

```
<!DOCTYPE html>
<html>
<head>
    <meta charset="UTF-8">
    <title>查找字符串</title>
</head>
<body>
```

```
<script type="text/javascript">
    var str=new String("你好
JavaScript");
    document.write("原字符串: "+str+
"</p>");
    document.write("输出字符"Java"在字符
串中首次出现的位置: "
                        +str.indexOf
("Java")+"</p>");
    document.write("输出字符"Jv"在字符串中
首次出现的位置: "
                        +str.indexOf
("Jv")+"</p>");
document.write("输出字符"a"在下标为4的字符
```

后首次出现的位置："
+str.indexOf
("a",4));
</script>
</body>
</html>

运行程序，结果如图 8-12 所示。

图 8-12　返回某字符串首次出现的位置

3. lastIndexOf()

lastIndexOf() 方法可返回一个指定的字符串值最后出现的位置。语法格式如下：

```
stringObject.lastIndexOf(substring,start)
```

各项介绍如下。

（1）stringObject：String 对象名，也可以是字符变量名。

（2）substring：必选项。要在字符串中查找的子字符串。

（3）start：可选参数。规定在字符串中开始检索的位置。它的合法取值是 0 到 stringObject.length-1。如果省略该参数，则将从字符串的最后一个字符处开始检索。如果没有找到匹配字符串，则返回 -1。

实例 13：使用 lastIndexOf() 方法返回某字符串最后出现的位置。

代码如下：

```
<!DOCTYPE html>
<html>
<head>
    <meta charset="UTF-8">
    <title>查找字符串</title>
</head>
<body>
<script type="text/javascript">
    var str=new String("一片两片三四片，五片六片七八片。");
    document.write("原字符串："+str+
"</p>");
    document.write("输出字符"片"在字符串中最后出现的位置："
                    +str.lastIndexOf
("片")+"</p>");
    document.write("输出字符"十片"在字符串
```

中最后出现的位置："
+str.lastIndexOf
("十片")+"</p>");
    document.write("输出字符"片"在下标为4
的字符前最后出现的位置："
+str.lastIndexOf
("片",4));
</script>
</body>
</html>

运行程序，结果如图 8-13 所示。

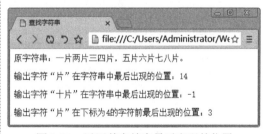

图 8-13　返回某字符串最后出现的位置

8.3.5　设置字符串字体属性

使用字符串的方法可以设置字符串字体的相关属性，如设置字符串字体的大小、颜色等。如表 8-3 所示为 String 对象中用于设置字符串字体格式的方法。

表 8-3　用于设置字符串字体格式的方法

方　　法	说　　明
anchor()	创建 HTML 锚
big()	用大号字体显示字符串
blink()	显示闪动字符串
bold()	使用粗体显示字符串
fixed()	以打字机文本显示字符串
fontcolor()	使用指定的颜色来显示字符串
fontsize()	使用指定的尺寸来显示字符串
italics()	使用斜体显示字符串
link()	将字符串显示为链接
small()	使用小字号来显示字符串
strike()	使用删除线来显示字符串
sub()	把字符串显示为下标
sup()	把字符串显示为上标

▎实例 14：按照不同的格式输出字符串。

代码如下：

```html
<!DOCTYPE html>
<html>
<head>
    <meta charset="UTF-8">
    <title>格式化字符串</title>
</head>
<body>
<script type="text/javascript">
    var str=new String("你好JavaScript");
    document.write("正常显示为："+str+"</p>");
    document.write("以大号字体显示为："+str.big()+"</p>");
    document.write("以小号字体显示为："+str.small()+"</p>");
    document.write("以粗体方式显示为："+str.bold()+"</p>");
    document.write("以倾斜方式显示为："+str.italics()+"</p>");
    document.write("以打印体方式显示为："+str.fixed()+"</p>");
    document.write("添加删除线显示为： "+str.strike()+"</p>");
    document.write("以指定的颜色显示为："+str.fontcolor("Red")+"</p>");
    document.write("以指定字体大小显示为："+str.
fontsize(12)+"</p>");
    document.write("以上标方式显示为："+str.sub()+
"</p>");
    document.write("以下标方式显示为："+str.sup()+
"</p>");
    document.write("为字符串添加超级链接： "
                        +str.link("http://www.baidu.
com")+ "</p>");
</script>
</body>
</html>
```

运行程序，结果如图 8-14 所示。

图 8-14　以不同的格式输出字符串

8.4　新手常见疑难问题

▍疑问 1：在查找指定位置字符串时，应注意哪些事项？

在使用 charAt() 方法查找指定位置的字符串时，一定要注意字符串中的第一个字符的下标是 0，例如，想要查找字符串中的第 2 个字符，charAt() 方法的参数就是 1。另外，在设置 charAt() 方法的参数时，一定不能超过字符串的长度，否则将返回一个空字符串。

▍疑问 2：JavaScript 中的 prototype 属性有什么特点？

JavaScript 语言实现继承机制的核心就是 prototype 属性，字符串对象也不例外，要想实现字符串对象的继承，就需要使用字符串对象的 prototype 属性。继承的实现过程为：JavaScript 解析引擎在读取一个字符串对象的属性值时，会沿着原型链向上寻找，如果最终没有找到，则该属性值为 undefined；如果最终找到该属性的值，则返回结果。与这个过程不同的是，当 JavaScript 解析引擎执行"给一个字符串对象的某个属性赋值"时，如果当前字符串对象存在该属性，则改写该属性的值，如果当前的字符串对象本身并不存在该属性，则赋值该属性的值。

8.5　实战技能训练营

▍实战 1：制作网页随机验证码。

在开发网络应用程序时，经常会使用到随机验证码的情况，随机验证码实际上就是随机字符串。下面就使用 JavaScript 数学对象中的随机数方法 random() 和字符串对象中的取字符方法 charAt() 来生产一个随机验证码。该验证码由数字和字母组成，如图 8-15 所示。单击"刷新"按钮，可以随机返回另一个验证码，如图 8-16 所示。

图 8-15　随机验证码　　　　　图 8-16　刷新验证码

▍实战 2：输出各部门人员名单。

通过 JavaScript 的 String 对象可以实现字符串元素的分类显示，这里使用 String 对象中的 split() 方法和 for 循环语句实现某公司各部门人员名单的输出。程序运行结果如图 8-17 所示。

销售部	财务部	工程部
宋志磊	李聪	马煜轩
陈艳	张军	李煜
侯新阳	陶佳鑫	谢永坤
刘豪君	王本选	王一诺
纪萌	冯文娟	张军

图 8-17　输出各部门人员名称

第9章　JavaScript的事件处理

本章导读

　　JavaScript 的一个最基本特征就是采用事件驱动，使得在图形界面环境下的一切操作变得简单化，通常将鼠标或热键的动作称为事件；将由鼠标或热键引发的一连串程序动作，称为事件驱动，而将对事件进行处理的程序或函数，称为事件处理程序。本章就来介绍 JavaScript 的事件处理机制。

知识导图

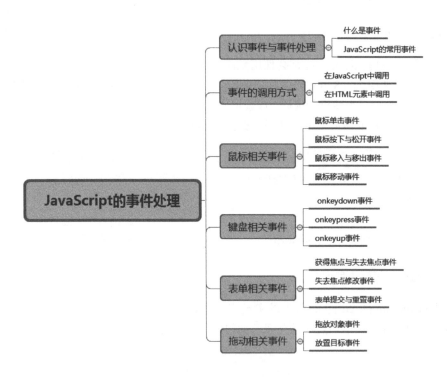

9.1 认识事件与事件处理

在 JavaScript 中使用事件和事件处理可以使程序的逻辑结构更加清晰，使程序更具有灵活性，从而提高程序的开发效率。

1. 什么是事件

JavaScript 的事件可以用于处理表单验证、用户输入、用户行为及浏览器动作，如页面加载时触发事件、页面关闭时触发事件、用户点击按钮执行动作、验证用户输入内容的合法性等。事件将用户和 Web 页面连接在一起，使用户可以与服务器进行交互，以响应用户的操作。

事件处理程序则说明一个对象如何响应事件。在早期支持 JavaScript 脚本的浏览器中，事件处理程序是作为 HTML 标记的附加属性加以定义的，其形式如下：

```
<input type="button" name="MyButton" value="Test Event" onclick="MyEvent()">
```

JavaScript 的事件处理过程一般分为三步：首先发生事件，接着启动事件处理程序，最后事件处理程序做出反应。其中，要使事件处理程序能够启动，必须通过指定的对象来调用相应的事件，然后通过该事件调用事件处理程序。

目前，JavaScript 的大部分事件命名都是描述性的，如 click、submit、mouseover 等，通过其名称就可以知道其含义，一般情况下，在事件名称之前添加前缀，如对于 click 事件，其处理器名为 onclick。

JavaScript 的事件不仅仅局限于鼠标和键盘操作，也包括浏览器的状态改变，如绝大部分浏览器支持类似 resize 和 load 这样的事件。load 事件在浏览器载入文档时被触发，如果某事件要在文档载入时被触发，一般应该在 <body> 标记中加入如下语句：

```
onload="MyFunction()";
```

事件可以发生在很多场合，包括浏览器本身的状态和页面中的按钮、链接、图片、层等。同时根据 DOM 模型，文本也可以作为对象，并响应相关的动作，如点击鼠标、文本被选择等。

2. JavaScript 的常用事件

JavaScript 的事件有很多，如鼠标键盘事件、表单事件、拖动相关事件等，下面以表格的形式对各事件进行说明，JavaScript 的相关事件如表 9-1 所示。

表 9-1　JavaScript 的相关事件

分　类	事　件	说　明
鼠标键盘事件	onkeydown	键盘的某个键被按下时触发此事件
	onkeypress	键盘的某个键被按下或按住时触发此事件
	onkeyup	键盘的某个键被松开时触发此事件
	onclick	鼠标点击某个对象时触发此事件
	ondblclick	鼠标双击某个对象时触发此事件
	onmousedown	某个鼠标按键被按下时触发此事件

分　类	事　件	说　　明
鼠标 键盘 事件	onmousemove	鼠标被移动时触发此事件
	onmouseout	鼠标从某元素移开时触发此事件
	onmouseover	鼠标被移到某元素之上时触发此事件
	onmouseup	某个鼠标按键被松开时触发此事件
	onmouseleave	当鼠标指针移出元素时触发此事件
	onmouseenter	当鼠标指针移动到元素上时触发此事件
	oncontextmenu	在用户点击鼠标右键打开上下文菜单时触发此事件
表单 相关 事件	onreset	当重置按钮被点击时触发此事件
	onblur	当元素失去焦点时触发此事件
	onchange	当元素失去焦点并且元素的内容发生改变时触发此事件
	onsubmit	当提交按钮被点击时触发此事件
	onfocus	当元素获得焦点时触发此事件
	onfocusin	元素即将获取焦点时触发
	onfocusout	元素即将失去焦点时触发
	oninput	元素获取用户输入时触发
	onsearch	用户向搜索域输入文本时触发 (<input="search">)
	onselect	用户选取文本时触发 (<input> 和 <textarea>)
拖动 相关 事件	ondrag	该事件在元素正在拖动时触发
	ondragend	该事件在用户完成元素的拖动时触发
	ondragenter	该事件在拖动的元素进入放置目标时触发
	ondragleave	该事件在拖动元素离开放置目标时触发
	ondragover	该事件在拖动元素在放置目标上时触发
	ondragstart	该事件在用户开始拖动元素时触发
	ondrop	该事件在拖动元素放置在目标区域时触发

9.2　事件的调用方式

　　事件通常与函数配合使用，这样就可以通过发生的事件来驱动函数执行，在 JavaScript 中，事件调用的方式有两种，下面分别进行介绍。

1. 在 JavaScript 中调用

　　在 JavaScript 中调用事件处理程序是比较常用的一种方式，在调用的过程中，首先需要获取要处理对象的引用，然后将要执行的处理函数赋值给对应的事件。当单击"获取时间"按钮时，在页面中显示当前系统时间信息。

实例 1：在页面中显示当前系统时间。

代码如下：

```html
<!DOCTYPE html>
<html>
<head>
    <meta charset="UTF-8">
    <title>显示系统当前时间</title>
</head>
<body>
<p>点击按钮执行displayDate()函数，显示当前时间信息</p>
<button id="myBtn">显示时间</button>
<script type="text/javascript">
    document.getElementById("myBtn").onclick=function(){
        displayDate()
    };
    function displayDate(){
        document.getElementById("demo").innerHTML=Date();
    };
</script>
<p id="demo"></p>
</body>
</html>
```

运行程序，结果如图 9-1 所示。单击"显示时间"按钮，即可在页面中显示出当前系统的日期和时间信息，如图 9-2 所示。

图 9-1　程序运行结果

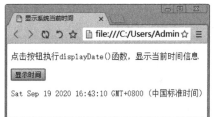

图 9-2　显示系统当前时间

注意：在上述代码中使用了 onclick 事件，可以看到该事件处于 JavaScript 中的 script 标签中，另外，在 JavaScript 中指定事件处理程序时，事件名称必须小写，才能正确响应事件。

2. 在 HTML 元素中调用

在 HTML 元素中调用事件处理程序时，只需要在该元素中添加响应的事件，并在其中指定要执行的代码或者函数名即可。例如：

```html
<input name="close" type="button" value=
"关闭"
    onclick=alert("单击了关闭按钮");>
```

上述代码的运行结果会在页面中显示"关闭"按钮，当单击该按钮后，会弹出一个信息提示框，如图 9-3 所示。

图 9-3　信息提示框

121

9.3 鼠标相关事件

鼠标事件是在页面操作中使用最频繁的操作，可以利用鼠标事件在页面中实现鼠标移动、单击时的特殊效果。

9.3.1 鼠标单击事件

单击事件（onclick）是在鼠标单击时被触发的事件，单击是指鼠标停留在对象，按下鼠标键，在没有移动鼠标的同时释放鼠标键的这一完整过程。

在使用对象的单击事件时，如果在对象上按下鼠标键，然后移动鼠标到对象外在松开鼠标，则单击事件无效，单击事件必须在对象上松开鼠标后，才会执行单击事件的处理程序。

下面给出一个实例，通过单击按钮，动态变换背景的颜色，当用户再次单击按钮时，页面背景将以不同的颜色进行显示。

实例 2：动态变换页面背景的颜色。

代码如下：

```
<!DOCTYPE html>
<html>
<head>
    <meta charset="UTF-8">
    <title>动态变换页面背景颜色</title>
</head>
<body>
<p>使用按钮动态变换页面背景颜色</p>
<script language="javascript">
    var Arraycolor=new Array("teal",
"red","blue","navy","lime","green",
            "purple","gray","yellow",
"white");
    var n=0;
    function turncolors(){
        if (n==(Arraycolor.length-1))
n=0;
        n++;
        document.bgColor =
Arraycolor[n];
    }
</script>
<form name="form1" method="post"
action="">
    <p>
        <input type="button"
name="Submit" value="变换背景颜色"
```

```
onclick="turncolors()">
    </p>
</form>
</body>
</html>
```

运行程序，结果如图 9-4 所示。单击"变换背景颜色"按钮，即可改变页面的背景颜色，如图 9-5 所示背景的颜色为绿色。

图 9-4 程序运行结果

图 9-5 改变页面背景颜色

提示： 鼠标事件一般应用于 Button 对象、CheckBox 对象、Image 对象、Link 对象、Radio 对象、Reset 对象和 Submit 对象，其中，Button 对象一般只会用到 onclick 事件处理程序，因为该对象不能从用户那里得到任何信息，如果没有 onclick 事件处理程序，按钮对象将不会有任何作用。

9.3.2 鼠标按下与松开事件

鼠标的按下事件为 onmousedown 事件，在 onmousedown 事件中，用户把鼠标放在对象上按下鼠标键时触发。例如在应用中，有时需要获取在某个 div 元素上鼠标按下时的鼠标位置（x、y 坐标）并设置鼠标的样式为"手型"。

鼠标的松开事件为 onmouseup 事件。在 onmouseup 事件中，用户把鼠标放在对象上鼠标按键被按下的情况下，放开鼠标键时触发。如果接收鼠标键按下事件的对象与鼠标键放开时的对象不是同一个对象，那么 onmouseup 事件不会触发。

▌实例 3：按下鼠标改变超链接文本颜色。

代码如下：

```html
<!DOCTYPE html>
<html>
<head>
    <meta charset="UTF-8">
    <title>改变超链接文本颜色</title>
    <script type="text/javascript">
        function myFunction(elmnt, clr)
{
            elmnt.style.color = clr;
        };
    </script>
</head>
<body>
<p onmousedown="myFunction(this,'red')"
onmouseup="myFunction(this,'green')">
<u>按下鼠标改变超链接文本颜色</u></p>
</body>
</html>
```

运行程序，结果如图 9-6 所示。在文本上按下鼠标即可改变文本的颜色，这里文本的颜色变为红色，松开鼠标后，文本的颜色变成绿色。

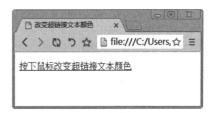

图 9-6　程序运行结果

> **注意**：onmousedown 事件与 onmouseup 事件有先后顺序，在同一个对象上前者在先后者在后。onmouseup 事件通常与 onmousedown 事件共同使用，控制同一对象的状态改变。

9.3.3 鼠标移入与移出事件

鼠标的移入事件为 onmouseover 事件。onmouseover 事件在鼠标进入对象范围（移到对象上方）时触发，onmouseover 事件可以应用在所有的 HTML 页面元素中。例如，当鼠标进入单元格时，触发 onmouseover 事件，调用名称为 modStyle 的事件处理函数，完成对单元格样式的更改。代码如下：

```html
<td onmouseover="modStyle(this)" onmouseout="recoverStyle(this)">
```

鼠标的移出事件为 onmouseout 事件。onmouseout 事件在鼠标离开对象时触发。onmouseout 事件通常与 onmouseover 事件共同使用，来改变对象的状态。例如，鼠标移到一段文字上方时，文字颜色显示为红色，鼠标离开文字时，文字恢复原来的黑色，代码如下：

```html
<font onmouseover ="this.style.color='red'"
   onmouseout="this.style.color="black"">文字颜色改变</font>
```

■ 实例4：改变网页图片的大小：

代码如下：

```html
<!DOCTYPE html>
<html>
<head>
    <meta charset="UTF-8">
    <title>改变图片的大小</title>
    <script type="text/javascript">
        function bigImg(x){
            x.style.height="218px";
            x.style.width="257px";
        }
        function normalImg(x){
            x.style.height="127px";
            x.style.width="150px";
        }
    </script>
</head>
<body>
<img onmouseover="bigImg(this)"
onmouseout="normalImg(this)" border="0"
src="01.jpg" alt="Smiley" width="150"
height="127">
</body>
</html>
```

运行程序，结果如图9-7所示。将鼠标

移动到笑脸图片上，即可将笑脸图片变大显示，如图9-8所示。

图9-7　程序运行结果（原始大小）

图9-8　图片变大显示

9.3.4　鼠标移动事件

鼠标移动事件（onmousemove）是鼠标在页面上进行移动时触发事件处理程序，下面给出一个实例，在状态栏中显示鼠标在页面中的当前位置，该位置使用坐标进行表示。

■ 实例5：在状态栏中显示鼠标在页面中的当前位置。

代码如下：

```html
<!DOCTYPE html>
<html>
<head>
    <meta charset="UTF-8">
    <title>显示鼠标坐标位置</title>
    <script type="text/javascript">
        var x=0,y=0;
        function MousePlace()
        {
            x=window.event.x;
            y=window.event.y;
                window.status="X: "+x+"
"+"Y: "+y;
        }
        document.onmousemove=
MousePlace;
```

```html
    </script>
</head>
<body>
在状态栏中显示了鼠标在页面中的当前位置。
</body>
</html>
```

运行程序，结果如图9-9所示。移动鼠标，可以看到状态栏中鼠标的坐标数值也发生了变化。

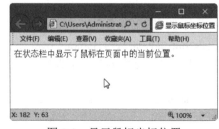

图9-9　显示鼠标坐标位置

9.4 键盘相关事件

键盘事件是指键盘状态的改变，常用的键盘事件有 onkeydown 按键事件、onkeypress 按下键事件和 onkeyup 放开键事件。

1. onkeydown 事件

onkeydown 事件在键盘的按键被按下时触发，onkeydown 事件用于接收键盘的所有按键（包括功能键）被按下时的事件。onkeydown 事件与 onkeypress 事件都在按键按下时触发，但两者是有区别的。

例如，在用户输入信息的界面中，经常会有同时输入多条信息（存在多个文本框）的情况出现。为方便用户使用，通常情况下，当用户按 Enter 键时，光标自动跳入下一个文本框，在文本框中使用如下代码，即可实现回车跳入下一文本框的功能：

```html
<input type="text" name="txtInfo"
               onkeydown="if(event.keyCode==13) event.keyCode=9">
```

实例 6：onkeydown 事件的应用。

代码如下：

```html
<!DOCTYPE html>
<html>
<head>
    <meta charset="UTF-8">
    <title>onkeydown事件</title>
    <script type="text/javascript">
        function myFunction(){
            alert("你在文本框内按下一个
键");
        };
    </script>
</head>
<body>
<p>当你在文本框内按下一个按键时，弹出一个信息
提示框</p>
<input type="text" onkeydown=
"myFunction()">
</body>
</html>
```

运行程序，结果如图 9-10 所示。将鼠标定位在页面中的文本框内，按下键盘上的空格键，将弹出一个信息提示框，如图 9-11 所示。

图 9-10　程序运行结果

图 9-11　信息提示框

2. onkeypress 事件

onkeypress 事件在键盘的按键被按下时触发。onkeypress 事件与 onkeydown 事件两者有先后顺序，onkeypress 事件是在 onkeydown 事件之后发生的。此外，当按下键盘上的任何一个键时，都会触发 onkeydown 事件；但是 onkeypress 事件只在按下键盘的任一字符键（如 A ～ Z、数字键）时触发，而单独按下功能键（F1 ～ F12）、Ctrl 键、Shift 键、Alt 键等，不会触发 onkeypress 事件。

实例 7：onkeypress 事件的应用。

代码如下：

```html
<!DOCTYPE html>
<html>
<head>
    <meta charset="UTF-8">
    <title>onkeypress事件</title>
    <script type="text/javascript">
        function myFunction(){
            alert("你在文本框内按下一个字符键");
        };
    </script>
</head>
<body>
<p>当你在文本框内按下一个字符键时，弹出一个信息提示框</p>
<input type="text" onkeypress=
"myFunction()">
</body>
</html>
```

运行程序，结果如图 9-12 所示。将鼠标定位在页面中的文本框内，按下键盘上的任意字符键，这里按下 A 键，将弹出一个信息提示框，如图 9-13 所示。如果单独按下功能键，将不会弹出信息提示框。

图 9-12　程序运行结果

图 9-13　信息提示框

3. onkeyup 事件

onkeyup 事件在键盘的按键被按下然后放开时触发。例如，页面中要求用户输入数字信息时，使用 onkeyup 事件，对用户输入的信息进行判断，具体代码为：

```html
<input type="text" name="txtNum"
                onkeyup="if(isNaN(value))execCommand ('undo');">
```

实例 8：onkeyup 事件的应用。

使用 onkeyup 事件实现当用户在文本框中输入小写字符后，触发函数将其转换为大写：

```html
<!DOCTYPE html>
<html>
<head>
    <meta charset="UTF-8">
    <title>onkeyup事件</title>
    <script type="text/javascript">
        function myFunction(){
            var x=document.
getElementById("fname");
            x.value=x.value.
toUpperCase();
        }
    </script>
</head>
<body>
<p>当用户在文本框中输入小写字符并释放最后一个
按键时触发函数，该函数将字符转换为大写。</p>
请输入你的英文名字： <input type="text"
id="fname" onkeyup="myFunction()">
</body>
```

```html
</html>
```

运行程序，结果如图 9-14 所示。将鼠标定位在页面中的文本框内，输入英文名字，这里输入 sum，然后按下空格键，即可将小写英文名字修改为大写，如图 9-15 所示。

图 9-14　程序运行结果

图 9-15　字母以大写方式显示

9.5 表单相关事件

表单事件实际上就是对元素获得或失去焦点的动作进行控制，可以利用表单事件来改变获得或失去焦点的元素样式，这里的元素可以是同一类型，也可以是多种不同的类型元素。

9.5.1 获得焦点与失去焦点事件

获得焦点事件 onfocus 是当某个元素获得焦点时触发事件处理程序，失去焦点事件 onblur 是当前元素失去焦点时触发事件处理程序。一般情况下，onfocus 事件与 onblur 事件结合使用，例如可以结合使用 onfocus 事件与 onblur 事件控制文本框中获得焦点时改变样式，失去焦点时恢复原来的样式。

▎实例 9：onfocus 事件的应用。

使用 onfocus 事件与 onblur 事件实现文本框背景颜色的改变。即：用户在选择文本框时，文本框的背景颜色发生变化，如果不选择文本框，文本框的颜色也发生变化。代码如下：

```html
<!DOCTYPE html>
<html>
<head>
    <meta charset="UTF-8">
    <title>改变文本框的背景颜色</title>
</head>
<body>
<p>当输入框获取焦点时，修改文本框背景色为蓝色。</p>
<p>当输入框失去焦点时，修改文本框背景色为红色。</p>
输入你的名字：<input type="text" onFocus="txtfocus()" onBlur="txtblur()">
<script type="text/javascript">
    function txtfocus(){                        //当前元素获得焦点
        var e=window.event;//获取事件对象
        var obj=e.srcElement;                  //获取发生事件的元素
        obj.style.background="#00FFFF";//设置元素背景颜色
    }
    function txtblur(){                         //当前元素失去焦点
        var e=window.event;//获取事件对象
        var obj=e.srcElement;//获取发生事件的元素
        obj.style.background="#FF0000";//设置元素背景颜色
    }
</script>
</body>
</html>
```

运行程序，结果如图 9-16 所示。选择文本框输入内容时，即可发现文本框的背景色发生了变化，这是通过获取焦点事件 onfocus 来完成的，如图 9-17 所示。

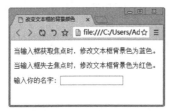 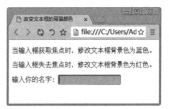

图 9-16　程序运行结果　　　图 9-17　文本框的背景色为蓝色

当输入框失去焦点时，文本框的背景色变成红色，这是通过失去焦点事件（onblur）来完成的，如图 9-18 所示。

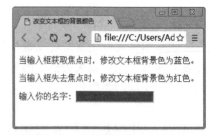

图 9-18 文本框的背景色为红色

9.5.2 失去焦点修改事件

onchange 失去焦点修改事件只在事件对象的值发生改变并且事件对象失去焦点时触发。该事件一般应用在下拉列表框中。

实例 10：用下拉列表框改变字体颜色。

代码如下：

```html
<!DOCTYPE html>
<html>
<head>
    <meta charset="UTF-8">
    <title>用下拉列表框改变字体颜色</title>
</head>
<body>
<form name="form1" method="post" action="">
    <input name="textfield" type="text" value="请选择字体颜色">
    <select name="menu1" onChange="Fcolor()">
        <option value="black">黑</option>
        <option value="yellow">黄</option>
        <option value="blue">蓝</option>
        <option value="green">绿</option>
        <option value="red">红</option>
        <option value="purple">紫</option>
    </select>
</form>
<script type="text/javascript">
    function Fcolor()
    {
        var e=window.event;
        var obj=e.srcElement;
        form1.textfield.style.color=obj.options[obj.selectedIndex].value;
    }
</script>
</body>
</html>
```

运行程序，结果如图 9-19 所示。单击颜色右侧的下拉按钮，在弹出的下拉列表中选择文本的颜色，如图 9-20 所示。

图 9-19 程序运行结果

图 9-20 改变下拉列表框中文字的颜色

9.5.3 表单提交与重置事件

onsubmit 事件在表单提交时触发，该事件可以用来验证表单输入项的正确性；onreset 事件在表单被重置后触发，一般用于清空表单中的文本框。

▌实例 11：表单提交的验证。

使用 onsubmit 事件和 onreset 事件实现表单不为空的验证与重置后清空文本框的操作。
代码如下：

```
<!DOCTYPE html>
<html>
<head>
    <meta charset="UTF-8">
    <title>表单提交的验证</title>
</head>
<body style="font-size:12px">
<table width="486" height="333" border="0" align="center" cellpadding="0"
   cellspacing="0">
        <td align="center" valign="top">
            <table width="86%" border="0" align="center" cellpadding="2"
              cellspacing="1" bgcolor="#6699CC">
                <form name="form1" onReset="return AllReset()" onsubmit=
                  "return AllSubmit()">
                    <tr bgcolor="#FFFFFF">
                        <td height="22" align="right">所属类别:</td>
                        <td height="22" align="left">
                            <select name="txt1" id="txt1">
                                <option value="蔬菜水果">蔬菜水果</option>
                                <option value="干果礼盒">干果礼盒</option>
                                <option value="礼品工艺">礼品工艺</option>
                            </select>
                            <select name="txt2" id="txt2">
                                <option value="西红柿">西红柿</option>
                                <option value="红富士">红富士</option>
                            </select></td>
                    </tr>
                    <tr bgcolor="#FFFFFF">
                        <td height="22" align="right">商品名称:</td>
                        <td height="22" align="left"><input name="txt3"
                    type="text" id="txt3" size="30" maxlength="50"></td>
                    </tr>
                    <tr bgcolor="#FFFFFF">
                        <td height="22" align="right">会员价:</td>
                        <td height="22" align="left"><input name="txt4"
                        type="text" id="txt4" size="10"></td>
                    </tr>
                    <tr bgcolor="#FFFFFF">
                        <td height="22" align="right">提供厂商:</td>
                        <td height="22" align="left"><input name="txt5"
                    type="text" id="txt5" size="30" maxlength="50"></td>
                    </tr>
                    <tr bgcolor="#FFFFFF">
                        <td height="22" align="right">商品简介:</td>
                        <td height="22" align="left"><textarea name="txt6"
                    cols="35" rows="4" id="txt6"></textarea></td>
                    </tr>
```

```
                        <tr bgcolor="#FFFFFF">
                            <td height="22" align="right">商品数量:</td>
                            <td height="22" align="left"><input name="txt7"
                    type="text" id="txt7" size="10"></td>
                        </tr>
                        <tr bgcolor="#FFFFFF">
                            <td height="22" colspan="2" align="center"><input
                    name="sub" type="submit" id="sub2" value="提交">
                                 
                                <input type="reset" name="Submit2" value="重置">
                            </td>
                        </tr>
                    </form>
                </table>
            </td>
        </table>
<script type="text/javascript">
    function AllReset()
    {
        if (window.confirm("是否进行重置？"))
            return true;
        else
            return false;
    }
    function AllSubmit()
    {
        var T=true;
        var e=window.event;
        var obj=e.srcElement;
        for (var i=1;i<=7;i++)
        {
            if (eval("obj."+"txt"+i).value=="")
            {
                T=false;
                break;
            }
        }
        if (!T)
        {
            alert("提交信息不允许为空");
        }
        return T;
    }
</script>
</body>
</html>
```

运行程序，结果如图 9-21 所示。

在"商品名称"文本框中输入名称，然后单击"提交"按钮，将会弹出一个信息提示框，提示用户提交的信息不允许为空，如图 9-22 所示。

如果信息输入有误，单击"重置"按钮，将弹出一个信息提示框，提示用户是否进行重置，如图 9-23 所示。

图 9-21　表单显示效果

图 9-22 提交信息不能为空 　　　　图 9-23 提示用户是否重置表单

9.6 拖动相关事件

JavaScript 为用户提供的拖放事件有两类：①拖放对象事件；②放置目标事件。

9.6.1 拖放对象事件

拖放对象事件包括 ondragstart 事件、ondrag 事件、ondragend 事件。

（1）ondragstart 事件：用户开始拖动元素时触发。

（2）ondrag 事件：元素正在拖动时触发。

（3）ondragend 事件：用户完成元素拖动后触发。

> **注意**：在对对象进行拖动时，一般都要使用 ondragend 事件，用来结束对象的拖动操作。

9.6.2 放置目标事件

放置目标事件包括 ondragenter 事件、ondragover 事件、ondragleave 事件和 ondrop 事件。

（1）ondragenter 事件：当被鼠标拖动的对象进入其容器范围内时触发此事件。

（2）ondragover 事件：当某被拖动的对象在另一对象容器范围内拖动时触发此事件。

（3）ondragleave 事件：当被鼠标拖动的对象离开其容器范围内时触发此事件。

（4）ondrop 事件：在一个拖动过程中，释放鼠标键时触发此事件。

> **注意**：在拖动元素时，每隔 350 毫秒会触发 ondrag 事件。

▌实例 12：实现来回拖动文本效果。

代码如下：

```
<!DOCTYPE html>
<html>
<head>
    <meta charset="UTF-8">
    <title>来回拖动文本</title>
    <style>
        .droptarget {
            float: left;
            width: 100px;
            height: 35px;
            margin: 15px;
```

```
                padding: 10px;
                border: 1px solid #aaaaaa;
            }
        </style>
</head>
<body>
<p>在两个矩形框中来回拖动文本:</p>
<div class="droptarget">
        <p draggable="true" id="dragtarget">拖动我!</p>
</div>
<div class="droptarget"></div>
<p style="clear:both;">
<p id="demo"></p>
<script type="text/javascript">
        /* 拖动时触发*/
        document.addEventListener("dragstart", function(event) {
            //dataTransfer.setData()方法设置数据类型和拖动的数据
            event.dataTransfer.setData("Text", event.target.id);
            // 拖动 p 元素时输出一些文本
            document.getElementById("demo").innerHTML = "开始拖动文本";
            //修改拖动元素的透明度
            event.target.style.opacity = "0.4";
        });
        //在拖动p元素的同时，改变输出文本的颜色
        document.addEventListener("drag", function(event) {
            document.getElementById("demo").style.color = "red";
        });
        // 当拖完p元素，输出一些文本元素和重置透明度
        document.addEventListener("dragend", function(event) {
            document.getElementById("demo").innerHTML = "完成文本的拖动";
            event.target.style.opacity = "1";
        });
        /* 拖动完成后触发 */
        // 当p元素完成拖动进入droptarget，改变div的边框样式
        document.addEventListener("dragenter", function(event) {
            if ( event.target.className == "droptarget" ) {
                event.target.style.border = "3px dotted red";
            }
        });
        // 默认情况下，数据/元素不能在其他元素中被拖放。对于drop我们必须防止元素的默认处理
        document.addEventListener("dragover", function(event) {
            event.preventDefault();
        });
        // 当可拖放的p元素离开droptarget时，重置div的边框样式
        document.addEventListener("dragleave", function(event) {
            if ( event.target.className == "droptarget" ) {
                event.target.style.border = "";
            }
        });
        /*对于drop，防止浏览器的默认处理数据(在drop中链接是默认打开)
        复位输出文本的颜色和DIV的边框颜色
        利用dataTransfer.getData()方法获得拖放数据
        拖放的数据元素id("drag1")
        拖放元素附加到drop元素*/
        document.addEventListener("drop", function(event) {
            event.preventDefault();
            if ( event.target.className == "droptarget" ) {
                document.getElementById("demo").style.color = "";
                event.target.style.border = "";
```

```
                var data = event.dataTransfer.getData("Text");
                event.target.appendChild(document.getElementById(data));
        }
    });
</script>
</body>
</html>
```

运行程序，结果如图 9-24 所示。选中第一个矩形框中的文本，按下鼠标左键不放进行拖动，这时会在页面中显示"开始拖动文本"的信息提示，如图 9-25 所示。

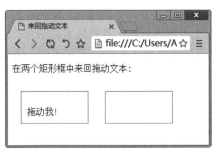

图 9-24　程序运行结果

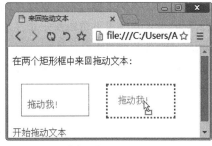

图 9-25　拖动文本

拖动完成后，松开鼠标左键，页面中提示信息为"完成文本的拖动"，如图 9-26 所示。

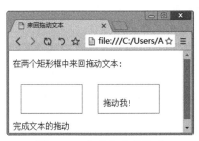

图 9-26　完成文本的拖动

9.7　新手常见疑难问题

▌疑问 1：在调用事件时，事件的名称有什么规定呢？

在 JavaScript 中调用事件时，事件的名称一定要小写，这样才能正确响应事件。例如，如下代码：

```
<input type="text" onkeydown="myFunction()">
```

这里，onkeydown 就是事件的名称，应该小写。

▌疑问 2：表单提交事件与表单重置事件在使用的过程中，应注意什么？

如果在 onsubmit 事件与 onreset 事件中调用的是自定义函数名，那么，必须在函数名称前面加上 return 语句，否则，不论在函数中返回的是 true，还是 false，当前时间所返回的值都一律是 true 值。见如下代码：

```
<form name="form1" onReset="return AllReset()"
                    onsubmit="return AllSubmit()">
```

这里，AllReset() 与 AllSubmit() 都是自定义函数的名称，其前面都加上了 return 语句。

9.8 实战技能训练营

▌实战 1：限制网页文本框的输入。

为了让读者更好地使用键盘事件对网页的操作进行控制，下面给出一个综合示例，即限制网页文本框的输入。这里设置制作一个注册表，包括用户名、真实姓名等信息，对这些文本框的限制就是输入类型的限制，例如真实姓名只能用来输入名称，而不能输入数值。

这样就可以在用户注册信息页面输入注册信息，并可以在文本框中使用键盘来移动或删除注册信息，如图 9-27 所示。

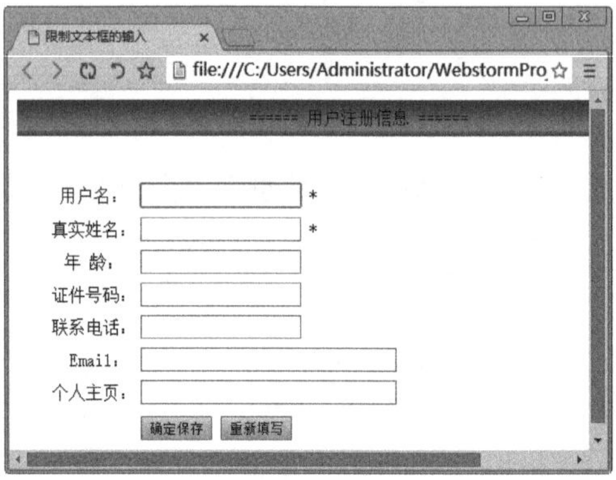

图 9-27 注册页面

▌实战 2：制作自定义滚动条效果。

JavaScript 的事件机制可以为程序设计带来很大的灵活性。不过，随着 Web 技术发展，使用 JavaScript 自定义对象愈发频繁，让自己创建的对象也有事件机制，通过事件对外通信，能够极大地提高开发效率。下面制作一个自定义滚动条效果，来学习事件的综合应用。程序的运行效果如图 9-28 所示。当鼠标放置在下方滚动条的最左端与最右端的按钮上时，图片随滚动条的移动而移动。

图 9-28 滚动条效果

第10章 JavaScript的表单对象

本章导读

表单是一个能够包含表单元素的区域，通过添加不同的表单元素，将显示不同的效果。表单对象是文档对象的 forms 属性，它可以返回一个数组，数组中的每个元素都是一个表单对象。通过表单对象，可以实现输入文字、选择选项和提交数据等功能。本章就来介绍 JavaScript 表单对象的应用。

知识导图

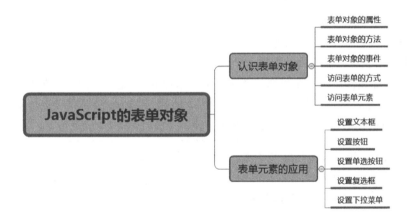

10.1　认识表单对象

与其他对象一样，表单对象（form）也具有自己的属性、方法与事件，下面就来介绍表单对象的属性、方法与事件。

1. 表单对象的属性

表单对象的属性与表单元素的属性相关，如表 10-1 所示为表单对象的常用属性。

表 10-1　表单对象的常用属性

属 性 名	说　　明
name	返回或设置表单的名称
method	返回或设置表单提交的方法，可取值 get 或 post，默认为 post
action	返回或设置表单处理程序的 URL 地址
target	返回或设置提交表单时目标窗口的打开方式
encoding	返回或设置表单信息提交的编码方式
elements	返回表单对象中的元素构成的数组，数组中的元素也是对象
id	返回或设置表单的 id
length	返回表单对象中元素的个数

常用属性的详细介绍如下。

（1）name 属性：表单的名称，可以在不命名的情况下使用表单，但是为了方便在 JavaScript 中使用表单，需要为其指定一个名称。

（2）method 属性：是一个可选的属性，用于指定 form 提交（把客户端表单的信息发送给服务器的动作称为"提交"）的方法。如果用户不指定 form 的提交方法，默认的提交方法是 post。表单提交的方法有 get 和 post 两种。

> 提示：使用 get 方法提交表单需要注意：URL 的长度应限制在 8192 个字符以内。如果发送的数据量太大，数据将被截断，从而导致意外或失败的处理结果。因此，如果传输的数据量过大，提交 form 时不能使用 get 方法。

（3）action 属性：用于指定表单的处理程序的 URL 地址。其内容可以说某个处理程序或页面（还可以使用"#"代替 action 的值，指明当前 form 的 action 就是其本身），但是，需要注意到 action 属性的值必须包含具体的网络路径。例如，指定当前页面 action 为 check 下的 userCheck.html，其方法为：<form action="/check/userCheck.html">。

另外，用户可以使用 JavaScript 等脚本语言，按照需要指定 form 的 action 值。例如，使用 JavaScript 指定 action 的值为 /check/userCheck.htm，其方法如下：

```
document.loginForm.action="/check/userCheck.html"
```

（4）target 属性：用于指定当前 form 提交后，目标文档的显示方法。target 属性是可选的，有 4 个值。如果用户没有指定 target 属性的值，target 默认值为 _self。

- _blank：在未命名的新窗口中打开目标文档。
- _parent；在显示当前文档的窗口的父窗口中打开目标文档。
- _self：在提交表单所使用的窗口中打开目标文档。
- _top：在当前窗口内打开目标文档，确保目标文档占用整个窗口。

（5）elements 属性：包含所有为目标 form 元素对象所引入的用户界面元素形成数组（按钮、单选按钮），且数组元素的下标按元素载入顺序分配。

2. 表单对象的方法

表单对象只有两个方法，分别为 submit() 和 reset()，用户可以通过这两个方法来提交表单或重置表单，而不需要用户单击某个按钮。如表 10-2 所示为表单对象的方法。

表 10-2　表单对象的方法

方 法 名	说　明
reset()	将所有表单元素重置为初始值，相当于单击了重置按钮
submit()	提交表单数据，相当于单击了提交按钮

> **注意**：如果使用 submit() 方法向服务器发送数据或者通过电子邮件发送数据，多数浏览器会提示用户是否核实提交的信息。如果用户取消发送，就无法发送数据了。

3. 表单对象的事件

表单对象的事件有两个，这两个事件与表单对象的两个方法相似，如表 10-3 所示为表单对象的事件。

表 10-3　表单对象的事件

事 件 名	说　明
reset()	重置表单时触发的事件
submit()	提交表单时触发的事件

4. 访问表单的方式

一个 HTML 文档可能会包含多个表单标签 <form>，JavaScript 会为每个 <form> 标签创建一个表单对象，并将这些表单对象存放在 forms[] 数组中，在操作表单元素之前，首先应当确定要访问的表单。

JavaScript 中主要有 3 种访问表单的方式，分别如下。

（1）通过 document.forms[] 按编号访问，例如 document.forms[1]。

（2）通过 document.formname 按名称访问，例如 document.form1。

（3）在支持 DOM 的浏览器中，使用 document.getElementById()。

例如，定义一个表单，代码如下：

```
<form method="post" name="myForm1">
  <label for="name">用户名:</label><input type="text"
                        name="name" id="name"> <br>
  <label for="passwd">密码:</label><input type="password"
                        name="passwd" id="passwd"><br>
  <input type="submit" name="btnSubmit" id="btnSubmit" value="登录">
  <input type="reset" name="btnReset" id="btnReset" value="取消">
</form>
```

对于上述表单，用户可以使用 document.forms[0]、document.myForm1、document. getElementById('myForm1') 这 3 种方式来访问表单。

5. 访问表单元素

一个表单中可以包含多个表单元素，在 JavaScript 中，访问表单元素也有 3 种方式，分别如下。

（1）通过 elements[] 按表单元素的编号进行访问，例如 document.form1.elements[1]。

（2）通过 name 属性按表单元素的名称访问，例如 document.form1.text1。

（3）在支持 DOM 的浏览器中，使用 document.getElementById("elementID") 来定位要访问的表单元素。

例如，定义一个表单，代码如下：

```
<form method="post" name="myForm1">
    用户名:<input type="text" name="name" id="name"> <br>
    密码: <input type="password" name="passwd" id="passwd"><br>
    <input type="submit" name="btnSubmit" id="btnSubmit" value="登录">
    <input type="reset" name="btnReset" id="btnReset" value="取消">
</form>
```

对于上述表单，用户可以使用 document.myForm1.elements[0] 来访问第一个表单元素；也可以使用名称来访问表单元素，例如 document.myForm1.passwd，还可以使用表单元素的 id 来定位表单元素，例如 document.getElementById("btnSubmit")。

虽然上述这几种方法都可以访问到表单中的元素，但比较常用的还是使用 document. getElementById() 方法来定位表单元素的 id，因为页面中元素的 id 是唯一的。

10.2 表单元素的应用

表单是实现网站互动功能的重要组成部分，使用表单可以收集客户端提交的相关信息，本节就来介绍表单对象中几种常见表单元素的应用。

10.2.1 设置文本框

在 HTML 中，文本框是用来记录用户输入信息的元素，是最常用的表单元素。使用文本框可以输入姓名、地址、密码等信息，文本框有单行文本框、多行文本框、密码文本框等多种。

1. 文本框的属性

无论哪一种文本框，其属性大多数是相同的，常用的文本框属性如表 10-4 所示。

表 10-4 文本框的属性

属 性 名	说　明
id	返回或设置文本框的 id 属性值
name	返回或设置文本框的名称
value	返回或设置文本框中的文本，即文本框的值
type	返回文本框的类型
cols	返回或设置多行文本框的宽度，单位是单个字符宽度

续表

属 性 名	说　　明
rows	返回或设置多行文本框的高度，单位是单个字符高度
maxlength	返回或设置单行文本框最多输入的字符数

2. 文本框的方法

文本框的方法大多数与文本框中的文本相关，不论哪一种类型的文本框，它们的方法大多数是相同的，常用的文本框方法如表 10-5 所示。

表 10-5　文本框的方法

方 法 名	说　　明
click	可以模拟文本框被鼠标单击
blur	用于将焦点从文本框中移开
focus	用于将焦点赋给文本框
select	可以选中文本框中的文字

3. 限制文本框输入字符的个数

在文本框中输入字符时，可以通过设置文本框的长度来限制输入的字符个数。其中，单行文本框和密码框可以通过自身的 maxLength 属性来限制用户输入字符的个数。例如，控制 id 为 user 的单行文本框中允许输入的字符数不超过 10，代码如下：

```
<input type="text" id="user" class="txt" maxlength="10"/>
```

在多行文本框中没有 maxLength 属性，不能使用这种方法来限制输入的字符数，因此需要自定义这样的属性来控制输入字符的个数。例如，设置多行文本框的最多允许输入的字符个数为 50，代码如下：

```
<textarea id="msg" name="message" rows="3" maxlength="50"
  onkeypress="return contrlString(this);"></textarea>
```

这里自定义了多行文本框的最多允许输入的字符个数为 50，并设置了 onkeypress 事件的值为自定义的 contrlString() 函数的返回值，即按键被按下并释放时会返回 contrlString() 函数的返回值，代码如下：

```
function contrlString(objTxtArea){
    return objTxtArea.value.length<objTxtArea.getAttribute("maxlength");
}
```

该方法返回当前多行文本框中字符个数与自定义字符个数的比较结果，如果小于自定义的字符个数则返回 true，否则返回 false，使用户不能再输入字符。

▎实例 1：限制留言板中文本框的字符个数。

创建一个简单的留言板页面，规定用户名文本框不能超过 10 个字符，留言区域中多行文本框不超过 20 个字符。

代码如下：

```
<!DOCTYPE html>
<html>
<head>
    <meta charset="UTF-8">
    <title>控制用户输入字符个数</title>
    <style>
        form{
            padding:0px;
            margin:0px;
            background:#CCFFFF;
            font:15px Arial;
        }
        input.txt{                                /* 文本框单独设置 */
            border: 1px inset #00008B;
            background-color: #ADD8E6;
        }
        input.btn{                                /* 按钮单独设置 */
            color: #00008B;
            background-color: #ADD8E6;
            border: 1px outset #00008B;
            padding: 1px 2px 1px 2px;
        }
    </style>
    <script type="text/javascript">
        function LessThan(oTextArea){
            //返回文本框字符个数是否符号要求的boolean值
            return oTextArea.value.length
                        < oTextArea.getAttribute("maxlength");
        }
    </script>
</head>
<body>
<form method="post" name="myForm1">
    <p><label for="name">请输入您的姓名:</label>
        <input type="text" name="name" id="name" class="txt" value="姓名"
            maxlength="10"></p>
    <p><label for="comments">我要留言:</label><br>
        <textarea name="comments" id="comments" cols="40" rows="4"
            maxlength="50" onkeypress="return LessThan(this);"></textarea></p>
    <p><input type="submit" name="btnSubmit" id="btnSubmit" value="提交"
            class="btn">
            <input type="reset" name="btnReset"
id="btnReset" value="重置"
            class="btn"></p>
</form>
</body>
</html>
```

运行程序，结果如图 10-1 所示。在输入字符时，当用户名的字符数超过 10 后，就不能再输入字符了，留言框的字符数超过 50 后也不能再输入字符了（回车键也算一个字符）。

图 10-1　控制用户输入字符个数

> **注意**：以上例子控制的都是输入的英文字符和数字，而不能控制输入的中文字符或者粘贴来的字符。

10.2.2 设置按钮

在 HTML 中，按钮可分为 3 种，分别为普通按钮、重置按钮和提交按钮。从功能上来说，普通按钮通常用来调用函数，提交按钮用来提交表单，重置按钮用来重置表单。这 3 种按钮虽然功能上有所不同，但是它们的属性和方法是相同的。

1. 按钮的属性

无论哪一种按钮，其属性大多数是相同的，常用的按钮属性如表 10-6 所示。

表 10-6　按钮的属性

属 性 名	说　　明
id	返回或设置按钮的 id 属性值
name	返回或设置按钮的名称
value	返回或设置按钮上的文本，即按钮的值
type	返回按钮的类型

2. 按钮的方法

无论哪一种按钮，它们的方法都是相同的，常用的按钮方法如表 10-7 所示。

表 10-7　按钮的方法

方 法 名	说　　明
click	可以模拟按钮被鼠标单击
blur	用于将焦点从按钮中移开
focus	用于将焦点赋给按钮

在 HTML 中，还可以使用图像按钮，这样可以使网页看起来更美观。创建图像按钮有多种方法，经常使用的方法是在一个图片加上链接，并附加一个 JavaScript 编写的触发器。代码如下：

```
<a href="JavaScript:document.Form1.submit();">
<img src="1.gif" width="55" height="21" border="0" alt="Submit">
</a>
```

▌实例 2：获取表单元素中的值。

在 Web 页面中，经常需要填写一些动态表单。当用户单击相应的按钮时就会提交表单，这时程序需要获取表单内容。创建一个学生注册页面，当单击"提交"按钮后，弹出一个信息提示框，显示学生注册信息。代码如下：

```
<!DOCTYPE html>
<html>
<head>
    <meta charset="UTF-8">
    <title>学生注册信息</title>
    <script type="text/javascript">
var msg="\n学生信息 :\n\n";
//获取学籍注册信息
function AlertInfo()
{
```

```
        var nameTemp;
        var sexTemp;
        var classTemp;
        var numTemp;
    //获取"姓名"字段信息
    nameTemp=document.getElementById("MyName").value;
    //获取"性别"字段信息
    sexTemp=document.getElementById("MySex").value;
    //获取"年级"单选按钮的选中状态
    classTemp=document.getElementById("MyClass").value;
    //获取"学号"字段信息
    numTemp=document.getElementById("MyNum").value;
    //输出相关信息
    msg+="          姓名 ： "+nameTemp+"\n";
    msg+="          性别 ： "+sexTemp+"\n";
    msg+="          年级 ： "+classTemp+"\n";
    msg+="          学号 ： "+numTemp+"                    \n\n";
    msg+="提示信息 ： \n";
    msg+="确定输入的信息无误后,单击[确定]按钮提交!\n";
    alert(msg);
    return true;
    }
    </script>
</head>
<body>
    <p>学生基本信息</p>
    <form name="MyForm" method="POST" action="1.asp"
                onsubmit="return AlertInfo()">
        姓名: <input type="text" name="MyName" id="MyName"
                value="张小米"><br>
        性别: <input type="text" name="MySex" id="MySex"
                value="女" ><br>
        年级: <input type="text" name="MyClass" id="MyClass"
                value="大一财会系" ><br>
        学号: <input type="text" name="MyNum" id="MyNum"
                value="2020040811"><br>
        <p>
            <input type="submit" value="提交">
            <input type="reset" value="重置">
        </p>
    </form>
</body>
</html>
```

运行程序，结果如图 10-2 所示。在该页面中单击"提交"按钮，即可看到包含当前学生信息的提示框，如图 10-3 所示。

图 10-2　学生信息页面

图 10-3　提交表单前的提示信息

10.2.3 设置单选按钮

在 HTML 中，单选按钮用标签 <input type="radio"> 表示，它主要用于在表单中进行单项选择，单项选择的实现是通过对多个单选按钮设置同样的 name 属性值和不同的选项值。例如：使用两个单选按钮，设置这两个控件的 name 值均为 sex，选项值一个为女，一个为男，从而实现从男女性别中选择一个的单选功能。

1. 单选按钮的属性

单选按钮有一个重要的布尔属性 checked，用来设置或者返回单选按钮的状态。不过，单选按钮还具有其他属性，如表 10-8 所示为单选按钮的属性。

表 10-8　单选按钮的属性

属 性 名	说　　明
id	返回或设置单选按钮的 id 属性值
name	返回或设置单选按钮的名称
value	返回或设置单选按钮的值
length	返回一组单选按钮所包含元素的个数
checked	返回或设置单选按钮是否处于选中状态,该属性值为true时,单选按钮处于被选中状态,该属性值为 false 时，单选按钮处于未选中状态
type	返回单选按钮的类型

注意：如果在一个单选按钮组中有多个选项设置了 checked 属性，那么只有最后一个设置 checked 属性的选项被选中。

2. 单选按钮的方法

单选按钮常用的方法有 3 种，如表 10-9 所示。

表 10-9　按钮的方法

方 法 名	说　　明
click	可以模拟单选按钮被鼠标单击
blur	用于将焦点从单选按钮中移开
focus	用于将焦点赋给单选按钮

▌ 实例 3：使用单选按钮完成调查表。

创建一个用户调查页面，使用单选按钮来调查网友对自己工作的满意度，默认网友的选择为"比较满意"，当单击"查看结果"按钮时会弹出一个对话框来显示网友当前的选择。

代码如下：

```
<!DOCTYPE html>
<html>
<head>
    <meta charset="UTF-8">
    <title>设置单选按钮</title>
    <script type="text/javascript">
        function getResult(){
            var objRadio = document.form1.jobView;
            for (var i = 0; i < objRadio.length; i++) {
                if (objRadio[i].checked) {
```

```
                    myView = objRadio[i].value;
                    alert("请您对我当前的工作进行评价："+myView);
                }
            }
        }
    </script>
</head>
<body>
<form id="form1"  method="post" action="regInfo.aspx" name="form1">
    请您对我当前的工作进行评价：
    <p>
        <input type="radio" name="jobView" id="most" value="非常满意" />
        <label for="most">非常满意</label>
    </p>
    <p>
        <input type="radio" name="jobView" id="more" checked="checked"
            value="比较满意" />
        <label for="more">比较满意</label>
    </p>
    <p>
        <input type="radio" name="jobView" id="satisfied" value="满意" />
        <label for="satisfied">满意</label>
    </p>
    <p>
        <input type="radio" name="jobView" id="dissatisfied" value="不满意" />
        <label for="dissatisfied">不满意</label>
    </p>
    <p>
        <input type="radio" name="jobView" id="less"  value="比较不满意"/>
        <label for="less">比较不满意</label>
    </p>
    <p>
        <input type="radio" name="jobView" id="least" value="非常不满意" />
        <label for="least">非常不满意</label>
    </p>
    <p>
        <input type="submit" name="btnSubmit" id="btnSubmit" value="提交"/>
        <input type="reset" name="btnSubmit" id="btnSubmit" value="重置" />
    </p>
    <p>
        <input type="button" name="btn" value="查看评价结果"
            onclick="getResult();" />
    </p>
</form>
</body>
</html>
```

运行程序，如图 10-4 所示。选中"非常满意"单选按钮，单击"查看评价结果"按钮，在弹出的信息提示框中可以看到当前的选择结果，如图 10-5 所示。

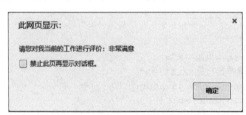

图 10-4　设置单选按钮　　　　　图 10-5　信息提示框

从代码中可以看到，这里使用了单选按钮的 id、name 和 value 属性，几个按钮的 name 属性值相同，而 id 用于标识该按钮的唯一性。

> **提示**：这里介绍一下 <label> 标签的 for 属性，该属性是用来和表单进行关联的，在上述实例中，当用户点击按钮旁边的文字就可以选中按钮，因为 <label> 标签的 for 属性把按钮和标签关联在了一起，需要注意的是，for 属性的值只能是 <label> 标签要关联的表单元素的 id 值。

10.2.4　设置复选框

复选框用标签 <input type="checkbox"> 表示，它和单选按钮一样都是用于在表单中进行选择，不同的是单选按钮只能选中一项，而复选框可以同时选中多项。在设计网页时，常常为了方便用户使用，会在一组复选框下面添加全选、全不选和反选按钮。复选框的属性和方法与单选按钮的基本一样，这里不再重述。

实例 4：使用复选框完成调查表。

创建一个用户调查页面，使用复选框来完成娱乐方式的调查，并通过全选、全不选和反选按钮一次进行多个选择。

代码如下：

```
<!DOCTYPE html>
<html>
<head>
    <meta charset="UTF-8">
    <title>设置复选框</title>
    <script type="text/javascript">
        /*全选*/
        function checkAll() {
            var objCheckbox=document.form1.getFun;
            for (var i = 0; i <= objCheckbox.length; i++) {
                objCheckbox[i].checked=true;
            }
        }
        /*全不选*/
        function noCheck() {
            var objCheckbox=document.form1.getFun;
            for (var i =0; i <= objCheckbox.length; i++) {
                objCheckbox[i].checked=false;
            }
        }
        /*反选*/
        function switchCheck() {
            var objCheckbox=document.form1.getFun;
            for (var i = 0; i <= objCheckbox.length; i++) {
                objCheckbox[i].checked=!objCheckbox[i].checked;
            }
        }
    </script>
</head>
<body>
<form id="form1"  method="post" action="regInfo.aspx" name="form1">
```

请选择您平时娱乐的方式：
```html
<p>
    <input type="checkbox" name="getFun" id="TV" value="TV" />
    <label for="TV">电视</label>
</p>
<p>
    <input type="checkbox" name="getFun" id="internet" value="internet" />
    <label for="internet">网络</label>
</p>
<p>
    <input type="checkbox" name="getFun" id="newspaper" value="nerspaper" />
    <label for="newspaper">报纸</label>
</p>
<p>
    <input type="checkbox" name="getFun" id="radio" value="rradio" />
    <label for="radio">电台</label>
</p>
<p>
    <input type="checkbox" name="getFun" id="others" value="others" />
    <label for="others">其他</label>
</p>
<p>
    <input type="button" value="全选" onclick="checkAll();" />
    <input type="button" value="全不选" onclick="noCheck();" />
    <input type="button" value="反选" onclick="switchCheck();" />
</p>
</form>
</body>
</html>
```

运行程序，单击"全选"按钮，会选中所有的复选框，单击"全不选"按钮，所有的复选框都变成了未被选中的状态，单击"反选"按钮，所有选中状态的复选框变成了未被选中的状态，未被选中状态的复选框变成了被选中的状态，如图10-6所示。

图 10-6　设置复选框元素

10.2.5　设置下拉菜单

下拉菜单是表单中一种比较特殊的元素，一般的表单元素都是由一个标签表示的，但它必须由两个标签 <select> 和 <option> 来表示，<select> 表示下拉菜单，<option> 表示菜单中的选项。

1. 下拉菜单的属性

下拉菜单除了具有表单元素的公共属性外，还有一些自己的属性，如表10-10所示为下拉菜单的常用属性。

表 10-10　下拉菜单的属性

属 性 名	说　　　明
id	返回或设置下拉菜单的 id 属性值
name	返回或设置下拉菜单的名称
value	返回或设置下拉菜单的值
length	返回下拉菜单中选项的个数

续表

属 性 名	说　　明
type	返回下拉菜单的类型
selectedIndex	返回或设置下拉菜单中当前选中的选项在 options[] 数组中的下标
options	返回一个数组，数组中的元素为下拉菜单中的选项
selected	返回或设置某下拉菜单选项是否被选中，该属性值为布尔值
multiple	该值设置为 true 时，下拉菜单中的选项以列表方式显示，可以选择多个选项，该值为 false 时，一次只能选择一个下拉菜单选项

2. 下拉菜单的方法

下拉菜单常用的方法如表 10-11 所示。

表 10-11　下拉菜单的方法

方 法 名	说　　明
click	可以模拟下拉菜单被鼠标单击
blur	用于将焦点从下拉菜单中移开
focus	用于将焦点赋给下拉菜单
remove	该方法可以删除下拉菜单中的选择，参数 i 为 options[] 数组中的下标

3. 访问单选下拉菜单

访问下拉菜单中的选中项是对下拉菜单最重要的操作之一。下拉菜单有两种类型，单选下拉菜单和多选下拉菜单。访问单选下拉菜单比较简单，通过 seletedIndex 属性即可访问。

▌ 实例 5：选择自己的星座类型。

创建一个页面，在该页面中使用下拉菜单创建星座列表选项，然后使用 seletedIndex 属性访问选择的下拉菜单选项。代码如下：

```
<!DOCTYPE html>
<html>
<head>
    <meta charset="UTF-8">
    <title>访问单选下拉菜单</title>
    <style>
        form{
            padding:0px; margin:0px;
            font:14px Arial;
        }
    </style>
    <script type="text/javascript">
        function checkSingle(){
            var oForm = document.forms["myForm1"];
            var oSelectBox = oForm.constellation;
            var iChoice = oSelectBox.selectedIndex;  //获取选中项
            alert("您选中了" + oSelectBox.options[iChoice].text);
        }
    </script>
</head>
<body>
<form method="post" name="myForm1">
    <label for="constellation">请选择您的星座</label>
```

147

```
    <p>
        <select id="constellation" name="constellation">
            <option value="Aries" selected="selected">白羊座</option>
            <option value="Taurus">金牛座</option>
            <option value="Gemini">双子座</option>
            <option value="Cancer">巨蟹座</option>
            <option value="Leo">狮子座</option>
            <option value="Virgo">处女座</option>
            <option value="Libra">天秤座</option>
            <option value="Scorpio">天蝎座</option>
            <option value="Sagittarius">射手座</option>
            <option value="Capricorn">摩羯座</option>
            <option value="Aquarius">水瓶座</option>
            <option value="Pisces">双鱼座</option>
        </select>
    </p>
    <input type="button" onclick="checkSingle()" value="查看结果" />
</form>
</body>
</html>
```

运行程序，结果如图 10-7 所示。单击单选项右侧的下拉按钮，在弹出的下拉列表中选择需要的选项，如这里选择"水瓶座"，如图 10-8 所示。

单击"查看结果"按钮，即可弹出一个信息提示框，提示用户选中的信息，如图 10-9 所示。

图 10-7　预览网页效果　　　图 10-8　选择需要的选项　　　图 10-9　信息提示框

4. 访问多选下拉菜单

对于多选下拉菜单来说，通过 selectedIndex 属性只能获得选中项的第一项的索引号，需要先遍历下拉菜单，这时，需要在下拉菜单中选中一项后，按下 Ctrl 键再选择其他选项，即可实现多选。

▌实例 6：选择星座列表中的多个选项。

创建一个页面，在该页面中使用多选下拉菜单创建一个星座列表选项，然后使用 Ctrl 键实现下拉菜单的多选。代码如下：

```
<!DOCTYPE html>
<html>
<head>
    <meta charset="UTF-8">
    <title>访问多选下拉菜单选中项</title>
    <style>
        form{
            padding:0px; margin:0px;
            font:14px Arial;
        }
```

```
        p{
            margin:0px; padding:2px;
        }
    </style>
    <script type="text/javascript">
        function checkMultiple(){
            var oForm = document.forms["myForm1"];
            var oSelectBox = oForm.constellation;
            var aChoices = new Array();
            //遍历整个下拉菜单
            for(var i=0;i<oSelectBox.options.length;i++)
                if(oSelectBox.options[i].selected)    //如果被选中
                    aChoices.push(oSelectBox.options[i].text);        //压入到数组中
            alert("您选了: " + aChoices.join());        //输出结果
        }
    </script>
</head>
<body>
<form method="post" name="myForm1">
    <label for="constellation">本月幸运星座</label>
    <p>
        <select id="constellation" name="constellation" multiple="multiple"
          style="height:180px;">
            <option value="Aries">白羊座</option>
            <option value="Taurus">金牛座</option>
            <option value="Gemini">双子座</option>
            <option value="Cancer">巨蟹座</option>
            <option value="Leo">狮子座</option>
            <option value="Virgo">处女座</option>
            <option value="Libra">天秤座</option>
            <option value="Scorpio">天蝎座</option>
            <option value="Sagittarius">射手座</option>
            <option value="Capricorn">摩羯座</option>
            <option value="Aquarius">水瓶座</option>
            <option value="Pisces">双鱼座</option>
        </select>
    </p>
    <input type="button" onclick="checkMultiple()" value="查看结果" />
</form>
</body>
</html>
```

运行程序，结果如图 10-10 所示。选中第一个选项，然后按下 Ctrl 键，选择其他的选项，如图 10-11 所示。

图 10-10　网页预览效果

图 10-11　选择多个选项

单击"查看结果"按钮，即可弹出一个信息提示框，提示用户选择的多个选项，如图 10-12 所示。

5. 添加下拉菜单选项

有时网站开发者需要根据需求更改下拉菜单中的内容，如添加下拉菜单选项，使用 DOM 元素中的 add() 方法可以在下列菜单中添加选项。

图 10-12　信息提示框

▌实例 7：添加下拉菜单中的选项。

创建一个页面，在该页面中使用 DOM 元素中的 add() 方法在下拉菜单中添加一个选项。代码如下：

```html
<!DOCTYPE html>
<html>
<head>
    <meta charset="UTF-8">
    <title>添加下拉菜单中的选项</title>
    <style>
        form{padding:0px; margin:0px; font:14px Arial;}
        p{margin:0px; padding:3px;}
        input{margin:0px; border:1px solid #000000;}
    </style>
    <script type="text/javascript">
        function AddOption(Box,iNum) {
            var oForm = document.forms["myForm1"];
            var oBox = oForm.elements[Box];
            var oOption = new Option("《西游记》","Qbook");
            //兼容IE7，先添加选项到最后，再移动
            oBox.options[oBox.options.length] = oOption;
            oBox.insertBefore(oOption,oBox.options[iNum]);
        }
    </script>
</head>
<body>
<form method="post" name="myForm1">
    四大名著:
    <p>
        <select id="book" name="book" multiple="multiple" style="height:90px">
            <option value="Sbook">《水浒传》</option>
            <option value="Wbook">《红楼梦》</option>
            <option value="Bbook">《三国演义》</option>
        </select>
    </p>
    <input type="button" value="添加《西游记》" onclick="AddOption('book',1);" />
</form>
</body>
</html>
```

运行程序，结果如图 10-13 所示。单击"添加《西游记》"按钮，即可在下拉菜单中添加选项，如图 10-14 所示。

图 10-13　网页预览效果　　　图 10-14　添加选项

6. 删除下拉菜单选项

有时网站开发者需要根据需求更改下拉菜单中的内容，使用 DOM 元素中的 remove() 方法可以删除下拉菜单中的选项。

▍实例 8：删除下拉菜单中的选项。

创建一个页面，在该页面中使用 remove() 方法删除下拉菜单中的选项。

代码如下：

```html
<!DOCTYPE html>
<html>
<head>
    <meta charset="UTF-8">
    <title>删除下拉菜单中的选项</title>
    <style>
        form{padding:0px; margin:0px; font:14px Arial;}
        p{margin:0px; padding:5px;}
        input{margin:0px; border:1px solid #000000;}
    </style>
    <script type="text/javascript">
        function RemoveOption(Box,iNum){
            var oForm = document.forms["myForm1"];
            var oBox = oForm.elements[Box];
            oBox.options[iNum] = null;          //删除选项
        }
    </script>
</head>
<body>
<form method="post" name="myForm1">
    四大名著:
    <p>
        <select id="book" name="book" multiple="multiple" style="height:90px">
            <option value="Sbook">《西游记》</option>
            <option value="Qbook">《三字经》</option>
            <option value="Wbook">《水浒传》</option>
            <option value="Bbook">《红楼梦》</option>
            <option value="Dbook">《三国演义》</option>
        </select>
    </p>
    <input type="button" value="删除《三字经》" onclick="RemoveOption('book',1);" />
</form>
</body>
</html>
```

运行程序，结果如图 10-15 所示。单击"删除《三字经》"按钮，即可删除下拉菜单中的选项，如图 10-16 所示。

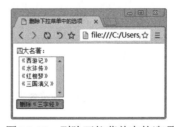

图 10-15　网页预览效果　　图 10-16　删除下拉菜单中的选项

7. 替换下拉菜单中的选项

替换操作可以先添加一个选项，然后把新添加的选项赋值给要替换的选项。使用 ReplaceOption() 方法可以添加下拉菜单中的选项。

▌ 实例 9：替换下拉菜单中的选项。

创建一个页面，使用 ReplaceOption() 方法替换下拉菜单中的选项：

```html
<!DOCTYPE html>
<html>
<head>
    <meta charset="UTF-8">
    <title>替换下拉菜单中的选项</title>
    <style>
        form{padding:0px; margin:0px; font:14px Arial;}
        p{margin:0px; padding:3px;}
        input{margin:0px; border:1px solid #000000;}
    </style>
    <script type="text/javascript">
        function ReplaceOption(Box,iNum){        //替换选项
            var oForm = document.forms["myForm1"];
            var oBox = oForm.elements[Box];
            var oOption = new Option("国学《唐诗》","Tbook");
            oBox.options[iNum] = oOption;        //替换第iNum个选项
        }
    </script>
</head>
<body>
<form method="post" name="myForm1">
    适合幼儿读的图书:
    <p>
        <select id="book" name="book" multiple="multiple" style="height:90px">
            <option value="Sbook">国学《三字经》</option>
            <option value="Wbook">国学《千字文》</option>
            <option value="Bbook">国学《百家姓》</option>
            <option value="Dbook">国学《弟子规》</option>
        </select>
    </p>
    <input type="button" value="国学《千字文》替换为国学《唐诗》"
                onclick="ReplaceOption('book',1);" />
</form>
</body>
</html>
```

运行程序，结果如图 10-17 所示。单击"国学《千字文》替换为国学《唐诗》"按钮，即可替换下拉菜单中的选项，如图 10-18 所示。

图 10-17　网页预览效果　　图 10-18　替换下拉菜单中的选项

10.3　新手常见疑难问题

▌ 疑问 1：制作的单选按钮为什么可以同时选中多个？

此时用户需要检查单选按钮的名称，保证同一组中的单选按钮名称必须相同，这样才能

保证单选按钮只能选中其中一个。

▌疑问 2：使用表单对象的 method 属性提交表单时，应注意哪些事项?

表单对象的 method 属性是一个可选属性，用于指定 form 提交的方法，有 get 和 post 两种方法，默认的提交方法是 post。在使用 get 方法提交表单时需要注意，URL 的长度应限制在 8192 个字符以内。如果发送的数据量太大，数据将被截断，从而导致意外或失败的处理结果。因此，如果传输的数据量过大，提交 form 时不能使用 get 方法。

10.4　实战技能训练营

▌实战 1：自动提示的文本框

在设计网页表单时可以为文本框添加自动提示功能，如在百度搜索框中输入值时，会自动提示数据库中相符合的记录，从而简化用户的键盘输入操作。

使用 JavaScript 可以实现具有自动提示功能的文本框，这里在文本框中输入城市拼音的第一个字母，来自动显示提示信息。程序运行结果如图 10-19 所示。

▌实例 2：获取网页内容数据验证

在 JavaScript 中，访问表单元素的方法有多种，我们可以根据访问的内容来验证数据是否满足要求。在 JavaScript 脚本中，先获得文本框对象及其值，再对其值是否为空进行判断，对其值长度是否大于 20 进行判断，并对其值是否全是数字进行判断。

程序运行后，单击"确定"按钮，即可看到"输入的内容不能是空字符!"的提示信息，如图 10-20 所示。

图 10-19　制作带有自动提示功能的文本框　　图 10-20　文本框为空的效果

如果在文本框中输入数字的长度大于 20，单击"确定"按钮，即可看到"输入的内容过长，不能超过 20!"提示信息，如图 10-21 所示。

而当输入内容是非数字时，就会看到"输入的内容必须由数字组成!"的提示信息，如图 10-22 所示。

图 10-21　输入长度过大效果　　图 10-22　文本框内容不是数字的效果

第11章 JavaScript的窗口对象

本章导读

　　窗口与对话框是用户浏览网页中最常遇到的元素，在 JavaScript 中使用 window 对象可以操作窗口与对话框，本章就来介绍 JavaScript 的窗口对象，主要内容包括 window 对象、打开与关闭窗口、操作窗口对象、调用对话框等。

知识导图

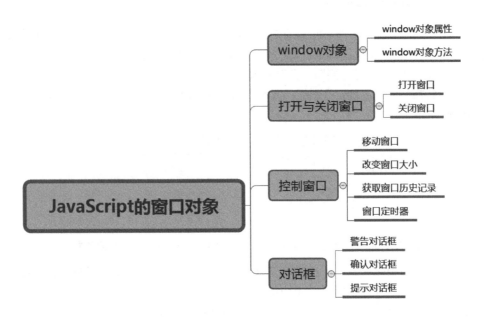

11.1　window 对象

window 对象表示浏览器中打开的窗口，通过 window 对象可以打开窗口或关闭窗口、控制窗口的大小和位置，由窗口弹出的对话框，还可以控制窗口上是否显示地址栏、工具栏和状态栏等。

11.1.1　window 对象属性

window 对象在客户端 JavaScript 中扮演重要的角色，它是客户端程序的全局（默认）对象，该对象包含有多个属性，window 对象常用的属性及描述如表 11-1 所示。

表 11-1　window 对象常用的属性

属　　　性	描　　　述
closed	返回窗口是否已被关闭
defaultStatus	设置或返回窗口状态栏中的默认文本
document	对话框中显示的当前文档
frames	表示当前对话框中所有 frames 对象的集合
history	对历史对象的只读引用
innerHeight	返回窗口的文档显示区的高度
innerWidth	返回窗口的文档显示区的宽度
length	设置或返回窗口中的框架数量
location	指定当前文档的 URL
name	设置或返回窗口的名称
navigator	表示浏览器对象，用于获取与浏览器相关的信息
opener	表示打开当前窗口的父窗口
outerHeight	返回窗口的外部高度，包含工具条与滚动条
outerWidth	返回窗口的外部宽度，包含工具条与滚动条
pageXOffset	设置或返回当前页面相对于窗口显示区左上角的 x 位置
pageYOffset	设置或返回当前页面相对于窗口显示区左上角的 y 位置
parent	表示包含当前窗口的父窗口
screen	表示用户屏幕，提供屏幕尺寸、颜色深度等信息
screenLeft	返回相对于屏幕窗口的 x 坐标
screenTop	返回相对于屏幕窗口的 y 坐标
screenX	返回相对于屏幕窗口的 x 坐标
screenY	返回相对于屏幕窗口的 y 坐标
self	表示当前窗口
status	设置窗口状态栏的文本
top	表示最顶层的浏览器对话框

熟悉并了解 window 对象的各种属性，将有助于一个 Web 应用开发者的设计开发。

1. defaultStatus 属性

几乎所有的 Web 浏览器都有状态条（栏），如果需要打开浏览器即在其状态条显示相关信息，可以为浏览器设置默认的状态条信息，window 对象的 defaultStatus 属性可实现此功能。其语法格式如下：

```
window.defaultStatus="statusMsg";
```

其中，statusMsg 代表了需要在状态条显示的默认信息。

实例 1：设置状态栏默认信息。

代码如下：

```
<!DOCTYPE html>
<html>
<head>
    <meta charset="UTF-8">
    <title>设置状态栏默认信息</title>
</head>
<body>
<script type="text/javascript">
    window.defaultStatus="本站内容更加精
彩！！";
</script>
```

```
<p>查看状态栏中的文本。</p>
</body>
</html>
```

运行程序，结果如图 11-1 所示。

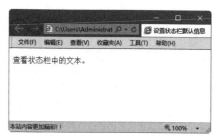

图 11-1　设置状态栏信息

> **注意**：defaultStatus 属性在 Firefox、Chrome 或 Safari 的默认配置下是不工作的。这里使用 IE 浏览器查看运行结果。

2. frames 属性

框架可以把浏览器窗口分成几个独立的部分，每部分显示单独的页面，页面的内容是互相联系的，框架是一种特殊的窗口，在网页设计中经常遇到。

如果当前窗口是在框架 \<frame\> 或 \<iframe\> 中，通过 window 对象的 frameElement 属性可获取当前窗口所在的框架对象，其语法格式如下：

```
var documentObj=window.frameElement;
```

其中，frameObj 是当前窗口所在的框架对象。使用该属性获得框架对象后，可使用框架对象的各种属性与方法，从而实现对框架对象进行各种操作。

实例 2：frames 属性的应用。

创建一个页面，将窗口分为两个部分的框架集，并指定名称为 mainFrame 的框架的源文件为 main.html，topFrame 的框架源文件是 top.html。当用户单击 mainFrame 框架中的"窗口框架"按钮时，即可获取当前窗口所在的框架对象，同时弹出提示信息，并显示框架的名称。

代码如下：

```
<!DOCTYPE html>
<html>
```

```
<head>
<title>含有窗口框架的网页</title>
</head>
<frameset rows="60,*" cols="*" frameborder="1" border="1" framespacing="1">
  <frame src="top.html " name="topFrame" scrolling="no" id="top"
    marginheight="0" marginwidth="0" noresize/>
  <frame src="main.html" name="mainFrame" scrolling="auto" id="main">
</frameset>
</html>
```

main.html 文件的具体内容如下：

```
<!DOCTYPE html>
<html>
<head>
    <meta charset="UTF-8">
    <title>窗口框架</title>
    <script type="text/javascript">
    function getFrame()
    { //获取当前窗口所在的框架
    var frameObj = window.frameElement;
    window.alert("当前窗口所在框架的名称: " + frameObj.name);
    window.alert("当前窗口的框架数量: " + window.length);
    }
    function openWin()
    { //打开一个窗口
    window.open("top.html", "_blank");
    }
    </script>
</head>
<body>
<form name="frmData" method="post" action="#">
    <input type="hidden" name="hidObj" value="隐藏变量">
    <p>
    <center>
        <h1>显示框架页面的内容</h1>
    </center>
    </p>
    <p>
    <center>
        <input type="button" value="窗口框架" onclick="getFrame()">
    </center>
    <br>
    <center>
        <input type="button" value="打开窗口" onclick="openWin()">
    </center>
    </p>
</form>
</body>
</html>
```

而 top.html 文件的具体内容如下：

```
<!DOCTYPE html>
<html>
<head>
    <meta charset="UTF-8">
    <title>顶部框架页面</title>
```

```
</head>
<body>
<form name="frmTop" method="post" action="#">
    <center>
        <h1>框架顶部页面</h1>
    </center>
</form>
</body>
</html>
```

运行程序，结果如图 11-2 所示。在该代码中使用了 `<frameset>` 标记及两个 `<frame>` 标记组成了一个框架页面，其中显示在框架顶部的是 top.html 文件，显示在框架边框以下的是 main.html 文件。

单击"窗口框架"按钮，即可看到当前窗口所在框架的名称信息，如图 11-3 所示。

图 11-2　含有窗口框架的网页　图 11-3　显示当前窗口所在框架的名称

单击"确定"按钮，即可看到打开窗口数量的提示信息，如图 11-4 所示。

如果单击"打开窗口"按钮，即可转到链接的页面中，如图 11-5 所示。

图 11-4　显示当前窗口的框架数量　图 11-5　跳转到链接页面

3. parent 属性

parent 属性返回当前窗口的父窗口。语法格式如下：

```
window.parent
```

实例 3：parent 属性的应用。

创建一个页面，打开新窗口，并在父窗口中弹出警告提示框：

```
<!DOCTYPE html>
<html>
<head>
    <meta charset="UTF-8">
    <title>parent属性的应用</title>
    <script type="text/javascript">
        function openWin(){
            window.open('','','width=200,
height=100');
```

```
            alert(window.parent.
location);
        }
    </script>
</head>
<body>
<input type="button" value="打开窗口"
onclick="openWin()">
</body>
</html>
```

运行程序，结果如图 11-6 所示。单击"打开窗口"按钮，即可打开新窗口，并在父窗口弹出警告提示框，如图 11-7 所示。

图 11-6 parent 属性的应用

图 11-7 警告提示框

4. top 属性

当页面中存在多个框架时，可以使用 window 对象的 top 属性直接获取当前浏览器窗口中各子窗口的最顶层对象。其语法格式为：

```
window.top
```

实例 4：top 属性的应用。

创建一个页面，检查当前窗口的状态。
代码如下：

```
<!DOCTYPE html>
<html>
<head>
    <meta charset="UTF-8">
    <title>top属性的应用</title>
    <script type="text/javascript">
        function check(){
                if (window.top!=window.
self) {
                    document.write("<p>这个
窗口不是最顶层窗口!我在一个框架?</p>")
                }
                else{
                    document.write("<p>这个
窗口是最顶层窗口!</p>")
                }
            }
    </script>
</head>
<body>
<input type="button" onclick="check()"
value="检查窗口">
</body>
```

```
</html>
```

运行程序，结果如图 11-8 所示。单击"检查窗口"按钮，check() 函数被调用，检查当前窗口的状态，并在网页中输入窗口的状态信息，如图 11-9 所示。

图 11-8 运行结果

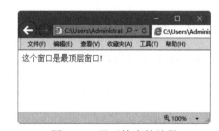

图 11-9 显示检查的结果

11.1.2 window 对象方法

除了对象的属性外，window 对象还拥有很多方法。window 对象常用的方法及描述如表 11-2 所示。

表 11-2 window 对象常用的方法及描述

方　法	描　　述
alert()	显示带有一段消息和一个确认按钮的警告框
blur()	把键盘焦点从顶层窗口移开

方　　法	描　　述
clearInterval()	取消由 setInterval() 设置的 timeout
clearTimeout()	取消由 setTimeout() 方法设置的 timeout
close()	关闭浏览器窗口
confirm()	显示带有一段消息以及确认按钮和取消按钮的对话框
createPopup()	创建一个 pop-up 窗口
focus()	把键盘焦点给予一个窗口
moveBy()	可相对窗口的当前坐标把它移动指定的像素
moveTo()	把窗口的左上角移动到一个指定的坐标
open()	打开一个新的浏览器窗口或查找一个已命名的窗口
print()	打印当前窗口的内容
prompt()	显示可提示用户输入的对话框
resizeBy()	按照指定的像素调整窗口的大小
resizeTo()	把窗口的大小调整到指定的宽度和高度
scrollBy()	按照指定的像素值来滚动内容
scrollTo()	把内容滚动到指定的坐标
setInterval()	按照指定的周期（以毫秒计）来调用函数或计算表达式
setTimeout()	在指定的毫秒数后调用函数或计算表达式

11.2　打开与关闭窗口

窗口的打开与关闭主要是通过使用 open() 和 close() 方法来实现，也可以在打开窗口时指定窗口的大小及位置。本节就来介绍打开与关闭窗口的实现方法。

11.2.1　打开窗口

使用 open() 方法可以打开一个新的浏览器窗口或查找一个已命名的窗口。语法格式如下：

```
window.open(URL,name,specs,replace)
```

参数说明如下。

（1）URL：可选。打开指定的页面的 URL，如果没有指定 URL，打开新的空白窗口。

（2）name：可选。指定 target 属性或窗口的名称，支持的值如表 11-3 所示。

表 11-3　name 可选参数及说明

可选参数	说　　明
_blank	URL 加载到一个新的窗口，这是默认值
_parent	URL 加载到父框架
_self	URL 替换当前页面
_top	URL 替换任何可加载的框架集
name	窗口名称

（3）specs：可选。一个逗号 (,) 分隔的项目列表，支持的值如表 11-4 所示。

表 11-4 specs 可选参数及说明

可选参数	说　　明
channelmode=yes|no|1|0	是否要在影院模式显示 window，默认是没有的。仅限 IE 浏览器
directories=yes|no|1|0	是否添加目录按钮。默认是肯定的，仅限 IE 浏览器
fullscreen=yes|no|1|0	浏览器是否显示全屏模式。默认是没有的，在全屏模式下的 window，还必须在影院模式。仅限 IE 浏览器
height=pixels	窗口的高度，最小值为 100
left=pixels	该窗口的左侧位置
location=yes|no|1|0	是否显示地址字段，默认值是 yes
menubar=yes|no|1|0	是否显示菜单栏，默认值是 yes
resizable=yes|no|1|0	是否可调整窗口大小，默认值是 yes
scrollbars=yes|no|1|0	是否显示滚动条，默认值是 yes
status=yes|no|1|0	是否要添加一个状态栏，默认值是 yes
titlebar=yes|no|1|0	是否显示标题栏，被忽略，除非调用 HTML 应用程序或一个值得信赖的对话框，默认值是 yes
toolbar=yes|no|1|0	是否显示浏览器工具栏，默认值是 yes
top=pixels	窗口顶部的位置，仅限 IE 浏览器
width=pixels	窗口的宽度，最小值为 100

（4）replace：可选。规定了装载到窗口的 URL 是在窗口的浏览历史中创建一个新条目，还是替换浏览历史中的当前条目，支持的值如表 11-5 所示。

表 11-5 replace 可选参数及说明

可选参数	说　　明
true	URL 替换浏览历史中的当前条目
false	URL 在浏览历史中创建新的条目

实例 5：通过单击按钮打开新窗口。

创建一个页面，然后通过单击按钮打开新窗口。

代码如下：

```
<!DOCTYPE html>
<html>
<head>
    <meta charset="UTF-8">
    <title>通过按钮打开新窗口</title>
    <script type="text/javascript">
        function open_win() {
            window.open("http://www.
baidu.com");
        }
    </script>
</head>
<body>
<form>
    <input type="button" value="打开窗口"
onclick="open_win()">
</form>
</body>
</html>
```

运行程序，结果如图 11-10 所示。单击"打开窗口"按钮，即可直接在新窗口中打开百度网站的首页，如图 11-11 所示。

第 11 章 JavaScript 的窗口对象

161

图 11-10　运行结果　　　　图 11-11　直接在新窗口中打开页面

> **注意**：在使用 open() 方法时，需要注意以下几点。
>
> （1）通常，浏览器窗口中总有一个文档是打开的，因而不需要为输出建立一个新文档。
>
> （2）在完成对 Web 文档的写操作后，要使用或调用 close() 方法来实现对输出流的关闭。
>
> （3）在使用 open() 方法来打开一个新流时，可为文档指定一个有效的文档类型，有效文档类型包括 text/HTML、text/gif、text/xim 等。

11.2.2　关闭窗口

用户可以在 JavaScript 中使用 window 对象的 close() 方法关闭指定的已经打开的窗口。语法格式如下：

```
window.close()
```

例如，如果想要关闭窗口，可以使用下面任何一种语句来实现。

```
window.close()
close()
```

```
this.close()
```

┃实例 6：关闭新窗口。

首先通过 window 对象的 open() 方法打开一个新窗口，然后通过按钮再关闭该窗口。

代码如下：

```
<!DOCTYPE html>
<html>
<head>
    <meta charset="UTF-8">
    <title>关闭新窗口</title>
    <script type="text/javascript">
        function openWin(){
            myWindow=window.open("","",
"width=200,height=100");
                myWindow.document.
write("<p>这是'我的新窗口'</p>");
        }
        function closeWin(){
```

```
                myWindow.close();
            }
    </script>
</head>
<body>
 <input type="button" value="打开我的窗口"
onclick="openWin()" />
 <input type="button" value="关闭我的窗口"
onclick="closeWin()" />
</body>
</html>
```

运行程序，结果如图 11-12 所示。单击"打开我的窗口"按钮，即可直接在新窗口中打开我的窗口，如图 11-13 所示。单击"关闭我的窗口"按钮，即可关闭打开的新窗口，如图 11-14 所示。

图 11-12　运行结果　　图 11-13　在新窗口中打开我的窗口　　图 11-14　关闭新窗口

在 JavaScript 中使用 window.close() 方法关闭当前窗口时，如果当前窗口是通过 JavaScript 打开的，则不会有提示信息。在某些浏览器中，如果打开需要关闭窗口的浏览器只有当前窗口的历史访问记录，使用 window.close() 关闭窗口时，同样不会有提示信息。

11.3　控制窗口

通过 window 对象除了可以打开与关闭窗口，还可以控制窗口的大小和位置等，下面进行详细介绍。

11.3.1　移动窗口

使用 moveTo() 方法可把窗口的左上角移动到一个指定的坐标。语法格式如下：

```
window.moveTo(x,y)
```

实例 7：将新窗口移动到屏幕上方左上角。

使用 window 对象的 moveTo() 方法将新窗口移动到屏幕上方左上角。

代码如下：

```
<!DOCTYPE html>
<html>
<head>
    <meta charset="UTF-8">
    <title>移动窗口的位置</title>
    <script type="text/javascript">
        function openWin()
        {
            myWindow=window.open('','',
'width=200,height=100');
                    myWindow.document.
write("<p>这是我的新窗口</p>");
        }
        function moveWin(){
```

```
            myWindow.moveTo(0,0);
            myWindow.focus();
        }
    </script>
</head>
<body>
<input type="button" value="打开窗口"
onclick="openWin()" />
<br><br>
<input type="button" value="移动窗口"
onclick="moveWin()" />
</body>
</html>
```

运行程序，结果如图 11-15 所示。此时单击"打开窗口"按钮，即可打开一个新的窗口，如图 11-16 所示。单击"移动窗口"按钮，打开的新窗口将移动到桌面左上角，如图 11-17 所示。

图 11-15　运行结果　　　图 11-16　打开新的窗口　　图 11-17　移动窗口到桌面左上角

11.3.2　改变窗口大小

利用 window 对象的 resizeBy() 方法，可以根据指定的像素来调整窗口的大小，具体语法格式如下：

```
resizeBy(width,height)
```

参数描述如下。

（1）width：必需。要使窗口宽度增加的像素数，可以是正、负数值。

（2）height：可选。要使窗口高度增加的像素数，可以是正、负数值。

> **注意：** 此方法定义指定窗口的右下角角落移动的像素，左上角将不会被移动（它停留在其原来的坐标）。

实例 8：改变窗口的大小。

可以通过 window 对象的 resizeBy() 方法改变窗口的大小。

代码如下：

```html
<!DOCTYPE html>
<html>
<head>
    <meta charset="UTF-8">
    <title>改变窗口大小</title>
    <script type="text/javascript">
        function resizeWindow(){
            top.resizeBy(100,100);
        }
    </script>
</head>
<body>
<form>
    <input type="button" onclick=
"resizeWindow()" value="调整窗口">
</form>
</body>
</html>
```

运行程序，结果如图 11-18 所示。单击"调整窗口"按钮，即可改变窗口的大小，如图 11-19 所示。

图 11-18　运行结果

图 11-19　通过按钮调整窗口大小

11.3.3　获取窗口历史记录

利用 history 对象可以获取窗口历史记录，history 对象是一个只读 URL 字符串数组，该对象主要用来存储一个最新所访问网页的 URL 地址的列表，可通过 window.history 属性对其进行访问。

history 对象常用的属性及描述如表 11-6 所示。

表 11-6　history 对象常用的属性及描述

属　　性	说　　明
length	返回历史列表中的网址数
current	当前文档的 URL

续表

属 性	说 明
next	历史列表的下一个 URL
previous	历史列表的前一个 URL

history 对象常用的方法及描述如表 11-7 所示。

表 11-7　history 对象常用的方法及描述

方 法	说 明
back()	加载 history 列表中的前一个 URL
forward()	加载 history 列表中的下一个 URL
go()	加载 history 列表中的某个具体页面

注意：当前没有应用于 history 对象的公开标准，不过所有浏览器都支持该对象。

例如，利用 history 对象中的 back() 方法和 forward() 方法可以引导用户在页面中跳转，具体的代码如下：

```
<a href="javascrip:window.history.forward();">forward</a>
<a href="javascrip:window.history.back();">back</a>
```

还可以使用 history.go() 方法指定要访问的历史记录，若参数为正数，则向前移动；或参数为负数，则向后移动，具体代码如下：

```
<a href="javascrip:window.history.go(-1);">向后退一次</a>
<a href="javascrip:window.history.back(2);">向后前进两次</a>
```

使用 history.Length() 属性能够访问 history 数组的长度，可以很容易地转移到列表的末尾，例如：

```
<a href="javascrip:window.history.go(window.historylength-1);">末尾</a>
```

11.3.4　窗口定时器

用户可以设置一个窗口在某段时间后执行何种操作，这被称为窗口定时器，使用 window 对象中的 setTimeout() 方法，可以在指定的毫秒数后调用函数或计算表达式，用于设置窗口定时器。语法格式如下：

```
setTimeout(code, milliseconds, param1, param2, ...)
setTimeout(function, milliseconds, param1, param2, ...)
```

实例 9：设计一个网页计数器。

使用 window 对象的 setTimeout() 方法设计一个网页计算器。实现当单击"开始计数"按钮时开始执行计数程序，输入框从 0 开始计算，单击"停止计数"按钮停止计数，当

再次单击"开始计数"按钮时会重新开始计数。代码如下：

```
<!DOCTYPE html>
<html>
<head>
```

```
    <meta charset="UTF-8">
    <title>网页计数器</title>
    <script type="text/javascript">
        var c = 0;
        var t;
        var timer_is_on = 0;
        function timedCount() {
            document.getElementById
("txt").value = c;
            c = c + 1;
            t = setTimeout (function(){
timedCount() }, 1000);
        }
        function startCount() {
            if (!timer_is_on) {
                timer_is_on = 1;
                timedCount();
            }
        }
        function stopCount() {
            clearTimeout(t);
            timer_is_on = 0;
        }
    </script>
</head>
<body>
<button onclick="startCount()">开始计
数!</button>
<input type="text" id="txt">
<button onclick="stopCount()">停止计
数!</button>
</body>
</html>
```

运行程序，结果如图 11-20 所示。单击"开始计数！"按钮，即可在文本框中显示计数信息，如图 11-21 所示。单击"停止计数！"按钮，即可停止计数。当再次单击"开始计数！"按钮时，即可继续开始计数。

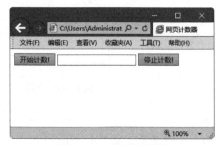

图 11-20　网页计数器

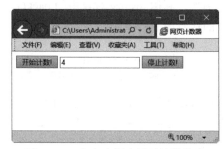

图 11-21　在文本框中显示计数信息

11.4　对话框

JavaScript 提供了 3 种标准的对话框，分别是警告对话框、确认对话框和提示对话框，这 3 种对话框是基于 window 对象产生的，即作为 window 对象的方法而使用。

11.4.1　警告对话框

采用 alert() 方法可以调用警告对话框或信息提示框对话框，语法格式如下：

```
alert(message)
```

其中，message 是在对话框中显示的提示信息。当使用 alert() 方法打开消息框时，整个文档的加载以及所有脚本的执行等操作都会暂停，直到用户单击消息框中的"确定"按钮，所有的动作才继续进行。

▎实例 10：弹出警告对话框。

使用 window 对象的 alert() 方法弹出一个警告框。
代码如下：

```
<!DOCTYPE html>
<html>
<head>
    <meta charset="UTF-8">
    <title>Windows警告框</title>
    <script type="text/javascript">
        window.alert("警告信息");
        function showMsg(msg)
        {
            if(msg == "简介")  window.alert("警告信息：简介");
            window.status = "显示本站的" + msg;
            return true;
        }
        window.defaultStatus = "欢迎光临本网站";
    </script>
</head>
<body>
<form name="frmData" method="post" action="#">
    <table width="400" align="center" border="1" cellspacing="0">
        <thead>
        <th colspan="3">在线购物网站</th>
        </thead>
        <SCRIPT LANGUAGE="JavaScript" type="text/javaScript">
            <!--
            window.alert("加载过程中的警告信息");
            //-->
        </script>
        <tr>
            <td valign="top" width="200">
                <ul>
                    <li><a href="#"
                        onmouseover="return showMsg('主页')">主页</a></li>
                    <li><a href="#"
                        onmouseover="return showMsg('简介')">简介</a></li>
                    <li><a href="#"
                        onmouseover="return showMsg('联系方式')">联系方式</a></li>
                    <li><a href="#"
                        onmouseover="return showMsg('业务介绍')">业务介绍</a></li>
                </ul>
            </td>
            <td valign="top" width="300">
                上网购物是新的一种购物理念
            </td>
        </tr>
    </table>
</form>
</body>
</html>
```

运行程序，结果如图 11-22 所示。在上面代码中加载至 JavaScript 中的第一条 window. alert() 语句时，会弹出一个提示框。

单击“确定”按钮，查看当页面加载至 table 时的效果。此时状态条已经显示“欢迎光临本网站”的提示消息，说明设置状态条默认信息的语句已经执行，警告框如图 11-23 所示。

再次单击“确定”按钮，当鼠标移至超级链接“简介”时，即可看到相应的提示信息，如图 11-24 所示。

图 11-22　信息提示框

图 11-23　弹出警告框

图 11-24　警告信息为"简介"

待整个页面加载完毕，状态条会显示默认的信息，如图 11-25 所示。

图 11-25　显示默认信息

11.4.2　确认对话框

采用 confirm() 方法可以调用一个带有指定消息和确认及取消按钮的对话框。如果访问者单击"确定"按钮，此方法返回 true，否则返回 false。语法格式如下：

```
confirm(message)
```

实例 11：弹出确认对话框。

使用 window 对象的 confirm() 方法弹出一个确认框，提醒用户单击了什么内容。

代码如下：

```html
<!DOCTYPE html>
<html>
<head>
    <meta charset="UTF-8">
    <title>显示一个确认框</title>
    <script type="text/javascript">
        function myFunction(){
            var x;
            var r=confirm("按下按钮!");
            if (r==true){
                x="你按下了【确定】按钮!";
            }
            else{
                x="你按下了【取消】按钮!";
            }
            document.getElementById
("demo").innerHTML=x;
        }
    </script>
</head>
<body>
<p>单击按钮，显示确认框。</p>
<button onclick="myFunction()">确认</
button>
<p id="demo"></p>
</body>
</html>
```

运行程序，结果如图 11-26 所示。单击"确认"按钮，弹出一个信息提示框，提示用户需要按下按钮进行选择，如图 11-27 所示。

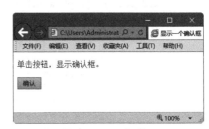
图 11-26　运行结果

图 11-27　信息提示框

单击"确定"按钮，返回到页面中，可以看到在页面中显示用户单击了"确定"按钮，如图 11-28 所示。

如果单击了"取消"按钮，返回到页面中，可以看到在页面中显示用户单击了"取消"按钮，如图 11-29 所示。

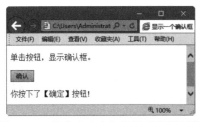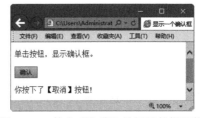

图 11-28　单击"确定"按钮后的提示信息　图 11-29　单击"取消"按钮后的提示信息

11.4.3　提示对话框

采用 prompt() 方法可以在浏览器窗口中弹出一个提示框，与警告框和确认框不同，在提示框中会有一个文本框，当显示文本框时，在其中显示提示字符串，并等待用户输入，当用户在该文本框中输入文字后，并单击"确定"按钮时，返回用户输入的字符串，当单击"取消"按钮时，返回 null 值。语法格式如下：

```
prompt(msg,defaultText)
```

其中参数 msg 为可选项，是要在对话框中显示的纯文本（而不是 HTML 格式的文本）。defaultText 也为可选项，是默认的输入文本。

▌实例 12：弹出提示对话框。

使用 window 对象的 prompt() 方法弹出一个提示框并输入内容。
代码如下：

```
<!DOCTYPE html>
<html>
<head>
    <meta charset="UTF-8">
    <title>显示一个提示框，并输入内容</title>
    <script type="text/javascript">
        function askGuru()
        {
            var question = prompt("请输入数字?","")
            if (question != null)
            {
                if (question == "")   //如果输入为空
                    alert("您还没有输入数字！"); //弹出提示
                else //否则
                    alert("你输入的是数字哦！");//弹出信息框
            }
        }
    </script>
</head>
<body>
<div align="center">
    <h1>显示一个提示框，并输入内容</h1>
    <hr>
    <br>
    <form action="#" method="get">
        <!--通过onclick调用askGuru()函数-->
        <input type="button" value="确定" onclick="askGuru();" >
```

169

```
    </form>
</div>
</body>
</html>
```

运行程序，结果如图 11-30 所示。单击"确定"按钮，弹出一个信息提示框，提示用户在文本框中输入数字，这里输入 123456，如图 11-31 所示。

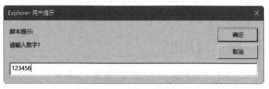

图 11-30　运行结果　　　　　　　图 11-31　输入数字

单击"确定"按钮，弹出一个信息提示框，提示用户输入了数字，如图 11-32 所示。

如果没有输入数字，直接单击"确定"按钮，则在弹出的信息提示框中提示用户还没有输入数字，如图 11-33 所示。

图 11-32　提示用户输入了数字　　图 11-33　提示用户还没输入数字

> **注意**：使用 window 对象的 alert() 方法、confirm() 方法、prompt() 方法都会弹出一个对话框，并且在对话框弹出后，如果用户没有对其进行操作，那么当前页面及 JavaScript 会暂停执行。这是因为使用这 3 种方法弹出的对话框都是模式对话框，除非用户对对话框进行操作，否则无法进行其他应用，包括无法操作页面。

11.5　新手常见疑难问题

▌疑问 1：resizeBy() 方法与 resizeTo() 方法有什么区别？

在 window 对象中，resizeBy() 方法可以将当前窗口改变为指定的大小，方法中的两个参数为窗口宽度和高度变化的值，而 resizeTo() 方法可以将当前窗口改成指定的大小，方法中的两个参数分别为改变后的高度与宽度。

▌疑问 2：使用 open() 方法打开窗口时，还需要建立一个新文档吗？

在实际应用中，使用 open() 方法打开窗口时，除了自动打开新窗口外，还可以通过单击图片、按钮或超链接的方法来打开窗口，不过在浏览器窗口中，总有一个文档是打开的，所以不需要为输出建立一个新文档，而且在完成对 Web 文档的写操作后，要使用或调用 close() 方法来实现对输出流的关闭。

11.6 实战技能训练营

实战 1：打开一个新窗口。

创建一个 HTML 文件，在该文件中通过单击页面中的"打开新窗口"按钮，打开一个在屏幕中央显示的，大小为 500×400 且大小不可变的新窗口，且当文档大小大于窗口大小时显示滚动条，窗口名称为 _blank，目标 URL 为 shoping.html。这里使用 JavaScript 中的 window.open() 方法来设置窗口的居中显示，程序运行效果如图 11-34 所示。单击"打开新窗口"按钮，即可打开一个新窗口，如图 11-35 所示。

图 11-34　程序运行效果

图 11-35　打开的新窗口

实战 2：对话框的综合应用

在 JavaScript 代码中，创建 3 个 JavaScript 函数，这三个函数分别调用 window 对象的 alert() 方法、confirm() 和 prompt() 方法，进而创建不同形式的对话框。然后创建了 3 个表单按钮，并分别为三个按钮添加了单击事件，即单击不同的按钮时，调用了不同的 JavaScript 函数。

程序运行效果如图 11-36 所示，当单击三个按钮时，会显示不同的对话框类型。例如警告对话框，如图 11-37 所示；提示对话框，如图 11-38 所示；确认对话框，如图 11-39 所示。

图 11-36　程序运行结果

图 11-37　警告对话框

图 11-38　提示对话框

图 11-39　确认对话框

第12章　JavaScript中的文档对象

本章导读

文档对象（document）代表浏览器窗口中的文档，多数用来获取 HTML 页面中某个元素。JavaScript 会为每个 HTML 文档自动创建一个 Document 对象。本章就来介绍 JavaScript 文档对象的应用等。

知识导图

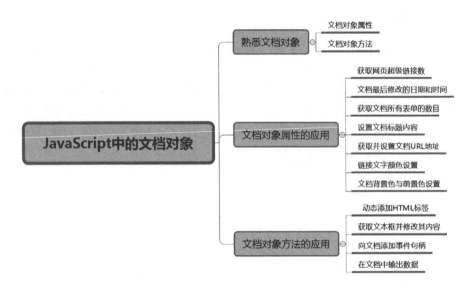

12.1 熟悉文档对象

当浏览器载入 HTML 文档时，它就会成为 document 对象，document 对象使用户可以从脚本中对 HTML 页面中的所有元素进行访问。document 对象是 window 对象的一部分，可通过 window.document 属性对其进行访问。

1. 文档对象属性

document 对象拥有很多属性，这些属性主要用于描述 HTML 文档中的超链接、颜色、URL 以及文档中的表单元素和图片等。document 对象常用的属性及说明如表 12-1 所示。

表 12-1　document 对象常用的属性

属 性 名	说　　明
document.alinkColor	链接文字的颜色，对应于 <body> 标签中的 alink 属性
document.vlinkColor	表示已访问的链接文字的颜色，对应于 <body> 标签中的 vlink 属性
document.linkColor	未被访问的链接文字的颜色，对应于 <body> 标签中的 link 属性
document.bgColor	文档的背景色，对应于 HTML 文档中 <body> 标记的 bgcolor 属性
document.fgColor	文档的文本颜色（不包含超链接的文字），对应于 HTML 文档中 <body> 标记的 text 属性
document.fileSize	当前文件的大小
document.fileModifiedDate	文档最后修改的日期
document.fileCreatedDate	文档创建的日期
document.activeElement	返回当前获取焦点元素
document.adoptNode(node)	从另外一个文档返回 adapded 节点到当前文档
document.anchors	返回对文档中所有 Anchor 对象的引用
document.applets	返回对文档中所有 Applet 对象的引用
document.baseURI	返回文档的绝对基础 URI
document.body	返回文档的 body 元素
document.cookie	设置或返回与当前文档有关的所有 cookie
document.doctype	返回与文档相关的文档类型声明 (DTD)
document.documentElement	返回文档的根节点
document.documentMode	返回用于通过浏览器渲染文档的模式
document.documentURI	设置或返回文档的位置
document.domain	返回当前文档的域名
document.domConfig	返回 normalizeDocument() 被调用时所使用的配置
document.embeds	返回文档中所有嵌入的内容（embed）集合
document.forms	返回对文档中所有 Form 对象引用
document.images	返回对文档中所有 Image 对象引用
document.implementation	返回处理该文档的 DOMImplementation 对象
document.inputEncoding	返回用于文档的编码方式（在解析时）

属 性 名	说　　明
document.lastModified	返回文档被最后修改的日期和时间
document.links	返回对文档中所有 Area 和 Link 对象引用
document.readyState	返回文档状态（载入中……）
document.referrer	返回载入当前文档的 URL
document.scripts	返回页面中所有脚本的集合
document.strictErrorChecking	设置或返回是否强制进行错误检查
document.title	返回当前文档的标题
document.URL	返回文档完整的 URL

2. 文档对象方法

document 对象由很多方法，其中包括以前程序中经常看到的 document.write() 方法，document 对象常用的方法及描述如表 12-2 所示。

表 12-2　document 对象常用的方法及说明

方 法 名	说　　明
document.addEventListener()	向文档添加句柄
document.close()	关闭用 document.open() 方法打开的输出流，并显示选定的数据
document.open()	打开一个流，以收集来自任何 document.write() 或 document.writeln() 方法的输出
document.createAttribute()	创建一个属性节点
document.createComment()	createComment() 方法可创建注释节点
document.createDocumentFragment()	创建空的 DocumentFragment 对象，并返回此对象
document.createElement()	创建元素节点
document.createTextNode()	创建文本节点
document.getElementsByClassName()	返回文档中所有指定类名的元素集合，作为 NodeList 对象
document.getElementById()	返回对拥有指定 id 的第一个对象的引用
document.getElementsByName()	返回带有指定名称的对象集合
document.getElementsByTagName()	返回带有指定标签名的对象集合
document.importNode()	把一个节点从另一个文档复制到该文档以便应用
document.normalize()	删除空文本节点，并连接相邻节点
document.normalizeDocument()	删除空文本节点，并连接相邻节点的文档
document.querySelector()	返回文档中匹配指定的 CSS 选择器的第一元素
document.querySelectorAll()	document.querySelectorAll() 是 HTML5 中引入的新方法，返回文档中匹配的 CSS 选择器的所有元素节点列表
document.removeEventListener()	移除文档中的事件句柄（由 addEventListener() 方法添加）
document.renameNode()	重命名元素或者属性节点
document.write()	向文档写 HTML 表达式或 JavaScript 代码
document.writeln()	等同于 write() 方法，不同的是在每个表达式之后写一个换行符

12.2 文档对象属性的应用

document 对象提供了一系列属性，可以对页面元素进行各种属性设置。下面介绍常见属性的应用。

12.2.1 获取网页超级链接数

anchors 属性用于返回当前页面的所有超级链接数和指定的锚文本。语法格式如下：

```
document.anchors[].property
```

▌ 实例1：返回文档的锚点数和锚文本。

创建一个网页文档，并在文档中添加多个锚点，然后使用 anchors 属性返回文档的锚点数和第一个超级链接的锚文本。代码如下：

```html
<!DOCTYPE html>
<html>
<head>
    <meta charset="UTF-8">
    <title>使用anchors属性</title>
</head>
<body>
<a name="html">HTML教程</a><br>
<a name="css">CSS教程</a><br>
<a name="xml">XML教程</a><br>
<a name ="js">JavaScript教程</a>
<p>锚点的数量：
```

```html
<script type="text/javascript">
    document.write(document.
anchors.length);
    document.write("<br />文档中第一
个锚:"+document.anchors[0].innerHTML);
    </script>
</body>
</html>
```

运行程序，结果如图 12-1 所示。

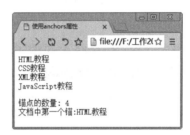

图 12-1　返回文档的链接数和锚文本

12.2.2 文档最后修改的日期和时间

lastModified 属性用于返回文档最后被修改的日期和时间。语法格式如下：

```
document.lastModified
```

▌ 实例2：返回文档最后修改日期和时间。

创建一个网页文档，然后使用 lastModified 属性返回文档最后修改日期和时间。

代码如下：

```html
<!DOCTYPE html>
<html>
<head>
    <meta charset="UTF-8">
    <title>文档最后修改日期和时间</title>
</head>
<body>
文档最后修改的日期和时间：
```

```html
<script type="text/javascript">
    document.write(document.
lastModified);
    </script>
</body>
</html>
```

运行程序，结果如图 12-2 所示。

图 12-2　返回文档最后的修改日期

12.2.3 获取文档所有表单的数目

forms 属性返回当前页面所有表单的数组集合，语法结构如下：

```
document.forms[].property
```

实例 3：返回文档所包含的表单数和第一个表单的名称。

代码如下：

```html
<!DOCTYPE html>
<html>
<head>
    <meta charset="UTF-8">
    <title>表单的数目和名称</title>
</head>
<body>
<form name="Form1"></form>
<form name="Form2"></form>
<form name="Form3"></form>
<form name="Form4"></form>
<form></form>
<p>表单数目:
```

```html
<script type="text/javascript">
    document.write(document.forms.
length);
    document.write("<br />第一个表单
的名称:"+document.forms[0].name);
    </script>
</body>
</html>
```

运行程序，结果如图 12-3 所示。

图 12-3　返回表单的数目值和第一个表单的名称

12.2.4 设置文档标题内容

使用 title 属性可以设置文档的动态标题栏，还可以用来获取文档的标题内容，语法格式如下：

```
document.title
```

例如，输出标题栏的内容，代码如下：

```
document.write(document.title);
```

实例 4：设置文档动态标题内容。

创建一个网页文档，通过修改 title 属性的变量值，制作动态标题栏，标题栏中的信息不断闪烁或变换。代码如下：

```html
<!DOCTYPE html>
<html>
<head>
    <meta charset="UTF-8">
    <title>个人主页</title>
</head>
<body>
<img src="02.jpg">
文档的标题为:
<script type="text/javascript">
```

```html
    document.write(document.title);
    var n=0;
    function title(){
        n++;
        if (n==3) {n=1}
        if (n==1) {document.title='☆★
美丽风光★☆'}
        if (n==2) {document.title='★☆
个人主页☆★'}
        setTimeout("title()",1000);
    }
    title();
</script>
</body>
</html>
```

运行程序，结果如图 12-4 所示。

稍等片刻，可以看到标题栏中的文字进

行不断的变化，从"个人主页"变换到"美丽风光"，如图 12-5 所示。

图 12-4　运行结果　　　　　　　　图 12-5　动态变换网页标题栏信息

12.2.5　获取文档 URL 地址

使用 URL 属性可以获取当前文档的 URL 地址。语法格式如下：

```
document.URL
```

实例 5：获取当前文档 URL 地址。

创建一个网页文档，通过 URL 属性获取当前文档的 URL 地址。

代码如下：

```html
<!DOCTYPE html>
<html>
<head>
    <meta charset="UTF-8">
    <title>获取当前文档的URL</title>
</head>
<body>
<script type="text/javascript">
```

```
    document.write("<b>当前页面的
URL: </b>"+document.URL);
</script>
</body>
</html>
```

运行程序，结果如图 12-6 所示。

图 12-6　获取当前文档的 URL 地址

12.2.6　链接文字颜色设置

document 对象提供了 alinkColor、linkColor、vlinkColor 等几个颜色属性，来设置网页链接文字的显示颜色，一般定义在 <body> 标签中，在文档布局确定之前完成设置。

1. alinkColor 属性

使用 document 的 alinkColor 属性，可以自己定义活动链接的颜色，而活动链接是指用户正在使用的超级链接，即用户将鼠标移动到某个链接上并按下鼠标按键，此链接就是活动链接。其语法格式为：

```
document.alinkColor= "colorValue";
```

其中，colorValue 是用户指定的颜色，其值可以是 red、blue、green、black、gray 等颜色名称，也可以是十六进制 RGB，如白色对应的十六进制 RGB 值是 #FFFF。

例如，需要指定用户单击链接时，链接的颜色为红色，其方法如下：

```
document.alinkColor="red";
```

也可以在 \<body> 标签的 onload 事件中添加，其方法如下：

```
<body onload="document.alinkColor='red';">
```

> **提示：** 使用基于 RGB 的 16 位色时，需要注意在值前面加上 # 号，同时颜色值不区分大小写，red 与 Red、RED 的效果相同，#ff0000 与 #FF0000 的效果相同。

2. linkColor 属性

使用 document 对象的 linkColor 属性，可以设置文档中未访问链接的颜色。其属性值与 alinkColor 类似，可以使用十六进制 RGB 颜色字符串表示。语法格式如下：

```
var colorVal=document.linkColor;          //获取当前文档中链接的颜色
document.linkColor="colorValue";          //设置当前文档链接的颜色
```

其中，获取链接颜色的 colorVal 是获取的当前文档的链接颜色字符串，其值与获取文档背景色的值相似，都是十六进制 RGB 颜色字符串。而 colorValue 是需要给链接设置的颜色值。由于 JavaScript 区分大小写，因此使用此属性时仍然要注意大小写，否则在 JavaScript 中，无法通过 linkColor 属性获取或修改文档未访问链接的颜色。

用户设定文档链接的颜色时，需要在页面的 \<script> 标记中添加指定文档未访问链接颜色的语句。如需要指定文档未访问链接的颜色为红色，其方法如下：

```
<script type="text/javascript">                </Script>
Document.linkColor="red";
```

与设定活动链接的颜色相同，设置文档链接的颜色也可以在 \<body> 标签的 onload 事件中添加，其方法如下：

```
<body onload="document.linkColor='red';">
```

3. vlinkColor 属性

使用 document 对象的 vlinkColor 属性可以设置文档中用户已访问链接的颜色。语法格式如下：

```
var colorStr=document.vlinkColor;      //获取用户已观察过的文档链接的颜色
document.vlinkColor="colorStr";        //设置用户已观察过的文档链接的颜色
```

document 对象的 vlinkColor 属性的使用方法与使用 alinkColor 属性相似。在 IE 浏览器中，默认的用户已观察过的文档链接的颜色为紫色。用户在设置已访问链接的颜色时，需要在页面的 \<script> 标记中添加指定已访问链接颜色的语句。例如，需要指定用户已观察过的链接的颜色为绿色，其方法如下：

```
< Script type="text/javascript">
document.vlinkColor="green";
```

```
</Script>
```

也可以在 `<body>` 标记的 onload 时间中添加，其方法如下：

```
<body onload="document.vlinkColor='green';">
```

实例 6：设置链接文本的颜色。

代码如下：

```
<!DOCTYPE html>
<html>
<head>
    <meta charset="UTF-8">
    <title>颜色属性</title>
    <script type="text/javascript">
        function SetColor()
        {
            document.linkColor= "red";
            document.alinkColor=
"green";
            document.vlinkColor=
"blue";
        }
    </script>
</head>
<body onload="SetColor()">
```

```
<p>设置颜色</p>
<a href="个人主页.html">链接颜色</a>
</body>
</html>
```

运行程序，结果可以看到，未被单击的超链接文字的颜色为红色，如图 12-7 所示。单击超链接时的文字颜色为绿色，单击过超链接后的文字颜色为蓝色。

图 12-7　运行结果

12.2.7　文档背景色与前景色设置

文档背景色和前景色的设置可以使用 bgColor 属性和 fgColor 属性来实现。

1. bgColor 属性

bgColor 表示文档的背景颜色，通过 document 对象的 bgColor 属性进行获取或更改。语法格式如下：

```
var colorStr=document.bgColor;
```

其中，colorStr 是当前文档的背景色的值。使用 document 对象的 bgColor 属性时，需要注意由于 JavaScript 区分大小写，因此必须严格按照背景色的属性名 bgColor 来对文档的背景色进行操作。使用 bgColor 属性获取的文档的背景色是以"#"号开头的基于 RGB 的十六进制颜色字符串。在设置背景色时，可以使用颜色字符串 red、green 和 blue 等。

2. fgColor 属性

使用 document 对象的 fgColor 属性可以修改文档中的文字颜色，即设置文档的前景色。语法格式如下：

```
var fgColorObj=document.fgColor;
```

其中，fgColorObj 表示当前文档的前景色。获取与设置文档前景色的方法与操作文档背景色的方法相似。

实例 7：设置网页文档的背景色与前景色。

代码如下：

```html
<!DOCTYPE html>
<html>
<head>
    <meta charset="UTF-8">
    <title>背景色与前景色的设置</title>
    <script type="text/javascript">
        //设置文档的颜色显示
        function SetColor()
        {
            document.bgColor= "yellow";
            document.fgColor= "green";
        }
        //改变文档的背景色为海蓝色
        function ChangeColorOver()
        {
            document.bgColor= "navy";
            return;
        }
        //改变文档的背景色为黄色
        function ChangeColorOut()
        {
            document.bgColor= "yellow";
            return;
        }
    </script>
</head>
<body onload="SetColor()">
<form name="MyForm3">
    <input type="submit" name= "MySure"
value="动态背景色"
            onmouseover=
"ChangeColorOver()" onmouseOut=
"ChangeColorOut()">
</form>
</body>
</html>
```

运行程序，结果可以看到当前文档的背景色为黄色，如图 12-8 所示。将鼠标移动到"动态背景色"按钮上，即可改变网页文档的背景色，这里设置背景色为蓝色，如图 12-9 所示。

图 12-8　背景色为黄色

图 12-9　背景色为蓝色

12.3　文档对象方法的应用

document 对象提供的方法主要用于管理页面中已存在的标记元素对象、向目标文档中添加新文本内容、产生并操作新的元素等方面。

12.3.1　动态添加 HTML 标签

使用 createElement() 方法可以动态添加一个 HTML 标签，该方法可以根据一个指定的类型来创建一个 HTML 标签，语法格式如下：

```
document.createElement(nodename)
```

实例 8：动态添加一个文本框和按钮。

创建一个网页文档，然后使用 createElement() 方法动态添加一个 HTML 标签，这里添加一个文本框。通过修改 createElement() 方法中的属性值，还可以创建其他对象，这里创建一个带有文字信息的按钮。代码如下：

```html
<!DOCTYPE html>
<html>
<head>
    <meta charset="UTF-8">
    <title>动态添加一个文本框</title>
    <script type="text/javascript">
        function addText()
        {
            var txt=document.createElement("input");
            txt.type="text";
            txt.name="txt";
            txt.value="动态添加的文本框";
            document.fm1.appendChild(txt);
        }
        function myFunction(){
            var btn=document.createElement("BUTTON");
            var t=document.createTextNode("动态添加的按钮");
            btn.appendChild(t);
            document.body.appendChild(btn);
        };
    </script>
</head>
<body>
<form name="fm1">
<input type="button" name="btn1" value="动态添加文本框"
        onclick="addText();" />
</form>
 <button onclick="myFunction()">添加按钮</button>
</body>
</html>
```

运行程序，结果如图 12-10 所示。单击"动态添加文本框"按钮，即可在页面中添加一个文本框，如图 12-11 所示。单击"添加按钮"按钮，即可在页面中添加一个带文字的按钮，如图 12-12 所示。

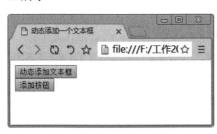
图 12-10　运行结果

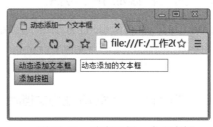
图 12-11　动态添加一个文本框

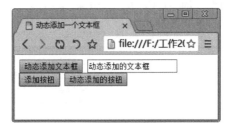
图 12-12　动态添加按钮

12.3.2 获取文本框并修改其内容

使用 getElementById() 方法可以获取文本框并修改其内容，该方法可以通过指定的 id 来获取 HTML 标记，并将其返回，语法格式如下：

```
document.getElementById(elementID)
```

实例 9：获取文本框并修改其内容。

创建一个网页文档，然后使用 getElementById() 方法获取文本框并修改其内容。代码如下：

```html
<!DOCTYPE html>
<html>
<head>
    <meta charset="UTF-8">
    <title>改变文本内容</title>
</head>
<body>
<p id="demo">单击按钮来改变这一段中的文本。
</p>
<button onclick="myFunction()">修改文本
</button>
<script type="text/javascript">
    function myFunction() {
        document.
getElementById("demo").innerHTML =
"Hello JavaScript";
    }
</script>
</body>
```

```html
</html>
```

运行程序，结果如图 12-13 所示。单击"修改文本"按钮，即可修改页面中的文本信息，如图 12-14 所示。

图 12-13　运行结果

图 12-14　改变文本的内容

12.3.3 向文档添加事件句柄

document.addEventListener() 方法用于向文档添加事件句柄。语法格式如下：

```
document.addEventListener(event, function, useCapture)
```

实例 10：在页面加载后通过单击向文档添加事件。

创建一个网页文档，然后使用 getElementById() 方法获取文本框并修改其内容。

代码如下：

```html
<!DOCTYPE html>
<html>
<head>
    <meta charset="UTF-8">
```

```html
    <title>添加两个单击事件</title>
</head>
<body>
<p>使用addEventListener()方法来向文档添加单击事件。</p>
<p>单击文档任意处。</p>
<script type="text/javascript">
    document.addEventListener ("click",
myFunction);
    document.addEventListener ("click",
someOtherFunction);
    function myFunction() {
        alert ("Hello World!")
    }
    function someOtherFunction() {
```

```
        alert ("Hello JavaScript!")
    }
</script>
</body>
</html>
```

运行程序，结果如图 12-15 所示。

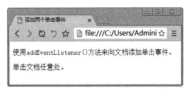

图 12-15　添加两个单击事件

单击文档的任意位置，将会弹出一个信息提示框，即可完成第一次单击事件的操作，如图 12-16 所示。

再次单击文档的任意位置，将会弹出一个信息提示框，即可完成第二次单击事件的操作，如图 12-17 所示。

图 12-16　信息提示框

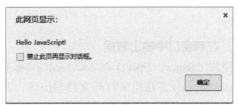

图 12-17　弹出另一个信息提示框

12.3.4　在文档中输出数据

使用文档对象可以输出数据，根据输出方式的不同，输出数据分为两种情况，一种是在文档中输出数据，另一种是在新窗口中输出数据。

1. 在文档中输出数据

使用 document.write() 方法和 document.writeln() 方法可以在文档中输出数据，其中 document.write() 方法用来向 HTML 文档中输出数据，其数据包括字符串、数字和 HTML 标记等，语法格式如下：

```
document.write(exp1,exp2,exp3,...)
```

document.writeln() 方法与 document.write() 方法的作用相同，唯一的不同在于 writeln() 方法在所输出的内容后，添加了一个回车换行符，但回车换行符只有在 HTML 文档中 <pre></pre> 标记内才能被识别。语法格式如下：

```
document.writeln(exp1,exp2,exp3,...)
```

下面介绍一个实例，该实例使用 document.writeln() 方法与 document.write() 方法在页面中输出几段文字，从而区别两个方法的不同。

实例 11：在文档中输出数据。

代码如下：

```
<!DOCTYPE html>
<html>
<head>
    <meta charset="UTF-8">
```

```
    <title>在文档中输出数据</title>
</head>
<body>
<p>注意write()方法不会在每个语句后面新增一
行: </p>
<pre>
<script type="text/javascript">
  document.write("<h1>Hello World!
</h1>");
```

```
   document.write("<h1>Have a nice day!
</h1>");
</script>
</pre>
<p>注意writeln()方法在每个语句后面新增一行：
</p>
<pre>
<script type="text/javascript">
  document.writeln("<h1>Hello World!
</h1>");
   document.writeln("<h1>Have a nice
day! </h1>");
</script>
</pre>
</body>
</html>
```

运行程序，结果如图 12-18 所示。

图 12-18　在文档中输出数据

2. 在新窗口中输出数据

使用 document.open() 与 document.close() 方法可以在打开的新窗口中输出数据，其中 document.open() 方法用来打开文档输出流，并接受 writeln() 方法与 write() 方法的输出，此方法可以不指定参数，语法格式如下：

```
document.open(MIMEtype,replace)
```

document.close() 方法用于关闭文档的输出流，语法格式如下：

```
document.close()
```

下面给出一个实例，通过单击页面中的按钮，打开一个新窗口，并在新窗口中输出新的内容。

实例 12：在新窗口中输出数据。

创建一个网页文档，通过 document.writeln() 方法与 document.write() 方法在文档中输出数据。代码如下：

```
<!DOCTYPE html>
<html>
<head>
    <meta charset="UTF-8">
    <title>在新窗口中输出数据</title>
    <script type="text/javascript">
        function createDoc(){
            var w=window.open();
            w.document.open();
            w.document.write ("<h1>Hello
JavaScript!</h1>");
            w.document.close();
        }
    </script>
</head>
<body>
<input type="button" value="新窗口的新文
档" onclick="createDoc()">
```

```
</body>
</html>
```

运行程序，结果如图 12-19 所示。单击"新窗口的新文档"按钮，即可在新的窗口中输出新数据内容，如图 12-20 所示。

图 12-19　运行结果

图 12-20　在新窗口中输出新数据

12.4　新手常见疑难问题

▎疑问 1：document 对象中 writeln() 方法与 write() 方法有何区别？

document.writeln() 方法与 document.write() 方法的作用相同，唯一的不同在于 writeln() 方法在所输出的内容后，添加了一个回车换行符，但回车换行符只有在 HTML 文档中 \<pre\>\</pre\> 标记内才能被识别。见如下代码：

```
<pre>
<script type="text/javascript">
  document.writeln("<h1>Hello World! </h1>");
  document.writeln("<h1>Have a nice day! </h1>");
</script>
</pre>
```

可以实现换行输出，结果如下：

```
Hello World!

Have a nice day!
```

▎疑问 2：document 对象中 bgColor 属性和 fgColor 属性有何区别？

文档对象中的 bgColor 属性和 fgColor 属性可以设置文档的背景色和前景色。bgColor 属性相当于 \<body\> 标签中的 bgColor 属性，而 fgColor 属性相当于 \<body\> 标签中的 text 属性。见如下代码：

```
<body>
<script type="text/javascript">
    document.bgColor="yellow";
    document.fgColor="green";
</script>
Hello JavaScript!
</body>
```

与下面的代码实现的效果是一样的：

```
<body bgColor="yellow" text="green">
Hello JavaScript!
</body>
```

12.5　实战技能训练营

▎实战 1：背景颜色选择器按钮。

使用 document 对象中的 bgColor 属性可以设置文档的背景色，下面结合 HTML 文档中的按钮以及表单功能来制作一个背景颜色选择器，当选中相应的单选按钮后，文本背景色会发生改变，运行结果如图 12-21 所示。

图 12-21　选择背景颜色

▍实战 2：输出流水式文字效果

　　使用 document 对象中的 writeln() 方法可以输出数据信息，然后结合 JavaScript 中的自定义函数功能，可以实现动态文字输出的效果，这里输出的是流水式文字效果。程序运行结果如图 12-22 所示，单击"开始"按钮，开始输出文字，单击"停止"按钮可以暂停文字的输出效果，如图 12-23 所示。

图 12-22　程序运行效果

图 12-23　文字输出效果

第13章 文档对象模型（DOM）

本章导读

　　DOM（Document Object Model）模型，即文档对象模型，它是一种与浏览器、平台、语言无关的接口，通过 DOM 可以访问页面中的其他标准组件，解决了 JavaScript 与 JScript 之间的冲突，给开发者定义了一个标准方法。本章就来介绍文档对象模型的应用，主要内容包括 DOM 模型中节点、操作 DOM 中的节点等。

知识导图

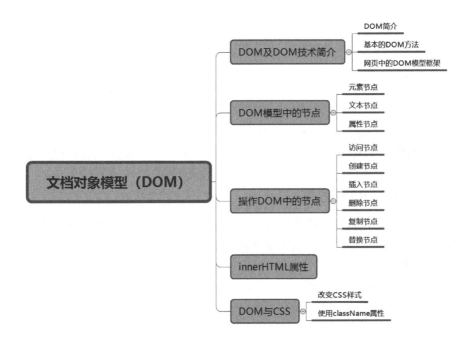

13.1 DOM 及 DOM 技术简介

文档对象模型（DOM）是表示文档（比如 HTML 和 XML）和访问、操作构成文档的各种元素的应用程序接口（API），支持 JavaScript 的所有浏览器都支持 DOM。

13.1.1 DOM 简介

DOM 将整个 HTML 页面文档规划成由多个相互连接的节点级构成的文档，文档中的每个部分都可以看作是一个节点的集合，这个节点集合可以看作是一个节点树 (Tree)，通过这个文档树，开发者可以通过 DOM 对文档的内容和结构进行遍历、添加、删除、修改和替换节点。如图 13-1 所示为 DOM 模型被构造为对象的树。

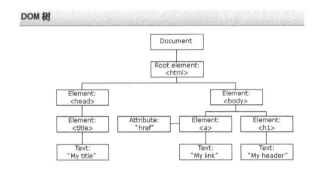

图 13-1　DOM 模型树结构

通过可编程的对象模型，JavaScript 获得了足够的能力来创建动态的 HTML，可以改变页面中的所有 HTML 元素、CSS 样式、HTML 属性，以及可以对页面中的所有事件做出反应。

13.1.2 基本的 DOM 方法

DOM 方法很多，这里只介绍基本的一些方法，包括直接引用节点、间接引用节点、获得节点信息、处理节点信息、处理文本节点以及改变文档层次结构等。

1. 直接引用节点

有两种方式可以直接引用节点。

（1）document.getElementById(id) 方法：在文档里通过 id 来找节点，返回的是找到的节点对象，只有一个。

（2）document.getElementsByName(tagName) 方法：通过 HTML 的标记名称在文档里面查找，返回的是满足条件的数组对象。

┃ 实例 1：获取网页节点信息。

代码如下：

```
<!DOCTYPE html>
```

```
<html>
<head>
    <meta charset="UTF-8">
    <title>获取节点信息</title>
    <script type="text/javascript">
        function start() {
            //1. 获得所有的body元素列表（此处只有一个）
            myDocumentElements=document.getElementsByName("body");
            //2. body元素是这个列表的第一个元素
            myBody=myDocumentElements.item(0);
            //3. 获得body的子元素中所有的p元素
            myBodymyBodyElements=myBody.getElementsByName("p");
            // 4. 获得这个列表中的第二个单元元素
            myP=myBodyElements.item(1);
        }
    </script>
</head>
<body onload="start()">
<p>你好! </p>
<p>欢迎光临! </p>
</body>
</html>
```

运行程序，结果如图 13-2 所示。

在上述代码中，设置变量 **myP** 指向 DOM 对象
body 中的第二个 p 元素。首先，使用下面的代码获得
所有的 body 元素的列表，因为在任何合法的 HTML 文
档中都只有一个 body 元素，所以这个列表是只包含一个单元的：

图 13-2　获取节点信息

```
document.getElementsByName("body");
```

下一步，取得列表的第一个元素，它本身就是 body 元素对象：

```
myBody=myDocumentElements.item(0);
```

然后，通过下面的代码获得 body 的子元素中所有的 p 元素：

```
myBodyElements=myBody.getElementsByName("p");
```

最后，从列表中取第二个单元元素：

```
myP=myBodyElements.item(1);
```

2. 间接引用节点
主要包括对节点的子节点、父节点以及兄弟节点的访问。

（1）element.parentNode 属性：引用父节点。

（2）element.childNodes 属性：返回所有的子节点的数组。

（3）element.nextSibling 属性和 element.nextPreviousSibling 属性：分别是对下一个兄弟
节点和上一个兄弟节点的引用。

3. 获得节点信息
主要包括节点名称、节点类型、节点值的获取。

（1）nodeName 属性：获得节点名称。

（2）nodeType 属性：获得节点类型。

（3）nodeValue 属性：获得节点的值。

（4）hasChildNodes() 属性：判断是否有子节点。

（5）tagName 属性：获得标记名称。

4. 处理节点信息

除了通过"元素节点.属性名称"的方式访问外，还可以通过 setAttribute() 和 getAttribute() 方法设置和获取节点属性。

（1）elementNode.setAttribute(attributeName,attributeValue) 方法：设置元素节点的属性。

（2）elementNode.getAttribute(attributeName) 方法：获取属性值。

5. 处理文本节点

主要有 innerHTML 和 innerText 两个属性。

（1）innerHTML 属性：设置或返回节点开始和结束标签之间的 HTML。

（2）innerText 属性：设置或返回节点开始和结束标签之间的文本，不包括 HTML 标签。

6. 文档层级结构相关

（1）document.createElement() 方法：创建元素节点。

（2）document.createTextNode() 方法：创建文本节点。

（3）appendChild(childElement) 方法：添加子节点。

（4）insertBefore(newNode,refNode)：插入子节点，newNode 为插入的节点，refNode 为将插入的节点插入到这之前。

（5）replaceChild(newNode,oldNode) 方法：取代子节点，oldNode 必须是 parentNode 的子节点。

（6）cloneNode(includeChildren) 方法：复制节点，includeChildren 为 bool，表示是否复制其子节点。

（7）removeChild(childNode) 方法：删除子节点。

实例 2：创建节点示例。

创建一个网页文档，然后在文档中创建节点、创建文本节点并添加到其他节点中。

代码如下：

```
<!DOCTYPE html>
<html>
<head>
    <meta charset="UTF-8">
    <title>创建节点示例</title>
    <script type="text/javascript">
        function createMessage() {
            var oP = document.
createElement("p");
            var oText = document.
createTextNode("Hello JavaScript!");
            oP.appendChild(oText);
            document.body.
appendChild(oP);
        }
    </script>
```

```
</head>
<body onload="createMessage()">
</body>
</html>
```

运行程序，结果如图 13-3 所示。

图 13-3　创建节点示例

上述代码中创建了节点 oP 和文本节点 oText，oText 通过 appendChild() 方法附加在 oP 节点上，为了实际显示出来，将 oP 节点通过 appendChild() 方法附加在 body 节点上，最后在页面中输出 Hello JavaScript!。

13.1.3　网页中的 DOM 模型框架

文档对象模型采用的分层结构为树形结构，以树节点的方式表示文档中的各种内容。为了便于理解网页中的 DOM 模型框架，下面以一个简单的 HTML 页面为例进行介绍。

实例 3：DOM 模型框架示例。

代码如下：

```html
<!DOCTYPE html>
<html>
<head>
    <meta charset="UTF-8">
    <title>DOM模型示例</title>
</head>
<body>
<h1>我的标题</h1>
<a href="#">我的链接</a>
</body>
```

```html
</html>
```

运行程序，结果如图 13-4 所示。

图 13-4　DOM 模型示例

上述实例对应的 DOM 节点层次模型如图 13-5 所示。

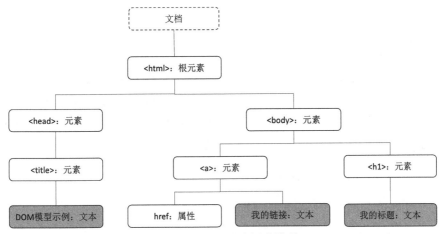

图 13-5　DOM 节点层次模型

在这个树状图中，每一个对象都可以称为一个节点，下面介绍几种节点的概念。

（1）根节点：在最顶层的 <html> 节点，称为根节点。

（2）父节点：一个节点之上的节点是该节点的父节点，例如，<html> 就是 <head> 和 <body> 的父节点，<head> 是 <title> 的父节点。

（3）子节点：位于一个节点之下的节点就是该节点的子节点，例如，<head> 和 <body> 就是 <html> 的子节点，<title> 是 <head> 的子节点。

（4）兄弟节点：如果多个节点在同一个层次，并拥有相同的父节点，这个节点就是兄弟节点，例如，<head> 和 <body> 就是兄弟节点。

（5）后代节点：一个节点的子节点的结合可以称为是该节点的后代，例如，<head> 和 <body> 就是 <html> 的后代。

（6）叶子节点：在树形结构最低层的节点称为叶子节点，如"我的标题""我的链接"以及自己的属性都属于叶子节点。

13.2　DOM 模型中的节点

在 DOM 模型中有三种节点：它们分别是元素节点，属性节点和文本节点，下面分别进行介绍。

13.2.1　元素节点

可以说整个 DOM 模型都是由元素节点构成的。元素节点可以包含其他的元素，例如 <li> 可以包含在 <ul> 中，唯一没有被包含的就只有根元素 HTML。

实例 4：获取元素节点属性值。

代码如下：

```html
<!DOCTYPE html>
<html>
<head>
    <meta charset="UTF-8">
    <title>获取元素节点属性值</title>
    <script type="text/javascript">
        function getNodeProperty()
        {
            var d =document.
getElementById("m");
            alert(d.nodeType);
            alert(d.nodeName);
            alert(d.nodeValue);
        }
    </script>
</head>
<body>
<table border=1>
    <tr>
        <td id="m" name="myname">马一凡
</td>
        <td id="s" name="myname">孙雨轩
</td>
    </tr>
</table>
<br />
<input type="button" onclick=
"getNodeProperty()" value="点击获取元素节
点属性值" />
</body>
</html>
```

运行程序，结果如图 13-6 所示。单击"点击获取元素节点属性值"按钮，即可弹出一个信息提示框，如图 13-7 所示。显示运行的

结果。

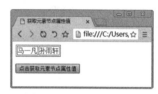

图 13-6　元素节点示例

图 13-7　信息提示框（1）

再连续两次单击"确定"按钮，将会弹出另外两个信息提示框，显示运行的结果，如图 13-8 和图 13-9 所示。

图 13-8　信息提示框（2）

图 13-9　信息提示框（3）

13.2.2　文本节点

在 HTML 中，文本节点是向用户展示内容，例如下面一段代码：

```
<a href="http://www.hao123.com" title="我的主页">我的主页</a>
```

其中，"我的主页"就是一个文本节点。

实例 5：获取文本节点属性值。

代码如下：

```
<!DOCTYPE html>
<html>
<head>
    <meta charset="UTF-8">
    <title>获取文本节点属性值</title>
    <script type="text/javascript">
        function getNodeProperty()
        {
            var d = document.
getElementsByTagName("td")[0].
firstChild;
            alert(d.nodeType);
            alert(d.nodeName);
            alert(d.nodeValue);
        }
    </script>
</head>
<body>
<table border=1>
    <tr>
        <td id="m" name="myname">马一凡
</td>
        <td id="s" name="myname">孙雨轩
</td>
    </tr>
</table>
<br />
<input type="button" onclick=
"getNodeProperty()" value="点击获取文本节
点属性值" />
</body>
</html>
```

运行程序，结果如图 13-10 所示。单击"点击获取文本节点属性值"按钮，即可弹出一个信息提示框，显示运行的结果，如图 13-11 所示。

图 13-10　文本节点示例

图 13-11　信息提示框

再连续两次单击"确定"按钮，将会弹出另外两个信息提示框，显示运行的结果，如图 13-12 与图 13-13 所示。

图 13-12　运行结果（1）

图 13-13　运行结果（2）

13.2.3　属性节点

页面中的元素，或多或少都会有一些属性，例如，几乎所有的元素都有 title 属性。可以利用这些属性，对包含在元素里的对象做出更准确的描述。例如下面一段代码：

```
<a href="http://www.hao123.com" title="我的主页"> 我的主页</a>
```

其中，href="http://www.hao123.com" 和 title=" 我的主页 " 就分别是两个属性节点。

实例6：获取属性节点属性值。

代码如下：

```html
<!DOCTYPE html>
<html>
<head>
    <meta charset="UTF-8">
    <title>获取属性节点属性值</title>
    <script type="text/javascript">
        function getNodeProperty()
        {
            var d = document.
getElementById("m").
getAttributeNode("name");
            alert(d.nodeType);
            alert(d.nodeName);
            alert(d.nodeValue);
        }
    </script>
</head>
<body>
<table border=1>
    <tr>
        <td id="m" name="myname">马一凡
</td>
        <td id="s" name="myname">孙雨轩
</td>
    </tr>
</table>
<br />
<input type="button" onclick=
"getNodeProperty()" value="点击获取属性节
点属性值" />
</body>
</html>
```

运行程序，结果如图13-14所示。单击"点击获取属性节点属性值"按钮，即可弹出一个信息提示框，显示运行的结果，如图13-15所示。

图13-14　属性节点示例

图13-15　信息提示框（1）

再连续两次单击"确定"按钮，将会弹出另外两个信息提示框，显示运行的结果，如图13-16与图13-17所示。

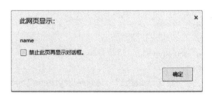

图13-16　信息提示框（2）

图13-17　信息提示框（3）

13.3　操作 DOM 中的节点

对节点的操作主要包括访问节点、创建节点、插入节点、复制节点、删除节点等。

13.3.1　访问节点

使用 getElementById() 方法可以访问指定 id 的节点，并用 nodeName 属性、nodeType 属性和 nodeValue 属性来显示出该节点的名称、节点类型和节点的值。

下面给出一个实例，该实例在页面弹出的提示框中，显示了指定节点的名称、节点的类型和节点的值。

实例 7：访问节点并显示节点的名称、类型与节点的值。

创建一个网页文档，访问节点，然后在弹出的提示框中显示节点的名称、类型与节点的值。

代码如下：

```
<!DOCTYPE html>
<html>
<head>
    <meta charset="UTF-8">
    <title>访问指定节点</title>
</head>
<body id="b1">
<h3 >个人主页</h3>
<b>我的小店</b>
<script type="text/javascript">
    var by=document.getElementById
("b1");
```

```
    var str;
    str="节点名称:"+by.nodeName+"\n";
    str+="节点类型:"+by.nodeType+"\n";
    str+="节点值:"+by.nodeValue+"\n";
    alert(str);
</script>
</body>
</html>
```

运行程序，结果如图 13-18 所示。

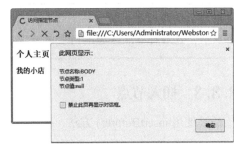

图 13-18　访问指定节点

13.3.2　创建节点

创建新的节点首先需要通过使用文档对象中的 createElement() 方法和 createTextNode() 方法，生成一个新元素，并生成文本节点，再通过使用 appendChild() 方法将创建的新节点添加到当前节点的末尾处。appendChild() 方法将新的子节点添加到当前节点末尾处的语法格式如下：

```
node.appendChild(node)
```

其中 node 表示要添加的新的子节点。

实例 8：通过创建节点添加列表信息。

创建一个网页文档，通过创建节点的方式添加列表信息。代码如下：

```
<!DOCTYPE html>
<html>
<head>
    <meta charset="UTF-8">
    <title>创建节点</title>
</head>
<body>
<ul id="myList">
    <li>春眠不觉晓</li>
    <li>处处闻啼鸟</li>
</ul>
<p id="demo">单击按钮将项目添加到列表中，从而创建一个节点</p>
<button onclick="myFunction()">创建节点
</button>
```

```
<script type="text/javascript">
    function myFunction(){
        var node=document.
createElement("LI");
        var textnode=document.
createTextNode("夜来风雨声");
        node.appendChild(textnode);
        document.getElementById
("myList").appendChild(node);
    }
</script>
</body>
</html>
```

运行程序，结果如图 13-19 所示。单击"创建节点"按钮，即可在列表中添加项目，从而创建一个节点，如图 13-20 所示。

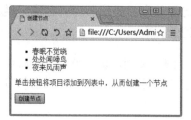

图 13-19　创建节点　　　　图 13-20　添加项目并创建节点

> **注意**：上述代码首先创建一个节点，然后创建一个文本节点，接着将文本节点添加到 LI 节点上，最后将节点添加到列表中。

13.3.3　插入节点

通过使用 insertBefore() 方法，可在已有子节点前插入一个新的子节点。语法格式如下：

```
node.insertBefore(newnode,existingnode)
```

其中 newnode 表示新的子节点，existingnode 表示指定一个节点，在这个节点前插入新的节点。

实例 9：通过插入节点添加列表信息。

创建一个网页文档，通过插入节点的方式添加列表信息。

代码如下：

```html
<!DOCTYPE html>
<html>
<head>
    <meta charset="UTF-8">
    <title>插入节点</title>
</head>
<body>
<ul id="myList1">
    <li>春眠不觉晓，</li>
    <li>处处闻啼鸟。</li>
</ul>
<ul id="myList2">
    <li>夜来风雨声，</li>
    <li>花落知多少。</li>
</ul>
<p id="demo">单击该按钮将一个项目从一个列表
移动到另一个列表，从而完成插入节点的操作</p>
<button onclick="myFunction()">插入节点
</button>
<script type="text/javascript">
    function myFunction(){
        var node=document.
getElementById("myList1").lastChild;
        var list=document.
getElementById("myList2");
```

```html
        list.insertBefore(node, list.
childNodes[0]);
    }
</script>
</body>
</html>
```

运行程序，结果如图 13-21 所示。单击"插入节点"按钮，即可将一个项目从一个列表移动到另一个列表，从而插入节点，如图 13-22 所示。

图 13-21　运行结果

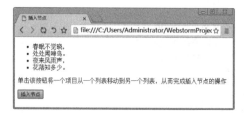

图 13-22　移动项目到另一个列表

13.3.4　删除节点

使用 removeChild() 方法可从子节点列表中删除某个节点，如果删除成功，此方法可返回被删除的节点，如果失败，则返回 NULL。具体的语法格式如下：

```
node.removeChild(node)
```

实例 10：通过删除节点删除列表中的信息。

代码如下：

```
<!DOCTYPE html>
<html>
<head>
    <meta charset="UTF-8">
    <title>删除节点</title>
</head>
<body>
<ul id="myList">
    <li>春眠不觉晓，</li>
    <li>春眠不觉晓，</li>
    <li>处处闻啼鸟。</li>
    <li>夜来风雨声，</li>
    <li>花落知多少。</li>
</ul>
<p id="demo">单击按钮移除列表的第一项，从而
完成删除节点操作</p>
<button onclick="myFunction()">删除节点
</button>
<script type="text/javascript">
    function myFunction(){
        var list=document.
getElementById("myList");
        list.removeChild(list.
childNodes[0]);
    }
```

```
</script>
</body>
</html>
```

运行程序，结果如图 13-23 所示，单击"删除节点"按钮，即可从子节点列表中删除某个节点，从而完成删除节点的操作，如图 13-24 所示。

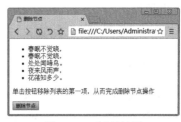

图 13-23　运行结果

图 13-24　通过按钮删除列表第一项

13.3.5　复制节点

使用 cloneNode() 方法可创建指定的节点的精确拷贝，cloneNode() 方法拷贝所有属性和值。该方法将复制并返回调用它的节点的副本。如果传递给它的参数是 true，它还将递归复制当前节点的所有子孙节点，否则，它只复制当前节点。语法格式如下：

```
node.cloneNode(deep)
```

实例 11：通过复制节点添加列表中的信息。

代码如下：

```
<!DOCTYPE html>
<html>
<head>
    <meta charset="UTF-8">
```

```
    <title>复制节点</title>
</head>
<body>
<ul id="myList1">
        <li>春眠不觉晓，</li><li>处处闻啼
鸟。</li><li>夜来风雨声，</li></ul>
<ul id="myList2"><li>花落知多少。</li></ul>
<p id="demo">单击按钮将项目从一个列表复制到
另一个列表中</p>
```

```
<button onclick="myFunction()">复制节点
</button>
<script type="text/javascript">
    function myFunction(){
        var itm=document.
getElementById("myList2").lastChild;
        var cln=itm.cloneNode (true);
        document.getElementById
("myList1").appendChild(cln);
    }
</script>
</body>
</html>
```

图 13-25　运行结果

运行程序,结果如图 13-25 所示。单击"复制节点"按钮,即可将项目从一个列表复制到另一个列表中,从而完成复制节点的操作,如图 13-26 所示。

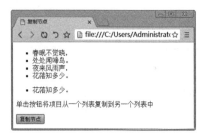

图 13-26　复制项目到第一个列表中

13.3.6　替换节点

使用 replaceChild() 方法可将某个子节点替换为另一个,这个新节点可以是文本中已存在的,或者是用户自己新创建的。语法格式如下:

```
node.replaceChild(newnode,oldnode)
```

主要参数介绍如下。

（1）newnode：替换后的新节点。

（2）oldnode：需要被替换的旧节点。

▎实例 12：通过替换节点修改列表中的信。

代码如下:

```
<!DOCTYPE html>
<html>
<head>
    <meta charset="UTF-8">
    <title>替换节点</title>
</head>
<body>
<ul id="myList"><li>处处闻啼鸟。</li><li>处处闻啼鸟。</li><li>夜来风雨声，</li>
                <li>花落知多少。</li></ul>
<p id="demo">单击按钮替换列表中的第一项。</p>
<button onclick="myFunction()">替换节点</button>
<script type="text/javascript">
    function myFunction(){
        var textnode=document.createTextNode("春眠不觉晓，");
        var item=document.getElementById("myList").childNodes[0];
        item.replaceChild(textnode,item.childNodes[0]);
    }
</script>
</body>
```

```
</html>
```

　　运行程序，结果如图 13-27 所示。单击"替换节点"按钮，即可替换列表中的第一项，从而完成替换节点的操作，如图 13-28 所示。

图 13-27　运行结果

图 13-28　替换列表中的第一项

13.4　innerHTML 属性

　　HTML 文档中每一个元素节点都有 innerHTML 这个属性，我们通过对这个属性的访问，可以获取或者设置这个元素节点标签内的 HTML 内容。

▌实例13: 通过替换节点修改列表中的信息。

　　代码如下：

```
<!DOCTYPE html>
<html>
<head>
    <meta charset="UTF-8">
    <title>innerHTML属性</title>
    <script type="text/javascript">
        function myDOMInnerHTML() {
            var myDiv = document.
getElementById("myTest");
            alert(myDiv.innerHTML);
//直接显示innerHTML的内容
            myDiv.innerHTML = "<img
src='02.jpg' title.='美丽风光'>";
                        //修改innerHTML，可
直接添加代码
        }
    </script>
</head>
<body onload= "myDOMInnerHTML()">
<div id="myTest">
    <span>图库</span>
    <p>这是一行用于测试的文字</p>
</div>
</body>
</html>
```

　　运行程序，结果如图 13-29 所示。单击"确定"按钮，即可在页面中显示相关效果，如图 13-30 所示。

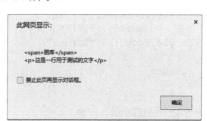

图 13-29　信息提示框

图 13-30　显示运行结果

> **提示：** 上述代码中首先获取 myTest，然后显示出来其中所有的 innerHTML，最后，将 myTest 的 innerHTML 修改为图片，并显示出来。

13.5 DOM 与 CSS

DOM 允许 JavaScript 改变 HTML 元素的 CSS 样式，下面详细介绍改变 CSS 样式的方法。

13.5.1 改变 CSS 样式

通过 JavaScritp 和 HTML DOM 可以方便地改变 HTML 元素的 CSS 样式，语法格式如下：

```
document.getElementById(id).style.property=新样式
```

实例 14：修改网页元素的 CSS 样式。

代码如下：

```
<!DOCTYPE html>
<html>
<head>
    <meta charset="UTF-8">
    <title>修改CSS样式</title>
    <script type="text/javascript">
        function changeStyle()
        {
            document.getElementById
("p2").style.color="blue";
            document.getElementById
("p2").style.fontFamily="Arial";
            document.getElementById
("p2").style.fontSize="larger";
        }
    </script>
</head>
<body>
<p id="p1">小娃撑小艇，</p>
<p id="p2">偷采白莲回。</p>
<br />
<input type="button" onclick=
"changeStyle()" value="修改段落2样式" />
```

```
</body>
</html>
```

运行程序，结果如图 13-31 所示。单击"修改段落 2 样式"按钮，即可修改段落 2 的 CSS 样式，包括颜色、字体以及字体大小，运行后效果如图 13-32 所示。

图 13-31　使用 DOM 修改 CSS 样式

图 13-32　修改段落样式

13.5.2 使用 className 属性

DOM 对象还有一个非常实用的 className 属性，通过这个属性可以修改节点的 CSS 样式。

实例 15：使用 className 属性修改 CSS 样式。

代码如下：

```
<!DOCTYPE html>
<html>
<head>
    <meta charset="UTF-8">
    <title>className属性</title>
    <style type="text/css">
        .myUL1{
            Color:#0000FF;
            Font-family:Arial;
            Font-weight:bold;
        }
        .myUL2{
            Color:#FF0000;
            Font-family:Georgia, "Times
New Roman"Times,serif;
            Font-size:bold;
        }
    </style>
    <script type="text/javascript">
        function changeStyleClassName(){
```

```
                    var oMy=document.
getElementsByTagName("ul")[0];
            oMy.className="myUL2";
        }
    </script>
</head>
<body>
<ul class="myUL1">
    <li>旧时王谢堂前燕</li>
    <li>飞入寻常百姓家</li>
</ul>
</br>
<input type="button" onclick="changeSty
leClassName();" value="修改CSS样式" />
</body>
</html>
```

运行程序，结果如图 13-33 所示。单击"修改 CSS 样式"按钮，即可对文本样式进行修

改，并显示修改后的效果，如图 13-34 所示。

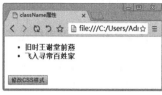

图 13-33　ClassName 属性的应用

图 13-34　显示修改后的效果

> **注意**：使用 className 属性修改网页元素的 CSS 样式，是通过覆盖的方法进行的，例如上述代码在单击列表时将 <ul> 标签的 className 属性进行了修改，就是用 myUL2 覆盖了 myUL1 的样式。

13.6　新手常见疑难问题

▎疑问 1：如何显示 / 隐藏一个 DOM 元素？

使用如下代码可以显示 / 隐藏一个 DOM 元素：

```
el.style.display ="";
```

```
el.style.display ="none";
```

其中 el 是要操作的 DOM 元素。

▎疑问 2：如何通过元素的 name 属性获取元素的值？

通过元素的 name 属性获取元素使用的是 Document 对象的 getElementsByName() 方法，使用该方法的返回值是一个数组，不是一个元素。例如，如果想要获取页面中 name 属性值为 shop 的元素，具体代码如下：

```
document.getElementsByName("shop")[0].value;
```

13.7　实战技能训练营

▎实战 1：制作一个树形导航菜单

树形导航菜单是网页设计中最常用的菜单之一。实现一个树形菜单，需要三个方面配合：

一是 `<ul>` 无序列表，用于显示的菜单；二是 CSS 样式，修饰树形菜单样式；三是 JavaScript 程序，实现单击时展开菜单选项。程序运行效果如图 13-35 所示。

实战 2：定义鼠标经过菜单样式

在企业网站中，为菜单设计鼠标经过时的菜单样式，当用户将鼠标移动到任意一个菜单上时，该菜单都会突出并加黑色边框显示，鼠标移走后，又恢复为原来的状况，运行结果如图 13-36 所示。

图 13-35　树形菜单　　　　　图 13-36　鼠标经过时的菜单样式

第14章 jQuery框架快速入门

本章导读

当今，随着互联网的快速发展，程序员开始越来越重视程序功能上的封装与开发，进而可以从烦琐的 JavaScript 中解脱出来，以便后人在遇到相同问题时可以直接使用，从而提高项目的开发效率，其中 jQuery 就是一个优秀的 JavaScript 脚本库。本章重点学习 jQuery 框架的选择器。

知识导图

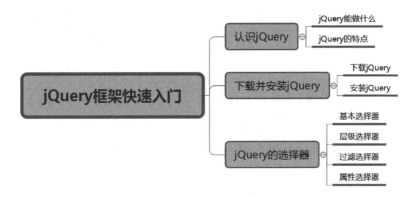

14.1 认识 jQuery

jQuery 是一个兼容多浏览器的 JavaScript 框架，它的核心理念是"写得更少，做得更多"。jQuery 在 2006 年 1 月由美国人 John Resig 在纽约的 Barcamp 发布，吸引了来自世界各地众多 JavaScript 高手的加入，如今，jQuery 已经成为最流行的 JavaScript 框架之一。

1. jQuery 能做什么

最开始时，jQuery 所提供的功能非常有限，仅仅能增强 CSS 的选择器功能，而如今 jQuery 已经发展到集 JavaScript、CSS、DOM 和 Ajax 于一体的优秀框架，其模块化的使用方式使开发者可以很轻松地开发出功能强大的静态或动态网页。目前，很多网站的动态效果就是利用 jQuery 脚本库制作出来的，如中国网络电视台、CCTV、京东商城等。

下面来介绍京东商城应用的 jQuery 效果，访问京东商城的首页时，在右侧有一个话费、旅行、彩票、游戏栏目，这里应用 jQuery 实现了选项卡的效果，将鼠标移动到"话费"栏目上，选项卡中将显示手机话费充值的相关内容，如图 14-1 所示；将鼠标移动到"游戏"栏目上，选项卡中将显示游戏充值的相关内容，如图 14-2 所示。

 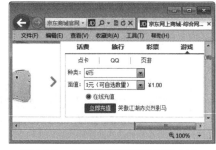

图 14-1　显示手机话费充值的相关内容　　图 14-2　显示游戏充值的相关内容

2. jQuery 的特点

jQuery 是一个简洁快速的 JavaScript 脚本库，其独特的选择器、链式的 DOM 操作方式、事件绑定机制、封装完善的 Ajax 都是其他 JavaScript 库望尘莫及的。

jQuery 的主要特点如下。

（1）代码短小精湛：jQuery 是一个轻量级的 JavaScript 脚本库，其代码非常短小，采用 Dean Edwards 的 Packer 压缩后，还不到 30KB 的大小，如果服务器端启用 gzip 压缩后，甚至只有 16KB 的大小。

（2）强大的选择器支持：jQuery 可以让操作者使用从 CSS 1 到 CSS 3 几乎所有的选择器，以及 jQuery 独创的高级而复杂的选择器。

（3）出色的 DOM 操作封装。jQuery 封装了大量常用 DOM 操作，使用户编写 DOM 操作相关程序的时候能够得心应手，优雅地完成各种原本非常复杂的操作，让 JavaScript 新手也能写出出色的程序。

（4）可靠的事件处理机制。jQuery 的事件处理机制吸取了 JavaScript 专家 Dean Edwards 编写的事件处理函数的精华，使得 jQuery 处理事件绑定的时候相当可靠。在预留退路方面，

jQuery 也做得非常不错。

（5）完善的 Ajax。jQuery 将所有的 Ajax 操作封装到一个 $.ajax 函数中，使得用户处理 Ajax 的时候能够专心处理业务逻辑，而无须关心复杂的浏览器兼容性和 XML Http Request 对象的创建和使用的问题。

（6）出色的浏览器兼容性。作为一个流行的 JavaScript 库，浏览器的兼容性自然是必须具备的条件之一，jQuery 能够在 IE 6.0+、FF 2+、Safari 2.0+ 和 Opera 9.0+ 下正常运行。同时修复了一些浏览器之间的差异，使用户不用在开展项目前因为忙于建立一个浏览器兼容库而焦头烂额。

（7）丰富的插件支持。任何事物的壮大，如果没有很多人的支持，是永远发展不起来的。jQuery 的易扩展性，吸引了来自全球的开发者来共同编写 jQuery 的扩展插件。目前已经有超过几百种的官方插件支持。

（8）开源特点。jQuery 是一个开源的产品，任何人都可以自由地使用。

14.2　下载并安装 jQuery

要想在开发网站的过程中应用 jQuery 库，需要下载并安装它，本节将介绍如何下载与安装 jQuery。

1. 下载 jQuery

jQuery 是一个开源的脚本库，可以从其官方网站 (http://jquery.com) 下载，下载 jQuery 库的操作步骤如下。

01 在浏览器的地址栏中输入 "http://jquery.com"，按下 Enter 键，即可进入 jQuery 官方网站的首页，如图 14-3 所示。

02 在 jQuery 官方网站的首页中，可以下载最新版本的 jQuery 库，在其中单击 jQuery 的库下载链接，即可下载 jQuery 库，如图 14-4 所示。

图 14-3　jQuery 官方网站的首页

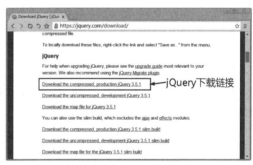

图 14-4　下载 jQuery 库

> **提示**：如果选择 "Download the compressed, production jQuery 3.5.1" 链接，将会下载代码压缩版本，下载的文件为 jquery-3.5.1.min.js。如果选择 "Download the uncompressed, development jQuery 3.5.1" 链接，则下载包含注释的未被压缩的版本，下载的文件为 jquery-3.5.1.js。

2. 安装 jQuery

将 jQuery 库文件 jquery-3.5.1.min.js 下载到本地计算机后，将其名称修改为 jquery.min.js 后，然后将 jquery.min.js 文件放置到项目文件夹中，根据需要应用到 jQuery 的页面中即可。

使用下面的语句，将其引用到文件中：

```
<script src="jquery.min.js" type="text/javascript"></script>
<!--或者-->
<script Language="javascript" src="jquery.min.js"></script>
```

> **注意**：引用 jQuery 的 `<script>` 标签必须放在所有的自定义脚本的 `<script>` 之前，否则在自定义的脚本代码中应用不到 jQuery 脚本库。

14.3 jQuery 的选择器

在 JavaScript 中，要想获取网页的 DOM 元素，必须使用该元素的 ID 和 TagName，但是在 jQuery 中，遍历 DOM、事件处理、CSS 控制、动画设计和 Ajax 操作都要依赖于选择器。熟练使用选择器，不仅可以简化代码，还可以提升开发效率。

14.3.1 基本选择器

jQuery 的基本选择器是应用最广泛的选择器，它是其他类型选择器的基础，是 jQuery 选择器中最为重要的部分，这里建议读者重点掌握。

1. 通配符选择器 (*)

* 选择器选取文档中每个单独的元素，包括 html、head 和 body。如果与其他元素 (如嵌套选择器) 一起使用，该选择器选取指定元素中的所有子元素。

* 选择器的语法格式如下：

```
$(*)
```

例如，选择 `<body>` 内的所有元素，代码如下：

```
$("body *")
```

2. ID 选择器 (#id)

ID 选择器是利用 DOM 元素的 ID 属性值来筛选匹配的元素，并以 jQuery 包装集的形式返回给对象，ID 选择器的语法格式如下：

```
$("#id")
```

例如，选择 `<body>` 中 id 为 "choose" 的所有元素，代码如下：

```
$("#choose")
```

不过，需要注意的是，不要使用数字开头的 ID 名称，因为在某些浏览器中可能出问题。

3. 类名选择器 (.class)

类名选择器是通过元素拥有的 CSS 类的名称查找匹配的 DOM 元素，与 ID 选择器不同，类名选择器常用于多个元素，这样就可以为带有相同 class 的任何 HTML 元素设置特定的样式了。

类名选择器的语法格式如下：

```
$(".class")
```

例如，选择 \<body\> 中拥有指定 CSS 类名称为 "intro" 的所有元素：

```
$(".intro")
```

4. 元素选择器 (element)

元素选择器是根据元素名称匹配相应的元素。通俗地讲，元素选择器是根据选择的标记名来选择的，其中，标签名引用 HTML 标签的 \< 与 \> 之间的文本，多数情况下，元素选择器匹配的是一组元素。

元素选择器的语法格式如下：

```
$("element")
```

例如，选择 \<body\> 中标记名为 \<h1\> 的元素，代码如下：

```
$("h1")
```

5. 复合选择器

复合选择器是将多个选择器组合在一起，可以是 ID 选择器、类名选择器或元素选择器，它们之间用逗号分开，只要符合其中的任何一个筛选条件，就会匹配，并以集合的形式返回 jQuery 包装集。

元素选择器的语法格式如下：

```
$("selector1,selector2,selectorN")
```

参数的含义如下。

（1）selector1：一个有效的选择器，可以是 ID 选择器、元素选择器或者类名选择器等。

（2）selector2：另一个有效的选择器，可以是 ID 选择器、元素选择器或者类名选择器等。

（3）selectorN：任意多个选择器，可以是 ID 选择器、元素选择器或者类名选择器等。

实例 1：获取 id 为 choose 和 CSS 类为 intro 的所有元素。

代码如下：

```
<!DOCTYPE html>
<html>
<head>
    <meta charset="UTF-8">
    <title>获取id为"choose"和CSS类为
"intro"的所有元素</title>
    <script language="javascript"
src="jquery.min.js"></script>
    <script language="javascript">
        $(document).ready (function(){
            $("#choose,.intro").css
("background-color","#B2E0FF");
        });
    </script>
```

```
</head>
<body>
<h1 class="intro">老码识途课堂</h1>
<p>公众号介绍</p>
<p>名称：老码识途课堂</p>
<p>发表文章的范围：网站开发、人工智能和网络安
全</p>
<div id="choose">
    课程分类：
    <ul>
        <li>网站开发训练营</li>
        <li>网络安全训练营</li>
        <li>人工智能训练营</li>
    </ul>
</div>
</body>
</html>
```

运行结果如图 14-5 所示，可以看到网页中突出显示 id 为 choose 和 CSS 类为 intro 的

元素内容。

14.3.2 层级选择器

层级选择器是根据 DOM 元素之间的层次关系来获取特定的元素，例如后代元素、子元素、相邻元素和兄弟元素等。

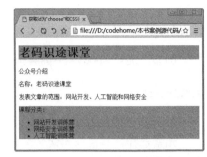

图 14-5 使用复合选择器

1. 祖先后代选择器 (ancestor descendant)

ancestor descendant 为祖先后代选择器，其中 ancestor 为祖先元素，descendant 为后代元素，用于选取给定祖先元素下的所有匹配的后代元素。

ancestor descendant 的语法格式如下：

```
$("ancestor descendant")
```

参数的含义如下。

（1）ancestor：为任何有效的选择器。

（2）descendant：为用以匹配元素的选择器，并且是 ancestor 指定的元素的后代元素。

例如，想要获取 ul 元素下的全部 li 元素，就可以使用如下 jQuery 代码：

```
$("ul li")
```

2. 父子选择器 (parent>child)

父子选择器中的 parent 代表父元素，child 代表子元素，该选择器用于选择 parent 的直接子节点 child，而且 child 必须包含在 parent 中，并且父类是 parent 元素。

parent>child 的语法格式如下：

```
$("Parent>child")
```

参数的含义如下。

（1）parent：指任何有效的选择器。

（2）child：用以匹配元素的选择器，是 parent 元素的子元素。

例如，想要获取表单中的所有元素的子元素 input，就可以使用如下 jQuery 代码：

```
$("form>input")
```

3. 相邻元素选择器 (prev+next)

相邻元素选择器用于获取所有紧跟在 prev 元素后的 next 元素，其中 prev 和 next 是两个同级别的元素。

prev+next 的语法格式如下：

```
$("prev+next")
```

参数的含义如下。

（1）prev：是指任何有效的选择器。

（2）next：是一个有效选择器并紧接着 prev 的选择器。

例如，想要获取 div 标记后的 \<p\> 标记，就可以使用如下 jQuery 代码：

```
$("div+p")
```

4. 兄弟选择器 (prev~siblings)

兄弟选择器用于获取 prev 元素之后的所有 siblings，prev 和 siblings 是两个同辈的元素。prev~siblings 的语法格式如下：

```
$("prev~siblings");
```

参数的含义如下。

（1）prev：是指任何有效的选择器。

（2）siblings：是有效选择器且并列跟随 prev 的选择器。

例如，想要获取与 div 标记同辈的 ul 元素，就可以使用如下 jQuery 代码：

```
$("div~ul")
```

实例 2：使用 jQuery 筛选所需的商品快报列表。

代码如下：

```
<!DOCTYPE html>
<html>
<head>
    <meta charset="UTF-8">
    <title>兄弟元素选择器</title>
    <style type="text/css">
        .background{background:#cef}
        body{font-size: 20px;}
    </style>
    <script type="text/javascript"
src="jquery.min.js"></script>
    <script type="text/javascript">
        $(document).ready (function() {
            $("div~p").addClass
("background");
        });
    </script>
</head>
<body>
<h1 align="center">商品快报</h1>
<div>
    <p>品质厨房如何打造？高颜值厨电"三件套"
暖心支招</p>
```

```
    <p>冲奶粉不做这个动作，奶粉最贵都放浪费
</p>
    <p>秋季养生正当时，顺季食补滋阴养肺</p>
</div>
<p>撼动无线耳机市场，三动铁耳机亮丽呈现</p>
<p>侧着也能投，不受环境束缚的投影设备</p>
<p>各家大牌秋冬新鞋款，简直好看到爆炸！</p>
</body>
</html>
```

运行结果如图 14-6 所示，可以看到页面中与 div 同级别的 \<p\> 元素被筛选出来。

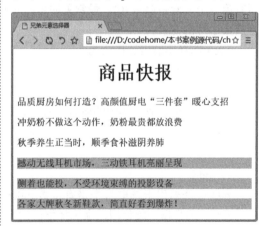

图 14-6　使用兄弟选择器

14.3.3　过滤选择器

jQuery 过滤选择器主要包括简单过滤器、内容过滤器、可见性过滤器、表单对象的属性选择器和子元素选择器等。

1. 简单过滤选择器

简单过滤选择器通常是以冒号开头，用于实现简单过滤效果的过滤器，常用的简单过滤选择器包括 :first、:last、:even、:odd 等。

1）:first 选择器

:first 选择器用于选取第一个元素，最常见的用法就是与其他元素一起使用，选取指定组合中的第一个元素。

:first 选择器的语法格式为：

```
$(":first")
```

例如，想要选取 body 中的第一个 <p> 元素，就可以使用如下 jQuery 代码：

```
$("p:first")
```

2）:last 选择器

:last 选择器用于选取最后一个元素，最常见的用法就是与其他元素一起使用，选取指定组合中的最后一个元素。

:last 选择器的语法格式为：

```
$(":last")
```

例如，想要选取 body 中的最后一个 <p> 元素，就可以使用如下 jQuery 代码：

```
$("p:last")
```

3）:even

:even 选择器用于选取每个带有偶数 index 值的元素 (比如 2、4、6)。index 值从 0 开始，所有第一个元素是偶数 (0)。最常见的用法是与其他元素 / 选择器一起使用，来选择指定的组中偶数序号的元素。

:even 选择器的语法格式为：

```
$(":even")
```

例如，想要选取表格中的所有偶数元素，就可以使用如下 jQuery 代码：

```
$("tr:even")
```

4）:odd

:odd 选择器用于选取每个带有奇数 index 值的元素 (比如 1、3、5)。最常见的用法是与其他元素 / 选择器一起使用，来选择指定的组中奇数序号的元素。

:odd 选择器的语法格式为：

```
$(":odd")
```

例如，想要选取表格中的所有奇数元素，就可以使用如下 jQuery 代码：

```
$("tr:odd")
```

实例 3：使用 jQuery 制作隔行（奇数行）变色的表格。

代码如下：

```html
<!DOCTYPE html>
<html>
<head>
    <meta charset="UTF-8">
    <title>制作奇数行变色的销售表
</title>
    <script language="javascript"
src="jquery.min.js"></script>
    <script type="text/javascript">
        $(document).ready (function(){
            $("tr:odd").css
("background-color","#B2E0FF");
        });
    </script>
    <style>
        *{
            padding: 0px;
            margin: 0px;
        }
        body{
            font-family: "黑体";
            font-size: 20px;
        }
        table{
            text-align: center;
            width: 500px;
            border: 1px solid green;
        }
        td{
            border: 1px solid green;
            height: 30px;
        }
        h2{
            text-align: center;
        }
    </style>
</head>
<body>
<h2>商品销售表</h2>
<table>
    <tr>
        <th>编号</th>
        <th>名称</th>
        <th>价格</th>
        <th>产地</th>
        <th>销量</th>
    </tr>
    <tr>
        <td>10001</td>
        <td>洗衣机</td>
        <td>5900元</td>
        <td>北京</td>
        <td>1600台</td>
    </tr>
    <tr>
        <td>10002</td>
        <td>冰箱</td>
        <td>6800元</td>
        <td>上海</td>
        <td>1900台</td>
    </tr>
    <tr>
        <td>10003</td>
        <td>空调</td>
        <td>8900元</td>
        <td>北京</td>
        <td>3600台</td>
    </tr>
    <tr>
        <td>10004</td>
        <td>电视机</td>
        <td>2900元</td>
        <td>北京</td>
        <td>8800台</td>
    </tr>
</table>
</body>
</html>
```

运行结果如图 14-7 所示，可以看到表格中的奇数行被选取出来。

图 14-7 使用 :odd 选择器

2. 内容过滤选择器

内容过滤选择器是通过 DOM 元素包含的文本内容以及是否含有匹配的元素来获取内容的，常见的内容过滤器有 :contains(text)、:empty、:parent、:has(selector) 等。

1）:contains(text)

:contains 选择器选取包含指定字符串的元素，该字符串可以是直接包含在元素中的文本，或者被包含于子元素中，该选择器经常与其他元素或选择器一起使用，来选择指定的组中包含指定文本的元素。

:contains(text) 选择器的语法格式为：

```
$(":contains(text)")
```

例如，想要选取所有包含"is"的 <p> 元素，就可以使用如下 jQuery 代码：

```
$("p:contains(is)")
```

2）:empty

:empty 选择器用于选取所有不包含子元素或者文本的空元素。:empty 选择器的语法格式如下：

```
$(":empty")
```

例如，想要选取表格中的所有空元素，就可以使用如下 jQuery 代码：

```
$("td:empty")
```

3）:parent

:parent 用于选取包含子元素或文本的元素，:parent 选择器的语法格式为：

```
$(":parent")
```

例如，想要选取表格中的所有包含内容的子元素，就可以使用如下 jQuery 代码：

```
$("td:parent")
```

▎实例 4：选择表格中包含内容的单元格。

代码如下：

```html
<!DOCTYPE html>
<html>
<head>
    <meta charset="UTF-8">
    <title>选择表格中包含内容的单元格
</title>
    <script language="javascript"
src="jquery.min.js"></script>
    <script type="text/javascript">
        $(document).ready (function(){
            $("td:parent").css
("background-color","#B2E0FF");
        });
    </script>
    <style>
        *{
            padding: 0px;
            margin: 0px;
        }
        body{
            font-family: "黑体";
            font-size: 20px;
        }
        table{
            text-align: center;
            width: 500px;
            border: 1px solid green;
        }
        td{
            border: 1px solid green;
            height: 30px;
        }
        h2{
            text-align: center;
        }
    </style>
</head>
<body>
<h2>商品销售表</h2>
<table>
    <tr>
        <th>编号</th>
        <th>名称</th>
        <th>价格</th>
        <th>产地</th>
        <th>销量</th>
```

```
        </tr>
        <tr>
            <td>10001</td>
            <td>洗衣机</td>
            <td></td>
            <td>北京</td>
            <td></td>
        </tr>
        <tr>
            <td>10002</td>
            <td>冰箱</td>
            <td>6800元</td>
            <td>上海</td>
            <td></td>
        </tr>
        <tr>
            <td>10003</td>
            <td>空调</td>
            <td></td>
            <td>北京</td>
            <td></td>
        </tr>
        <tr>
            <td>10004</td>
            <td>电视机</td>
```

```
            <td></td>
            <td></td>
            <td>8800台</td>
        </tr>
</table>
</body>
</html>
```

运行结果如图 14-8 所示，可以看到表格中包含内容的单元格被选取出来。

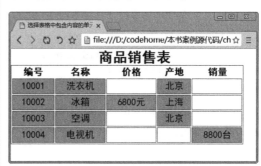

图 14-8　使用 :parent 选择器

3. 可见性过滤器

元素的可见状态有隐藏和显示两种。可见性过滤器是利用元素的可见状态匹配元素的，因此，可见性过滤器也有两种，分别是用于隐藏元素的 :hidden 选择器和用于显示元素的 :visible 选择器。

:hidden 选择器的语法格式如下：

```
$(":hidden")
```

例如，想要获取页面中所有隐藏的 <p> 元素，就可以使用如下 jQuery 代码：

```
$("p:hidden")
```

:visible 选择器的语法格式如下：

```
$(":visible")
```

例如，想要获取页面中所有可见表格元素，就可以使用如下 jQuery 代码：

```
$("table:visible")
```

实例 5：获取页面中所有隐藏的元素和显示表格元素。

代码如下：

```
<!DOCTYPE html>
<html>
<head>
```

```
    <meta charset="UTF-8">
    <title>显示和隐藏元素</title>
    <script language="javascript"
src="jquery.min.js"></script>
    <script type="text/javascript">
        $(document).ready (function(){
            $("table:visible").css
("background-color","#B2E0FF");
        });
    </script>
    <style>
```

```
        *{
            padding: 0px;
            margin: 0px;
        }
        body{
            font-family: "黑体";
            font-size: 20px;
        }
        table{
            text-align: center;
            width: 500px;
            border: 1px solid green;
        }
        td{
            border: 1px solid green;
            height: 30px;
        }
        h2{
            text-align: center;
        }
        div {
            width: 70px;
            height: 40px;
            background: #e7f;
            margin: 5px;
            float: left;
        }
        span {
            display: block;
            clear: left;
            color: black;
        }
        .starthidden {
            display: none;
        }
    </style>
</head>
<body>
<span></span>
<div></div>
<div style="display:none;">Hider!</div>
<div></div>
<div class="starthidden">Hider!</div>
<div></div>
<form>
    <input type="hidden">
    <input type="hidden">
    <input type="hidden">
</form>
<span></span>
<script>
    var hiddenElements = $("body").
find(":hidden").not("script");
    $("span:first").text("发现" +
hiddenElements.length + "个隐藏元素");
    $("div:hidden").show(3000);
    $("span:last").text("发现" +
$("input:hidden").length + "个隐藏input
元素");
```

```
</script>
<h2>商品销售表</h2>
<table>
    <tr>
        <th>编号</th>
        <th>名称</th>
        <th>价格</th>
        <th>产地</th>
        <th>销量</th>
    </tr>
    <tr>
        <td>10001</td>
        <td>洗衣机</td>
        <td>5900元</td>
        <td>北京</td>
        <td>1600台</td>
    </tr>
    <tr>
        <td>10002</td>
        <td>冰箱</td>
        <td>6800元</td>
        <td>上海</td>
        <td>1900台</td>
    </tr>
    <tr>
        <td>10003</td>
        <td>空调</td>
        <td>8900元</td>
        <td>北京</td>
        <td>3600台</td>
    </tr>
    <tr>
        <td>10004</td>
        <td>电视机</td>
        <td>2900元</td>
        <td>北京</td>
        <td>8800台</td>
    </tr>
</table>
</body>
</html>
```

运行结果如图 14-9 所示，可以看到网页中所有隐藏的元素都被显示出来，而且表格中所有元素都被选取出来。

图 14-9　使用 :hidden 选择器和 :visible 选择器

214

4. 表单选择器

表单选择器用于选取经常在表单内出现的元素，但是选取的元素并不一定在表单之中，jQuery 提供的表单选择器主要有以下几种。

1）:input

:input 选择器用于选取表单元素，该选择器的语法格式为：

```
(":input")
```

例如，为页面中所有的表单元素添加背景色，代码如下：

```
<script language="javascript" src="jquery.min.js"></script>
<script type="text/javascript">
    $(document).ready(function(){
        $(":input").css("background-color","#B2E0FF");
    });
</script>
```

2）:text

:text 选择器选取类型为 text 的所有 <input> 元素。该选择器的语法格式为：

```
$(":text")
```

例如，为页面中类型为 text 的 <input> 元素添加背景色，代码如下：

```
<script type="text/javascript">
    $(document).ready(function(){
        $(":text").css("background-color","#B2E0FF");
    });
</script>
```

3）:password

:password 选择器选取类型为 password 的所有 <input> 元素。该选择器的语法格式为：

```
$(":password")
```

例如，为页面中类型为 password 的元素添加背景色，代码如下：

```
<script type="text/javascript">
    $(document).ready(function(){
        $(":password").css("background-color","#B2E0FF");
    });
</script>
```

4）:radio

:radio 选择器选取类型为 radio 的 <input> 元素。该选择器的语法格式为：

```
$(":radio")
```

例如，隐藏页面中的单选按钮，代码如下：

```
<script type="text/javascript">
    $(document).ready(function(){
```

```
        $(".btn1").click(function(){
            $(":radio").hide();
        });
    });
</script>
```

　　5）:checkbox

　　:checkbox 选择器选取类型为 checkbox 的 <input> 元素。该选择器的语法格式为：

```
$(":checkbox")
```

　　例如，隐藏页面中的复选框，代码如下：

```
<script type="text/javascript">
    $(document).ready(function(){
        $(".btn1").click(function(){
            $(":checkbox").hide();
        });
    });
</script>
```

　　6）:submit

　　:submit 选择器选取类型为 submit 的 <button> 和 <input> 元素。如果 <button> 元素没有定义类型，大多数浏览器会把该元素当作类型为 submit 的按钮。该选择器的语法格式为：

```
$(":submit")
```

　　例如，为类型为 submit 的 <input> 和 <button> 元素添加背景色，代码如下：

```
<script type="text/javascript">
    $(document).ready(function(){
        $(":submit").css("background-color","#B2E0FF");
});
</script>
```

　　7）:reset

　　:reset 选择器选取类型为 reset 的 <button> 和 <input> 元素。该选择器的语法格式为：

```
$(":reset")
```

　　例如，为类型为 reset 的所有 <input> 和 <button> 元素添加背景色，代码如下：

```
<script type="text/javascript">
    $(document).ready(function(){
        $(":reset").css("background-color","#B2E0FF");
    });
</script>
```

　　8）:button

　　:button 选择器用于选取类型为 button 的 <button> 元素和 <input> 元素。该选择器的语法格式如下：

```
$(":button")
```

例如，为类型为 button 的 <input> 和 <button> 元素添加背景色，代码如下：

```
<script type="text/javascript">
    $(document).ready(function(){
        $(":button").css("background-color","#B2E0FF");
    });
</script>
```

9）:image

:image 选择器选取类型为 image 的 <input> 元素。该选择器的语法格式为：

```
$(":image")
```

例如，使用 jQuery 为图像域添加图片，代码如下：

```
<script type="text/javascript">
    $(document).ready(function(){
        $(":image").attr("src","1.jpg");
    });
</script>
```

10）:file

:file 选择器选取类型为 file 的 <input> 元素。该选择器的语法格式为：

```
$(":file")
```

▌实例 6：为类型为 file 的所有 <input> 元素添加背景色。

代码如下：

```
<!DOCTYPE html>
<html>
<head>
    <meta charset="UTF-8">
    <title>为类型为file的元素添加背景色</title>
    <script language="javascript" src="jquery.min.js"></script>
    <script type="text/javascript">
        $(document).ready(function(){
            $(":file").css("background-color","#B2E0FF");
        });
    </script>
</head>
<body>
<form action="">
    姓名: <input type="text" name="姓名" />
    <br />
    密码: <input type="password" name="密码" />
    <br />
    <button type="button">按钮1</button>
    <input type="button" value="按钮2" />
    <br />
    <input type="reset" value="重置" />
    <input type="submit" value="提交" />
    <br />
    文件域: <input type="file">
```

```
</form>
</body>
</html>
```

图 14-10　使用 :file 选择器

运行结果如图 14-10 所示，可以看到网页中表单类型为 file 的元素被添加上背景色。

14.3.4　属性选择器

属性选择器是通过元素的属性作为过滤条件来进行筛选对象的选择器，常见的属性选择器主要有以下几种。

1）[attribute]

[attribute] 用于选择每个带有指定属性的元素，可以选取带有任何属性的元素，而且对于指定的属性没有限制。[attribute] 选择器的语法格式如下：

```
$("[attribute]")
```

例如，想要选择页面中带有 id 属性的所有元素，就可以使用如下 jQuery 代码：

```
$("[id]")
```

例如，为有 id 属性的元素添加背景色，代码如下：

```
<script type="text/javascript">
    $(document).ready(function(){
        $("[id]").css("background-color","#B2E0FF");
    });
</script>
```

2）[attribute=value]

[attribute=value] 选择器选取每个带有指定属性和值的元素。[attribute=value] 选择器的语法格式如下：

```
$("[attribute=value]")
```

参数含义说明如下。

（1）attribute：必需，规定要查找的属性。

（2）value：必需，规定要查找的值。

例如，想要选择页面中每个 id="choose" 的元素，就可以使用如下 jQuery 代码：

```
$("[id=choose]")
```

例如，为 id="choose" 属性的元素添加背景色，代码如下：

```
<script type="text/javascript">
    $(document).ready(function(){
        $("[id=choose]").css("background-color","#B2E0FF");
    });
</script>
```

3）[attribute!=value]

[attribute!=value] 选择器选取每个不带有指定属性及值的元素。不过，带有指定的属性，但不带有指定的值的元素，也会被选择。

[attribute!=value] 选择器的语法格式如下：

```
$("[attribute!=value]")
```

参数含义说明如下。

（1）attribute：必需，规定要查找的属性。

（2）value：必需，规定要查找的值。

例如，想要选择 body 标签中不包含 id="names" 的元素，就可以使用如下 jQuery 代码：

```
$("body[id!=names]")
```

例如，为不包含 id="names" 属性的元素添加背景色，代码如下：

```
<script type="text/javascript">
    $(document).ready(function(){
        $("body [id!=names]").css("background-color","#B2E0FF");
    });
</script>
```

4）[attribute$=value]

[attribute$=value] 选择器选取每个带有指定属性且以指定字符串结尾的元素。

[attribute$=value] 选择器的语法格式如下：

```
$("[attribute$=value]")
```

参数含义说明如下。

（1）attribute：必需，规定要查找的属性。

（2）value：必需，规定要查找的值。

例如，选择所有带 id 属性且属性值以"name"结尾的元素，可使用如下 jQuery 代码：

```
$("[id$=name]")
```

实例 7： 为带有 id 属性且属性值以"name"结尾的元素添加背景色。

代码如下：

```
<!DOCTYPE html>
<html>
<head>
    <meta charset="UTF-8">
    <title>为带有id属性且属性值以"name"结
尾的元素添加背景色</title>
    <script language="javascript"
src="jquery.min.js"></script>
    <script type="text/javascript">
        $(document).ready(function(){
            $("[id$=name]").css
("background-color","#B2E0FF");
            });
        </script>
</head>
<body>
<h1 id="name">老码识途课堂</h1>
<p id="sname">公众号介绍</p>
<p id="qname">名称：老码识途课堂</p>
<p>发表文章的范围：网站开发、人工智能和网络安
全</p>
<div id="choose">
    课程分类：
    <ul>
        <li>网站开发训练营</li>
        <li>网络安全训练营</li>
        <li>人工智能训练营</li>
    </ul>
```

```
</div>
<div id="books">
    教程分类：
    <ul>
        <li>网站开发教材</li>
        <li>网络安全教材</li>
        <li>人工智能教材</li>
    </ul>
</div>
</body>
</html>
```

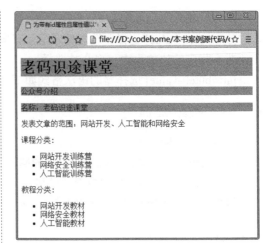

运行结果如图 14-11 所示，所有带有 id 属性且属性值以 "name" 结尾的元素被添加上了颜色。

图 14-11　使用 [attribute$=value] 选择器

14.4　新手常见疑难问题

▌疑问 1：jQuery 变量与普通 JavaScript 变量是否容易混淆？

jQuery 作为一个跨多个浏览器的 JavaScript 库，可有助于写出高度兼容的代码，但其中有一点需要强调的是，jQuery 的函数调用返回的变量，与浏览器原生的 JavaScript 变量是有区别的，不可混用。例如，以下代码是有问题的：

```
var a = $('#abtn');                    a.click(function(){...});
```

可以这样理解，$('') 选择器返回的变量属于 "jQuery 变量"，通过复制给原生 var a，将其转换为普通变量了，因而无法支持常见的 jQuery 操作。一个解决方法是将变量名加上 $ 标记，使得其保持为 "jQuery 变量"：

```
var $a = $('#abtn');                   $a.click(function(){...});
```

除了上述例子，实际 jQuery 编程中也会有很多不经意间的转换，从而导致错误，也需要读者根据这个原理仔细调试和修改。

▌疑问 2：使用选择器时应该注意什么问题？

使用 jQuery 选择器时，应该注意以下几个问题。

（1）多使用 ID 选择器。如果不存在 ID 选择器，也可以从父级元素中添加一个 ID 选择器，从而大大缩短节点的访问路径。

（2）尽量少使用 Class 选择器。

（3）通过缓存 jQuery 对象，可以提高系统性能。当选出结果不发生变化的情况下，不妨缓存 jQuery 对象。

14.5 实战训练营

▌实战 1：制作一个简单的引用 jQuery 框架的程序。

制作一个简单的引用 jQuery 框架的程序，运行程序，将弹出如图 14-12 所示的对话框。

▌实战 2：自动匹配表单中的元素并实现不同的操作。

本实例主要是通过匹配表单中的不同元素，从而实现不同的操作。其中自动选择复选框和单选按钮，设置图片的路径，隐藏文件域，并自动设置密码域的值为 123，自动设置文本框的值，设置普通按钮为不可用，最后显示隐藏域的值。运行结果如图 14-13 所示。

图 14-12　引用 jQuery 框架的程序

图 14-13　表单选择器的综合应用

第15章 使用jQuery控制页面

本章导读

在网页制作的过程中，jQuery 具有强大的功能。从本章开始，将陆续讲解 jQuery 的实用功能。本章主要介绍 jQuery 如何控制页面，对标记的属性进行操作、对表单元素进行操作、对元素的 CSS 样式进行操作和获取与编辑 DOM 节点等。

知识导图

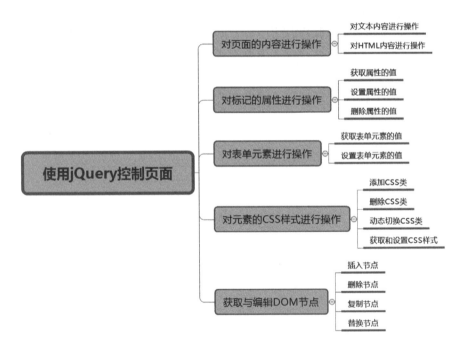

15.1 对页面的内容进行操作

jQuery 提供了对元素内容进行操作的方法，元素的内容是指定义元素的起始标记和结束标记中间的内容，又可以分为文本内容和 HTML 内容。

15.1.1 对文本内容进行操作

jQuery 提供了 text() 和 text(val) 两种方法，用于对文本内容进行操作，主要作用是设置或返回所选元素的文本内容。其中 text() 用来获取全部匹配元素的文本内容，text(val) 方法用来设置全部匹配元素的文本内容。

1. 获取文本内容

通过下面的例子来理解如何获取文本内容。

▌实例 1：获取文本内容并显示出来。

代码如下：

```html
<!DOCTYPE html>
<html>
<head>
    <meta charset="UTF-8">
    <title>获取文本内容</title>
    <script language="javascript" src="jquery.min.js"></script>
    <script language="javascript">
        $(document).ready(function(){
            $("#btn1").click(function(){
                alert("文本内容为: " + $("#test").text());
            });
        });
    </script>
</head>
<body>
<p id="test">鸣筝金粟柱，素手玉房前。欲得周郎顾，时时
误拂弦。</p>
<button id="btn1">获取文本内容</button>
</body>
</html>
```

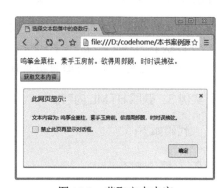

运行程序，单击"获取文本内容"按钮，效果如图 15-1 所示。

图 15-1　获取文本内容

2. 修改文本内容

下面通过例子来理解如何修改文本的内容。

▌实例 2：修改文本内容。

代码如下：

```
<!DOCTYPE html>
<html>
<head>
    <meta charset="UTF-8">
    <title>修改文本内容</title>
    <script language="javascript" src="jquery.min.js"></script>
    <script language="javascript">
        $(document).ready(function(){
            $("#btn1").click(function(){
                $("#test1").text("商品当前的价格是2999元");
            });
        });
    </script>

</head>
<body>
<p id="test1">商品原来的价格是3999元</p>
<button id="btn1">修改文本内容</button>
</body>
</html>
```

运行程序，效果如图 15-2 所示。单击"修改文本内容"按钮，最终效果如图 15-3 所示。

图 15-2　程序初始结果　　　　　图 15-3　修改文本内容

15.1.2　对 HTML 内容进行操作

jQuery 提供的 html() 方法用于设置或返回所选元素的内容，这里包括 HTML 标记。

1. 获取 HTML 内容

下面通过例子来理解如何获取 HTML 的内容。

▌实例 3：获取 HTML 内容。

代码如下：

```
<!DOCTYPE html>
<html>
<head>
    <meta charset="UTF-8">
    <title>获取HTML内容</title>
    <script language="javascript" src="jquery.min.js"></script>
    <script language="javascript">
        $(document).ready(function(){
            $("#btn1").click(function(){
                alert("HTML内容为: " + $("#test").html());
            });
        });
```

```
    </script>
</head>
<body>
<p id="test">今日商品秒杀价格是: <b>12.88元
</b> </p>
<button id="btn1">获取HTML内容</button>
</body>
</html>
```

运行程序，单击"获取 HTML 内容"按钮，效果如图 15-4 所示。

2. 修改 HTML 内容

下面通过例子来理解如何修改 HTML 的内容。

实例 4：修改 HTML 内容。

代码如下：

```
<!DOCTYPE html>
<html>
<head>
    <meta charset="UTF-8">
    <title>修改HTML内容</title>
    <script language="javascript"
src="jquery.min.js"></script>
    <script language="javascript">
        $(document).ready (function(){
            $("#btn1").click
(function(){
                $("#test1").html ("<b>
莫学武陵人，暂游桃源里。</b> ");
            });
        });
    </script>
</head>
<body>
<p id="test1">归山深浅去，须尽丘壑美。</p>
<button id="btn1">修改HTML内容</button>
</body>
</html>
```

运行程序，效果如图 15-5 所示。单击"修改 HTML 内容"按钮，效果如图 15-6 所示，

图 15-4　获取 HTML 内容

可见不仅内容发生了变化，而且字体也修改为粗体了。

图 15-5　程序初始结果

图 15-6　修改 HTML 内容

15.2　对标记的属性进行操作

jQuery 提供了对标记的属性进行操作的方法。

1. 获取属性的值

jQuery 提供的 prop() 方法主要用于设置或返回被选元素的属性值。

225

▌实例 5：获取图片的属性值。

代码如下：

```
<!DOCTYPE html>
<html>
<head>
    <meta charset="UTF-8">
    <title>获取图片的属性值</title>
    <script language="javascript" src="jquery.min.js"></script>
    <script language="javascript">
        $(document).ready(function(){
            $("button").click(function(){
                alert("图像宽度为： " + $("img").prop("width")+", 高度为： " + $("img").
prop("height"));
            });
        });
    </script>
</head>
<body>
<img src="1.jpg" />
<br />
<button>查看图像的属性</button>
</body>
</html>
```

运行程序，单击"查看图像的属性"按钮，效果如图 15-7 所示。

2. 设置属性的值

prop() 方法除了可以获取元素属性的值之外，还可以通过它设置属性的值。具体的语法格式如下：

```
prop(name,value);
```

该方法将元素的 name 属性的值设置为 value。

图 15-7　获取属性的值

> **提示**：attr(name,value) 方法也可以设置元素的属性值。读者可以自行测试效果。

▌实例 6：改变图像的宽度。

代码如下：

```
<!DOCTYPE html>
<html>
<head>
    <meta charset="UTF-8">
    <title>改变图像的宽度</title>
    <script language="javascript"
src="jquery.min.js"></script>
    <script language="javascript">
        $(document).ready(function(){
            $("button").click
(function(){
                $("img").prop
("width","300");
            });
        });
    </script>
</head>
<body>
<img src="2.jpg" />
<br />
<button>修改图像的宽度</button>
</body>
</html>
```

运行程序，效果如图 15-8 所示。单击"修改图像的宽度"按钮，最终结果如图 15-9 所示。

图 15-8 程序初始结果

图 15-9 修改图像的宽度

3. 删除属性的值

jQuery 提供的 removeAttr(name) 方法用来删除属性的值。

▌实例 7：删除所有 p 元素的 style 属性。

代码如下：

```html
<!DOCTYPE html>
<html>
<head>
    <meta charset="UTF-8">
    <title>删除所有p元素的style属性</title>
    <script language="javascript" src="jquery.min.js"></script>
    <script language="javascript">
        $(document).ready(function(){
            $("button").click(function(){
                $("p").removeAttr("style");
            });
        });
    </script>
</head>
<body>
<h1>听弹琴</h1>
<p style="font-size:26px;color:red;font-weight:bold">泠泠七弦上，静听松风寒。</p>
<p style="font-size:20px;color:blue;font-weight:bold">古调虽自爱，今人多不弹。</p>
<button>删除所有p元素的style属性</button>
</body>
</html>
```

运行程序，效果如图 15-10 所示。单击"删除所有 p 元素的 style 属性"按钮，最终结果如图 15-11 所示。

图 15-10 程序初始结果

图 15-11 删除所有 p 元素的 style 属性

15.3 对表单元素进行操作

jQuery 提供了对表单元素进行操作的方法。

1. 获取表单元素的值

val() 方法返回或设置被选元素的值。元素的值是通过 value 属性设置的。该方法大多用于表单元素。如果该方法未设置参数，则返回被选元素的当前值。

实例 8：获取表单元素的值并显示出来。

代码如下：

```html
<!DOCTYPE html>
<html>
<head>
    <meta charset="UTF-8">
    <title>获取表单元素的值</title>
    <script language="javascript"
src="jquery.min.js"></script>
    <script language="javascript">
        $(document).ready (function(){
            $("button").click
(function(){
                alert($ ("input:text").
val());
            });
        });
    </script>
</head>
<body>
商品名称: <input type="text" name=
"name" value="洗衣机" /><br />
```

商品价格: `<input type="text" name=`
`"price" value="6888元" /><br />`
`<button>获得第一个文本域的值</button>`
`</body>`
`</html>`

运行程序，单击"获得第一个文本域的值"按钮，结果如图 15-12 所示。

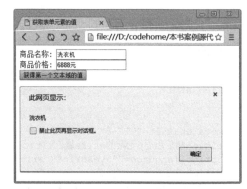

图 15-12　获取表单元素的值

2. 设置表单元素的值

val() 方法也可以设置表单元素的值。具体使用的语法格式如下：

```
$("selector").val(value);
```

实例 9：修改表单元素的值。

代码如下：

```html
<!DOCTYPE html>
<html>
<head>
    <meta charset="UTF-8">
    <title>修改表单元素的值</title>
     <script language="javascript"
src="jquery.min.js"></script>
    <script language="javascript">
        $(document).ready (function(){
            $("button").click
(function(){
                $(":text").val ("4888元");
            });
```

```html
        });
    </script>
</head>
<body>
<p>商品的最新价格为: <input type="text"
name="user" value="5999元" /></p>
<button>更新文本域的值</button>
</body>
</html>
```

运行程序，效果如图 15-13 所示。单击"更新文本域的值"按钮，最终结果如图 15-14 所示。

图 15-13　程序初始结果　　　　图 15-14　改变文本域的值

15.4　对元素的 CSS 样式进行操作

通过 jQuery，用户可以很容易地对 CSS 样式进行操作。

15.4.1　添加 CSS 类

addClass() 方法主要是向被选元素添加一个或多个类。

下面的例子展示如何向不同的元素添加 class 属性。当然，在添加类时，也可以选取多个元素。

实例 10：向不同的元素添加 class 属性。

代码如下：

```html
<!DOCTYPE html>
<html>
<head>
    <meta charset="UTF-8">
    <title>向不同的元素添加class属性</title>
    <script language="javascript"
src="jquery.min.js"></script>
    <script language="javascript">
        $(document).ready(function(){
            $("button").click
(function(){
                $("h1,h2,p").addClass
("blue");
                $("div").addClass
("important");
            });
        });
    </script>
    <style type="text/css">
        .important
        {
            font-weight: bold;
            font-size: xx-large;
        }
        .blue
        {
            color: blue;
        }
    </style>
</head>
```

```html
<body>
<h1>山中雪后</h1>
<h3>清代：郑燮</h3>
<p>晨起开门雪满山，雪晴云淡日光寒。</p>
<p>檐流未滴梅花冻</p>
<div>一种清孤不等闲</div>
<br />
<button>向元素添加CSS类</button>
</body>
</html>
```

运行程序，初始效果如图 15-15 所示。然后单击"向元素添加 CSS 类"按钮，最终结果如图 15-16 所示。

图 15-15　程序初始结果

图 15-16　单击按钮后的结果

addClass() 方法也可以同时添加多个 CSS 类。

实例 11：同时添加多个 CSS 类。

代码如下：

```html
<!DOCTYPE html>
<html>
<head>
    <meta charset="UTF-8">
    <title>同时添加多个CSS类</title>
    <script language="javascript"
src="jquery.min.js"></script>
    <script language="javascript">
        $(document).ready(function(){
            $("button").click
(function(){
                $("#div2").addClass
("important blue");
            });
        });
    </script>
    <style type="text/css">
        .important
        {
            font-weight: bold;
            font-size: xx-large;
        }
        .blue
        {
            color: blue;
        }
    </style>
</head>
<body>
<div id="div1">雨打梨花深闭门，孤负青春，虚
```

负青春。</div>
<div id="div2">赏心乐事共谁论？花下销魂，月下销魂。</div>
<button>向div2元素添加多个CSS类</button>
</body>
</html>

运行程序，结果如图 15-17 所示。单击"向 div2 元素添加多个 CSS 类"按钮，最终结果如图 15-18 所示。

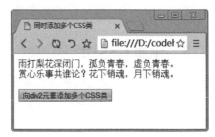

图 15-17　程序初始结果

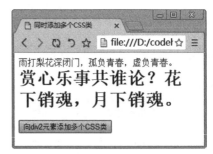

图 15-18　向 div2 元素添加多个 CSS 类

15.4.2　删除 CSS 类

removeClass() 方法主要是从被选元素删除一个或多个类。

实例 12：删除 CSS 类。

代码如下：

```html
<!DOCTYPE html>
<html>
<head>
    <meta charset="UTF-8">
    <title>删除CSS类</title>
    <script language="javascript"
src="jquery.min.js"></script>
    <script language="javascript">
        $(document).ready (function(){
            $("button").click
(function(){
                $("h1,h3,p").
removeClass("important blue");
            });
        });
    </script>
    <style type="text/css">
        .important
        {
            font-weight: bold;
            font-size: xx-large;
        }
        .blue
        {
            color: blue;
        }
    </style>
```

```
</head>
<body>
<h1 class="blue">春江花月夜</h1>
<h3 class="blue">春江潮水连海平</h3>
<p class="blue">海上明月共潮生</p>
<p class="important">滟滟随波千万里</p>
<p class="important">何处春江无月明</p>
<button>从元素上删除CSS类</button>
</body>
</html>
```

图 15-19　程序初始结果

运行程序，初始结果如图 15-19 所示。
然后单击"从元素上删除 CSS 类"按钮，最
终结果如图 15-20 所示。

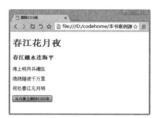

图 15-20　单击按钮后的结果

15.4.3　动态切换 CSS 类

jQuery 提供的 toggleClass() 方法主要作用是对设置或移除被选元素的一个或多个 CSS 类
进行切换。该方法检查每个元素中指定的类。如果不存在则添加类，如果已设置则删除之。
这就是所谓的切换效果。不过，通过使用 switch 参数，我们能够规定只删除或只添加类。使
用的语法格式如下：

```
$(selector).toggleClass(class,switch)
```

其中 class 是必需的。规定添加或移除 class 的指定元素。如需规定多个 class，使用空格
来分隔类名。switch 是可选的布尔值，确定是否添加或移除 class。

实例 13：动态切换 CSS 类。

代码如下：

```
<!DOCTYPE html>
<html>
<head>
    <meta charset="UTF-8">
    <title>动态切换CSS类</title>
    <script language="javascript"
src="jquery.min.js"></script>
    <script language="javascript">
        $(document).ready (function(){
            $("button").click
(function(){
                $("p").toggleClass
("c1");
            });
        });
    </script>
    <style type="text/css">
```

```
        .c1
        {
            font-size: 150%;
            color: blue;
        }
    </style>
</head>
<body>
<h1>春江花月夜</h1>
<p>不知江月待何人，但见长江送流水。</p>
<p>白云一片去悠悠，青枫浦上不胜愁。</p>
<button>切换到"c1" 类样式</button>
</body>
</html>
```

运行程序，初始结果如图 15-21 所示。然
后单击"切换到 c1 类样式"按钮，最终结果
如图 15-22 所示。再次单击上面的按钮，则
会在两个不同的结果之间切换。

图 15-21　程序初始结果

图 15-22　切换到 c1 类样式

15.4.4　获取和设置 CSS 样式

jQuery 提供 css() 方法，用来获取或设置匹配的元素的一个或多个样式属性。

通过 css(name) 来获得某种样式的值。

实例 14：获取 CSS 样式。

代码如下：

```html
<!DOCTYPE html>
<html>
<head>
    <meta charset="UTF-8">
    <title>获取p段落的颜色</title>
    <script language="javascript"
src="jquery.min.js"></script>
    <script language="javascript">
        $(document).ready (function(){
            $("button").click
(function(){
                alert($("p").css
("color"));
            });
        });
    </script>
</head>
<body>
<p style="color:blue">斜月沉沉藏海雾，碣石
```

潇湘无限路。</p>
```html
<button type="button">返回段落的颜色</
button>
</body>
</html>
```

运行程序，单击"返回段落的颜色"按钮，结果如图 15-23 所示。

图 15-23　获取 CSS 样式

通过 css(name,value) 来设置元素的样式。

实例 15：设置 CSS 样式。

代码如下：

```html
<!DOCTYPE html>
<html>
<head>
    <meta charset="UTF-8">
    <title>设置CSS样式</title>
    <script language="javascript"
```

```html
src="jquery.min.js"></script>
    <script language="javascript">
        $(document).ready (function(){
            $("button").click
(function(){
                $("p").css("font-
size","150%");
            });
        });
    </script>
</head>
```

```
<body>
<p>玉户帘中卷不去，捣衣砧上拂还来。</p>
<p>此时相望不相闻，愿逐月华流照君。</p>
<button type="button">改变段落文字的大小</
button>
</body>
</html>
```

运行程序，初始结果如图 15-24 所示。单击"改变段落文字的大小"按钮，最终结果如图 15-25 所示。

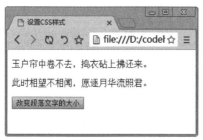

图 15-24　程序初始结果

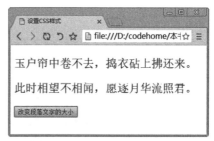

图 15-25　改变段落文字的大小

15.5　获取与编辑 DOM 节点

为简化开发人员的工作，jQuery 为用户提供了对 DOM 节点进行操作的方法，下面进行详细介绍。

15.5.1　插入节点

在 jQuery 中，插入节点可以分为在元素内部插入和在元素外部插入两种，下面分别进行介绍。

1. 在元素内部插入节点

在元素内部插入节点就是向一个元素中添加子元素和内容，如表 15-1 所示为在元素内部插入节点的方法。

表 15-1　在元素内部插入节点的方法

方　　法	功　　能
append()	在被选元素的结尾插入内容
appendTo()	在被选元素的结尾插入 HTML 元素
prepend()	在被选元素的开头插入内容
prependTo()	在被选元素的开头插入 HTML 元素

下面通过使用 appendTo() 方法的例子来理解。

实例 16：使用 appendTo() 方法插入节点。

代码如下：

```
<!DOCTYPE html>
<html>
<head>
    <meta charset="UTF-8">
```

```
    <title>使用appendTo()方法插入节点</
title>
    <script src="jquery.min.js"></
script>
    <script>
        $(document).ready (function(){
            $("button").click
(function(){
                $("<span>(春江花月夜)
```

```
</span>").appendTo("p");
                });
            });
        </script>
</head>
<body>
<p>空里流霜不觉飞</p>
<p>汀上白沙看不见</p>
<p>江天一色无纤尘</p>
<p>皎皎空中孤月轮</p>
<button>插入节点</button>
</body>
</html>
```

图 15-26　程序初始结果

运行程序，结果如图 15-26 所示。单击"插入节点"按钮，即可在每个 p 元素结尾插入 span 元素，即"（春江花月夜）"，结果如图 15-27 所示。

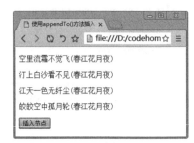

图 15-27　在每个 p 元素结尾插入 span 元素

2. 在元素外部插入节点

在元素外部插入就是将要添加的内容添加到元素之前或之后，如表 15-2 所示为在元素外部插入节点的方法。

表 15-2　在元素外部插入节点的方法

方　　法	功　　能
after()	在被选元素后插入内容
insertAfter()	在被选元素后插入 HTML 元素
before()	在被选元素前插入内容
insertBefore()	在被选元素前插入 HTML 元素

实例 17：使用 after() 方法。

代码如下：

```
<!DOCTYPE html>
<html>
<head>
    <meta charset="UTF-8">
    <title>在被选元素后插入内容</title>
    <script src="jquery.min.js">
    </script>
    <script>
        $(document).ready (function(){
            $("button").click
(function(){
                $("p").after("<p>春江花
月夜</p>");
            });
```

```
        });
    </script>
</head>
<body>
<p>玉户帘中卷不去，捣衣砧上拂还来。</p>
<p>此时相望不相闻，愿逐月华流照君。</p>
<p>鸿雁长飞光不度，鱼龙潜跃水成文。</p>
<p>昨夜闲潭梦落花，可怜春半不还家。</p>
<button>插入节点</button>
</body>
</html>
```

运行程序，结果如图 15-28 所示。单击"插入节点"按钮，即可在每个 p 元素后插入内容，即"春江花月夜"，结果如图 15-29 所示。

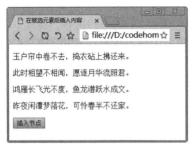

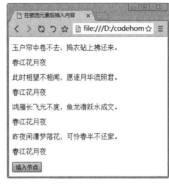

图 15-28　程序初始结果　　　图 15-29　在每个 p 元素后插入"春江花月夜"

15.5.2　删除节点

jQuery 为用户提供了两种删除节点的方法，如表 15-3 所示。

表 15-3　删除节点的方法

方　　法	功　　能
remove()	移除被选元素（不保留数据和事件）
detach()	移除被选元素（保留数据和事件）
empty()	从被选元素移除所有子节点和内容

实例 18：使用 remove() 方法移除元素。

代码如下：

```
<!DOCTYPE html>
<html>
<head>
    <meta charset="UTF-8">
    <title>使用remove()方法移除元素
</title>
    <script language="javascript"
src="jquery.min.js"></script>
    <script language="javascript">
        $(document).ready (function(){
            $("button").click
function(){
                $("p").remove();
            });
        });
    </script>
</head>
<body>
<h1>春江花月夜</h1>
<h3>春江潮水连海平，海上明月共潮生。</h3>
<p>滟滟随波千万里，何处春江无月明！</p>
<p>江流宛转绕芳甸，月照花林皆似霰。</p>
<p>空里流霜不觉飞，汀上白沙看不见。</p>
<button>移除所有P元素</button>
</body>
```

```
</html>
```

运行程序，结果如图 15-30 所示。单击"移除所有 P 元素"按钮，即可移除所有的 \<p\> 元素内容，如图 15-31 所示。

图 15-30　程序初始结果

图 15-31　移除所有的 \<p\> 元素内容

235

在 jQuery 中，使用 empty() 方法可以直接删除元素的所有子元素。

实例 19：使用 empty() 方法删除元素的所有子元素。

代码如下：

```html
<!DOCTYPE html>
<html>
<head>
    <meta charset="UTF-8">
    <title>删除元素的所有子元素</title>
    <script src="jquery.min.js">
    </script>
    <script>
        $(document).ready (function(){
            $("button").click
(function(){
                $("div").empty();
            });
        });
    </script>
</head>
<body>
<div style="height:100px;background-
color:bisque">
    江天一色无纤尘，皎皎空中孤月轮。
    <p> 江畔何人初见月？江月何年初照人？</p>
</div>
<p>不知江月待何人，但见长江送流水。</p>
<button>删除div块中的内容</button>
</body>
</html>
```

运行程序，结果如图 15-32 所示。单击"删除 div 块中的内容"按钮，即可删除 div 块中的所有内容，结果如图 15-33 所示。

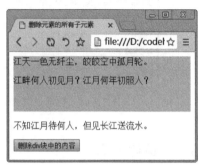

图 15-32　程序初始结果

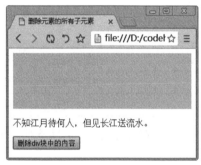

图 15-33　删除 div 块中的所有内容

15.5.3　复制节点

jQuery 提供的 clone() 方法，可以轻松完成复制节点操作。

实例 20：使用 clone() 方法复制节点。

代码如下：

```html
<!DOCTYPE html>
<html>
<head>
    <meta charset="UTF-8">
    <title>复制节点</title>
    <script src="jquery.min.js">
    </script>
    <script>
        $(document).ready (function(){
            $("button").click
(function(){
                $("p").clone().
appendTo("body");
            });
        });
    </script>
</head>
<body>
<p>晨起开门雪满山，雪晴云淡日光寒。</p>
<p>檐流未滴梅花冻，一种清孤不等闲</p>
<button>复制</button>
</body>
</html>
```

运行程序，结果如图 15-34 所示。单击"复制"按钮，即可复制所有 p 元素，并在 body 元素中插入它们，结果如图 15-35 所示。

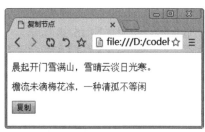

图 15-34 程序初始结果

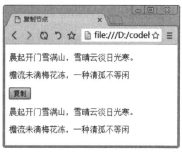

图 15-35 复制所有 p 元素

15.5.4 替换节点

jQuery 为用户提供了两种替换节点的方法，如表 15-4 所示。两种方法的功能相关，只是两者的表达形式不一样。

表 15-4 替换节点的方法

方　　法	功　　能
replaceAll()	把被选元素替换为新的 HTML 元素
replaceWith()	把被选元素替换为新的内容

实例 21：使用 replaceAll() 方法替换节点。

代码如下：

```html
<!DOCTYPE html>
<html>
<head>
    <meta charset="UTF-8">
    <title>使用replaceAll()方法替换节点
</title>
    <script src="jquery.min.js">
    </script>
    <script>
        $(document).ready (function(){
            $("button").click
(function(){
                $("<span><b>有约不来过夜
半，闲敲棋子落灯花。</b></span>")
                    .replaceAll
("p:last");
            });
        });
    </script>
</head>
<body>
<p>黄梅时节家家雨，青草池塘处处蛙。</p>
<p>黄梅时节家家雨，青草池塘处处蛙。</p>
<button>替换节点</button><br>
</body>
</html>
```

运行程序，结果如图 15-36 所示。单击"替换节点"按钮，即可用一个 span 元素替换最后一个 p 元素，结果如图 15-37 所示。

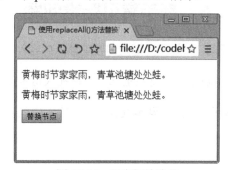

图 15-36 程序初始结果

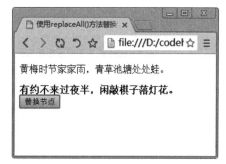

图 15-37 用 span 元素替换最后一个 p 元素

实例 22：使用 replaceWith() 方法替换节点。

代码如下：

```html
<!DOCTYPE html>
<html>
<head>
<title>replaceWith()方法应用示例</title>
<script src="jquery.min.js">
</script>
<script>
$(document).ready(function(){
    $("button").click(function(){
        $("p:first").replaceWith("Hello
world!");
    });
});
</script>
</head>
<body>
<p>孤帆远影碧空尽，</p>
<p>唯见长江天际流。</p>
<button>替换（replaceWith()方法）
</button>
</body>
</html>
```

运行程序，结果如图 15-38 所示。单击"替换节点"按钮，即可使用新文本替换第一个 p 元素，结果如图 15-39 所示。

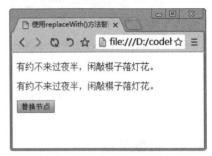

图 15-38　程序初始结果

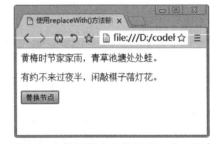

图 15-39　使用新文本替换第一个 p 元素

15.6　新手常见疑难问题

疑问 1：如何向指定内容前插入内容？

before() 方法在被选元素前插入指定的内容。下面举例说明。

实例 23：使用 before() 方法插入内容。

代码如下：

```html
<!DOCTYPE html>
<html>
<head>
    <meta charset="UTF-8">
    <title>使用before()方法插入内容</title>
    <script src="jquery.min.js"></script>
    <script>
        $(document).ready(function(){
            $(".btn1").click(function(){
                $("p").before("<p>圆魄上寒空，皆言四海同。</p>");
            });
        });
    </script>
</head>
<body>
<p>安知千里外，不有雨兼风？</p>
```

```
<button class="btn1">在段落前面插入新的内容</button>
</body>
</html>
```

运行程序，结果如图 15-40 所示。单击"在段落前面插入新的内容"按钮，最终结果如图 15-41 所示。

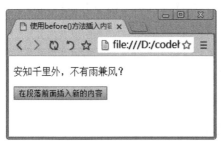

图 15-40　程序初始结果

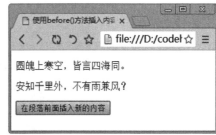

图 15-41　向指定内容前插入内容

▌疑问 2：如何检查段落中是否添加了指定的 CSS 类？

hasClass() 方法用来检查被选元素是否包含指定的 CSS 类。下面举例说明。

▌实例 24：检查被选元素是否包含指定的 CSS 类。

代码如下：

```
<!DOCTYPE html>
<html>
<head>
    <meta charset="UTF-8">
    <title>检查被选元素是否包含指定的CSS类</title>
    <script src="jquery.min.js"></script>
    <script>
        $(document).ready(function(){
            $("button").click(function(){
                alert($("p:first").hasClass("main"));
            });
        });
    </script>
    <style type="text/css">
        .main
        {
            font-size: 150%;
            color: red;
        }
    </style>
</head>
<body>
<p class="main">孤月当楼满，寒江动夜扉。</p>
<p>委波金不定，照席绮逾依。</p>
<button>检查第一个段落是否拥有类 "main"</button>
</body>
</html>
```

运行程序，单击"检查第一个段落是否拥有类'main'"按钮，结果如图 15-42 所示。

图 15-42　检查被选元素是否包含指定的 CSS 类

15.7 实战训练营

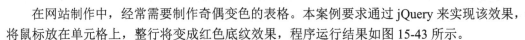

▌实战 1：制作奇偶变色的表格。

在网站制作中，经常需要制作奇偶变色的表格。本案例要求通过 jQuery 来实现该效果，将鼠标放在单元格上，整行将变成红色底纹效果，程序运行结果如图 15-43 所示。

图 15-43　奇偶变色的表格

▌实战 2：制作多级菜单。

多级菜单是由多个 <li><ul> 相互嵌套实现的，譬如一个菜单下面还有一级菜单，那么这个 <li> 里面就会嵌套一个 <ul>。所以 jQuery 选择器可以通过 <li> 找到那些包含 <ul> 的项目。本实例将制作一个多级菜单效果，运行结果如图 15-44 所示。单击"孕产用品"链接，即可展开多级菜单，如图 15-45 所示。

图 15-44　程序初始结果

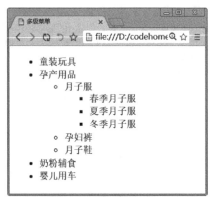

图 15-45　展开多级菜单

第16章 jQuery事件处理

本章导读

JavaScript 以事件驱动实现页面交互，从而使页面具有动态性和响应性，如果没有事件，将很难完成页面与用户之间的交互。事件驱动的核心：以消息为基础，以事件为驱动。jQuery 增加并扩展了基本的事件处理机制，大大增强了事件处理的能力。本章将重点学习事件处理的方法和技巧。

知识导图

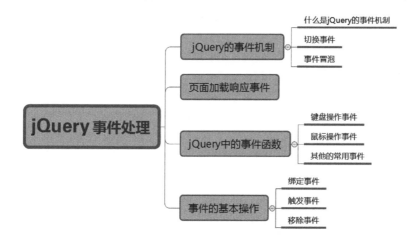

16.1 jQuery 的事件机制

jQuery 有效地简化了 JavaScript 的编程。jQuery 的事件机制是事件方法会触发匹配元素的事件，或将函数绑定到所有匹配元素的某个事件。

1. 什么是 jQuery 的事件机制

jQuery 的事件处理机制在 jQuery 框架中起着重要的作用，jQuery 的事件处理方法是 jQuery 中的核心函数。通过 jQuery 的事件处理机制，可以创造自定义的行为，比如说改变样式、效果显示、提交等，使网页效果更加丰富。

使用 jQuery 事件处理机制比直接使用 JavaScript 本身内置的一些事件响应方式更加灵活，且不容易暴露在外，并且有更加优雅的语法，大大减少了编写代码的工作量。

jQuery 的事件处理机制包括页面加载、事件绑定、事件委派、事件切换四种机制。

2. 切换事件

切换事件是指在一个元素上绑定了两个以上的事件，在各个事件之间进行的切换动作。例如，将鼠标放在图片上时触发一个事件，当鼠标单击后又触发一个事件，可以用切换事件来实现。

在 jQuery 中，hover() 方法用于事件的切换。当需要设置在鼠标悬停和鼠标移出的事件中进行切换时，使用 hover() 方法。下面的例子中，当鼠标悬停在文字上时，显示一段文字的效果。

▌实例 1：切换事件。

代码如下：

```
<!DOCTYPE html>
<html>
<head>
    <meta charset="UTF-8">
    <title>hover()切换事件</title>
    <script type="text/javascript" src="jquery.min.js"></script>
    <script type="text/javascript">
        $(document).ready(function(){
            $(".clsContent").hide();
        });
        $(function(){
            $(".clsTitle").hover(function(){
                    $(".clsContent").show();
                },
                function(){
                    $(".clsContent").hide();
                })
        })
    </script>
</head>
<body>
<div class="clsTitle"><h1>老码识途课堂</h1></div>
<div class="clsContent">网络安全训练营</div>
<div class="clsContent">网站前端训练营</div>
```

```
<div class="clsContent">PHP网站训练营</div>
<div class="clsContent">人工智能训练营</div>
</body>
</html>
```

运行程序，初始结果如图 16-1 所示。将鼠标放在"老码识途课堂"文字上，最终结果如图 16-2 所示。

图 16-1　程序初始结果　　　　图 16-2　鼠标悬停后的结果

3. 事件冒泡

在一个对象上触发某类事件 (比如单击 onclick 事件)，如果此对象定义了此事件的处理程序，那么此事件就会调用这个处理程序，如果没有定义此事件处理程序或者事件返回 true，那么这个事件会向这个对象的父级对象传播，从里到外，直至它被处理 (父级对象的所有同类事件都将被激活)，或者它到达了对象层次的最顶层，即 document 对象 (有些浏览器是 window 对象)。

例如，在地方要上诉一件案子，如果地方没有处理此类案件的法院，地方相关部门会继续往上级法院上诉，比如从市级到省级，直至到国家最高人民法院，最终使案件得到处理。

▍实例 2：事件冒泡。

代码如下：

```
<!DOCTYPE html>
<html>
<head>
    <meta charset="UTF-8">
    <title>事件冒泡</title>
    <script type="text/javascript" src="jquery.min.js"></script>
    <script type="text/javascript">
        function add(Text){
            var Div = document.getElementById("display");
            Div.innerHTML += Text;      //输出点击顺序
        }
    </script>
</head>
<body onclick="add('第三层事件<br />');">
<div onclick="add('第二层事件<br />');">
    <p onclick="add('第一层事件<br />');">事件冒泡</p>
</div>
<div id="display"></div>
</body>
</html>
```

运行程序，结果如图 16-3 所示。单击"事件冒泡"文字，最终结果如图 16-4 所示。代码为 p、div、body 都添加了 onclick() 函数，当单击 p 的文字时，触发事件，并且触发顺序是由最底层依次向上触发。

图 16-3　程序初始结果　　　　　　　图 16-4　单击"事件冒泡"文字后

16.2　页面加载响应事件

jQuery 中的 $(doucument).ready() 事件是页面加载响应事件，ready() 是 jQuery 事件模块中最重要的一个函数。这个方法可以看作对 window.onload 注册事件的替代方法，通过使用这个方法，可以在 DOM 载入就绪时立刻调用所绑定的函数，而几乎所有的 JavaScript 函数都是需要在那一刻执行。ready() 函数仅能用于当前文档，因此无须选择器。

ready() 函数的语法格式有如下 3 种。

（1）语法 1：$(document).ready(function)。

（2）语法 2：$().ready(function)。

（3）语法 3：$(function)。

其中参数 function 是必选项，规定当文档加载后要运行的函数。

▌实例 3：使用 ready() 函数。

代码如下：

```
<!DOCTYPE html>
<html>
<head>
    <meta charset="UTF-8">
    <title>使用ready()函数</title>
    <script language="javascript"
src="jquery.min.js"></script>
    <script language="javascript">
        $(document).ready(function(){
            $(".btn1").click
(function(){
                $("p").slideToggle();
            });
        });
```

```
    </script>
</head>
<body>
<p>客从远方来，遗我一端绮。</p>
<p>相去万余里，故人心尚尔。</p>
<p>文采双鸳鸯，裁为合欢被。</p>
<p>著以长相思，缘以结不解。</p>
<p>以胶投漆中，谁能别离此？</p>
<button class="btn1">隐藏文字</button>
</body>
</html>
```

运行程序，结果如图 16-5 所示。单击"隐藏文字"按钮，最终结果如图 16-6 所示。可见在文档加载后激活了函数。

图 16-5　程序初始结果　　　　　　图 16-6　隐藏文字

16.3　jQuery 中的事件函数

在网站开发过程中，经常使用的事件函数包括键盘操作、鼠标操作、表单提交、焦点触发等事件。

16.3.1　键盘操作事件

日常开发中常见的键盘操作包括 keydown()、keypress() 和 keyup()，如表 16-1 所示。

表 16-1　键盘操作事件

方　　法	含　　义
keydown()	触发或将函数绑定到指定元素的 key down 事件 (按下键盘上某个按键时触发)
keypress()	触发或将函数绑定到指定元素的 key press 事件 (按下某个按键并产生字符时触发)
keyup()	触发或将函数绑定到指定元素的 key up 事件 (释放某个按键时触发)

完整的按键过程应该分为两步，按键被按下，然后按键被松开并复位。这里就触发了 keydown() 和 keyup() 事件函数。

下面通过例子来讲解 keydown() 和 keyup() 事件函数的使用方法。

▌实例 4：使用 keydown() 和 keyup() 事件函数。

代码如下：

```
<!DOCTYPE html>
<html>
<head>
    <meta charset="UTF-8">
    <title>使用keydown()和keyup()事件函数</title>
    <script language="javascript" src="jquery.min.js"></script>
    <script language="javascript">
        $(document).ready(function(){
            $("input").keydown(function(){
                $("input").css("background-color","yellow");
            });
            $("input").keyup(function(){
                $("input").css("background-color","red");
            });
        });
```

```
    </script>
</head>
<body>
请输入商品名称: <input type="text" />
<p>当发生 keydown 和 keyup 事件时，输入域会改变颜色。</p>
</body>
</html>
```

运行程序，当按下键盘时，输入域的背景色为黄色，效果如图 16-7 所示。当松开键盘时，输入域的背景色为红色，效果如图 16-8 所示。

 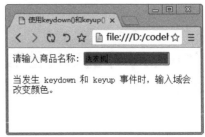

图 16-7　按下键盘时输入域的背景色　　图 16-8　松开键盘时输入域的背景色

keypress 事件与 keydown 事件类似。当按键被按下时，会发生该事件。它发生在当前获得焦点的元素上。不过，与 keydown 事件不同，每插入一个字符，就会发生 keypress 事件。keypress() 方法触发 keypress 事件，或规定当发生 keypress 事件时运行的函数。

下面通过例子来讲解 keypress() 事件函数的使用方法。

实例 5：使用 keypress() 事件函数。

代码如下：

```
<!DOCTYPE html>
<html>
<head>
    <meta charset="UTF-8">
    <title>使用keypress()事件函数</title>
    <script language="javascript"
src="jquery.min.js"></script>
    <script language="javascript">
        i = 0;
        $(document).ready(function(){
            $("input").keypress
(function(){
                $("span").text (i+=1);
            });
        });
    </script>
</head>
<body>
请输入商品名称: <input type="text" />
<p>按键次数:<span>0</span></p>
</body>
</html>
```

运行程序，按下键盘输入内容时，即可

看到显示的按键次数，效果如图 16-9 所示。继续输入内容，则按下键盘数发生相应的变化，效果如图 16-10 所示。

图 16-9　输入 4 个字母的效果

图 16-10　输入 10 个字母的效果

16.3.2　鼠标操作事件

与键盘操作事件相比，鼠标操作事件比较多，常见的鼠标操作的含义如表 16-2 所示。

表 16-2　鼠标操作事件

方　　法	含　　义
mousedown()	触发或将函数绑定到指定元素的 mouse down 事件（鼠标的按键被按下）
mouseenter()	触发或将函数绑定到指定元素的 mouse enter 事件（当鼠标指针进入（穿过）目标时）
mouseleave()	触发或将函数绑定到指定元素的 mouse leave 事件（当鼠标指针离开目标时）
mousemove()	触发或将函数绑定到指定元素的 mouse move 事件（鼠标在目标的上方移动）
mouseout()	触发或将函数绑定到指定元素的 mouse out 事件（鼠标移出目标的上方）
mouseover()	触发或将函数绑定到指定元素的 mouse over 事件（鼠标移到目标的上方）
mouseup()	触发或将函数绑定到指定元素的 mouse up 事件（鼠标的按键被释放弹起）
click()	触发或将函数绑定到指定元素的 click 事件（单击鼠标的按键）
dblclick()	触发或将函数绑定到指定元素的 double click 事件（双击鼠标的按键）

下面通过使用 mousemove 事件函数实现鼠标定位的效果。

实例 6：使用 mousemove 事件函数。

代码如下：

```html
<!DOCTYPE html>
<html>
<head>
    <meta charset="UTF-8">
    <title>使用mousemove事件函数</title>
    <script language="javascript"
src="jquery.min.js"></script>
    <script language="javascript">
        $(document).ready(function(){
            $(document).
mousemove(function(e){
                $("span").text(e.pageX
+ ", " + e.pageY);
            });
        });
    </script>
```

```html
</head>
<body>
<p>当前鼠标的坐标: <span></span>.</p>
</body>
</html>
```

运行程序，效果如图 16-11 所示。随着鼠标的移动，将动态显示鼠标的坐标。

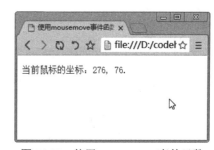

图 16-11　使用 mousemove 事件函数

下面通过例子来讲解鼠标 mouseover 和 mouseout 事件函数的使用方法。

实例 7：使用 mouseover 和 mouseout 事件函数。

代码如下：

```html
<!DOCTYPE html>
<html>
<head>
    <meta charset="UTF-8">
    <title>使用mouseover和mouseout事件函数</title>
```

```html
    <script language="javascript"
src="jquery.min.js"></script>
    <script language="javascript">
        $(document).ready (function(){
            $("p").mouseover
(function(){
                $("p").css
("background-color","yellow");
            });
            $("p").mouseout (function()
{
                $("p").css("background-
```

```
color","#E9E9E4");
            });
        });
    </script>
</head>
<body>
<h2>醉桃源·元日</h2>
<p>五更枥马静无声。邻鸡犹怕惊。日华平晓弄春
明。暮寒愁翳生。</p>
<p>新岁梦，去年情。残宵半酒醒。春风无定落梅
轻。断鸿长短亭。</p>
</body>
</html>
```

运行程序，效果如图 16-12 所示。将鼠标放在段落上的效果如图 16-13 所示。该案例实现了当鼠标从元素上移入移出时，改变

元素的背景色。

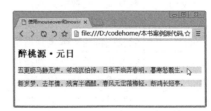

图 16-12　初始效果

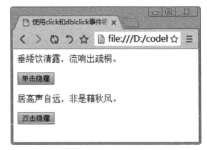

图 16-13　鼠标放在段落上的效果

下面通过例子来讲解鼠标 click 和 dblclick 事件函数的使用方法。

实例 8：使用 click 和 dblclick 事件函数。

代码如下：

```
<!DOCTYPE html>
<html>
<head>
    <meta charset="UTF-8">
    <title>使用click和dblclick事件函数
</title>
    <script language="javascript"
src="jquery.min.js"></script>
    <script language="javascript">
        $(document).ready(function(){
            $("#btn1").click (function()
{
                $("#id1").slideToggle();
            });
            $("#btn2").dblclick
(function(){
                $("#id2").slideToggle();
            });
        });
    </script>
</head>
<body>
<div id="id1">垂緌饮清露，流响出疏桐。
</div></p>
<button id="btn1">单击隐藏</button></p>
<div id="id2">居高声自远，非是藉秋风。
</div></p>
<button id="btn2">双击隐藏</button></p>
</body>
</html>
```

运行程序，效果如图 16-14 所示。单击"单

击隐藏"按钮，效果如图 16-15 所示。双击"双击隐藏"按钮，效果如图 16-16 所示。

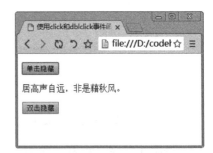

图 16-14　初始效果

图 16-15　单击鼠标的效果

图 16-16　双击鼠标的效果

16.3.3　其他的常用事件

除了上面讲述的常用事件外，还有一些如表单提交、焦点触发等事件，如表 16-3 所示。

表 16-3　其他常用的事件

方　法	描　述
blur()	触发或将函数绑定到指定元素的 blur 事件 (有元素或者窗口失去焦点时触发事件)
change()	触发或将函数绑定到指定元素的 change 事件 (文本框内容改变时触发事件)
error()	触发或将函数绑定到指定元素的 error 事件 (脚本或者图片加载错误、失败后触发事件)
resize()	触发或将函数绑定到指定元素的 resize 事件
scroll()	触发或将函数绑定到指定元素的 scroll 事件
focus()	触发或将函数绑定到指定元素的 focus 事件 (有元素或者窗口获取焦点时触发事件)
select()	触发或将函数绑定到指定元素的 select 事件 (文本框中的字符被选择之后触发事件)
submit()	触发或将函数绑定到指定元素的 submit 事件 (表单 "提交" 之后触发事件)
load()	触发或将函数绑定到指定元素的 load 事件 (页面加载完成后在 window 上触发，图片加载完在自身触发)
unload()	触发或将函数绑定到指定元素的 unload 事件 (与 load 相反，即卸载完成后触发)

下面挑选几个事件来讲解使用方法。

blur() 函数触发 blur 事件，如果设置了 function 参数，该函数也可规定当发生 blur 事件时执行的代码。

▌实例 9：使用 blur() 函数。

代码如下：

```html
<!DOCTYPE html>
<html>
<head>
    <meta charset="UTF-8">
    <title>使用blur()函数</title>
    <script language="javascript" src="jquery.min.js"></script>
    <script language="javascript">
        $(document).ready(function(){
            $("input").focus(function(){
                $("input").css("background-color","#FFFFCC");
            });
            $("input").blur(function(){
                $("input").css("background-color","#D6D6FF");
            });
        });
    </script>
</head>
<body>
请输入商品的名称: <input type="text" />
<p>请在上面的输入域中点击，使其获得焦点，然后在输入域外面点击，使其失去焦点。</p>
</body>
</html>
```

运行程序，在输入框中输入 "电冰箱" 文字，效果如图 16-17 所示。当鼠标单击文本框以外的空白处时，效果如图 16-18 所示。

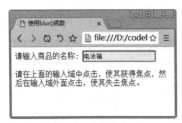 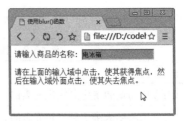

图 16-17　获得焦点后的效果　　　　图 16-18　失去焦点后的效果

当元素的值发生改变时，可以使用 change 事件。该事件仅适用于文本域，以及 textarea 和 select 元素。change() 函数触发 change 事件，或规定当发生 change 事件时运行的函数。

▎**实例 10：使用 change() 函数。**

代码如下：

```html
<!DOCTYPE html>
<html>
<head>
    <meta charset="UTF-8">
    <title>使用change()函数</title>
    <script language="javascript" src="jquery.min.js"></script>
    <script language="javascript">
        $(document).ready(function(){
            $(".field").change(function(){
                $(this).css("background-color","#FFFFCC");
            });
        });
    </script>
</head><body>
<p>在某个域被使用或改变时，它会改变颜色。</p>
请输入姓名: <input class="field" type="text" />
<p>选修科目:
    <select class="field" name="cars">
        <option value="volvo">C语言</option>
        <option value="saab">Java语言</option>
        <option value="fiat">Python语言</option>
        <option value="audi">网络安全</option>
    </select></p>
</body>
</html>
```

运行程序效果如图 16-19 所示。输入姓名和选择选修科目后，即可看到文本框的底纹发生了变化，效果如图 16-20 所示。

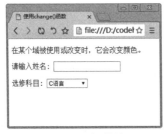 

图 16-19　初始效果　　　　　图 16-20　修改元素值后的效果

16.4 事件的基本操作

16.4.1 绑定事件

在 jQuery 中，可以用 bind() 函数给 DOM 对象绑定一个事件。bind() 函数为被选元素添加一个或多个事件处理程序，并规定事件发生时运行的函数。

规定向被选元素添加的一个或多个事件处理程序，以及当事件发生时运行的函数，使用的语法格式如下：

```
$(selector).bind(event,data,function)
```

其中 event 为必需，规定添加到元素的一个或多个事件，由空格分隔多个事件，必须是有效的事件。data 可选，规定传递到函数的额外数据。function 必需，规定当事件发生时运行的函数。

▌实例 11：用 bind() 函数绑定事件。

代码如下：

```html
<!DOCTYPE html>
<html>
<head>
    <meta charset="UTF-8">
    <title>用bind()函数绑定事件</title>
    <script language="javascript" src="jquery.min.js"></script>
    <script language="javascript">
        $(document).ready(function(){
            $("button").bind("click",function(){
                $("p").slideToggle();
            });
        });
    </script>
</head>
<body>
<h2>春游湖</h2>
<p>双飞燕子几时回？夹岸桃花蘸水开。</p>
<p>春雨断桥人不渡，小舟撑出柳阴来。</p>
<button>隐藏文字</button>
</body>
</html>
```

运行程序，初始效果如图 16-21 所示。单击"隐藏文字"按钮，效果如图 16-22 所示。

图 16-21 初始效果

图 16-22 隐藏文字后的效果

251

16.4.2　触发事件

事件绑定后，可用 trigger 方法进行触发操作。trigger 方法规定被选元素要触发的事件。trigger() 函数的语法格式如下：

```
$(selector).trigger(event,[param1,param2,...])
```

其中 event 为触发事件的动作，例如 click、dblclick。

▌实例 12：使用 trigger() 函数来触发事件。

代码如下：

```
<!DOCTYPE html>
<html>
<head>
    <meta charset="UTF-8">
    <title>使用trigger()函数来触发事件</title>
    <script language="javascript" src="jquery.min.js"></script>
    <script language="javascript">
        $(document).ready(function(){
            $("input").select(function(){
                $("input").after("文本被选中！");
            });
            $("button").click(function(){
                $("input").trigger("select");
            });
        });
    </script>
</head>
<body>
<input type="text" name="FirstName" size="35"
        value="正是霜风飘断处，寒鸥惊起一双双。" />
<br />
<button>激活事件</button>
</body>
</html>
```

运行程序，效果如图 16-23 所示。选择文本框中的文字或者单击"激活事件"按钮，效果如图 16-24 所示。

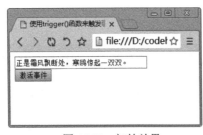

图 16-23　初始效果

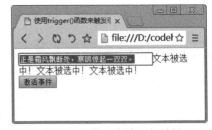

图 16-24　激活事件后的效果

16.4.3　移除事件

unbind() 方法移除被选元素的事件处理程序。该方法能够移除所有的或被选的事件处理程序，或者当事件发生时终止指定函数的运行。unbind() 适用于任何通过 jQuery 附加的事件处理程序。

unbind() 方法使用的语法格式如下：

```
$(selector).unbind(event,function)
```

其中 event 是可选参数。规定删除元素的一个或多个事件，由空格分隔多个事件值。function 是可选参数，规定从元素的指定事件取消绑定的函数名。如果没规定参数，unbind() 方法会删除指定元素的所有事件处理程序。

▌实例 13：使用 unbind() 方法。

代码如下：

```html
<!DOCTYPE html>
<html>
<head>
    <meta charset="UTF-8">
    <title>使用unbind()方法</title>
    <script language="javascript" src="jquery.min.js"></script>
    <script language="javascript">
        $(document).ready(function(){
            $("p").click(function(){
                $(this).slideToggle();
            });
            $("button").click(function(){
                $("p").unbind();
            });
        });
    </script>
</head>
<body>
<p>今古河山无定据。画角声中，牧马频来去。</p>
<p>满目荒凉谁可语？西风吹老丹枫树。</p>
<p>从前幽怨应无数。铁马金戈，青冢黄昏路。</p>
<p>一往情深深几许？深山夕照深秋雨。</p>
<button>删除 p 元素的事件处理器</button>
</body>
</html>
```

运行程序，效果如图 16-25 所示。单击任意段落即可让其消失，如图 16-26 所示。单击"删除 p 元素的事件处理器"按钮后，再次单击任意段落，则不会出现消失的效果。可见此时已经移除了事件。

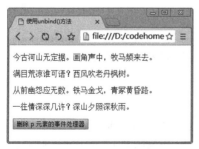

图 16-25　初始效果　　　　　图 16-26　激活事件后的效果

16.5 新手常见疑难问题

▌疑问 1：如何屏蔽鼠标的右键？

有些网站为了提高网页的安全性，屏蔽了鼠标右键。使用鼠标事件函数即可轻松地实现此功能。具体的功能代码如下：

```javascript
<script language="javascript">
function block(Event){
    if(window.event)
        Event = window.event;
    if(Event.button == 2)
            alert("右键被屏蔽");
}
document.onmousedown = block;
</script>
```

▌疑问 2：mouseover 和 mouseenter 的区别是什么？

jQuery 中，mouseover() 和 mouseenter 都在鼠标进入元素时触发，但是它们有所不同。

（1）如果元素内置有子元素，不论鼠标指针穿过被选元素还是其子元素，都会触发 mouseover 事件。而只有在鼠标指针穿过被选元素时，才会触发 mouseenter 事件，mouseenter 子元素不会反复触发事件，否则在 IE 中经常有闪烁情况发生。

（2）在没有子元素时，mouseover() 和 mouseenter() 事件结果一致。

16.6 实战训练营

▌实战 1：设计淡入淡出的下拉菜单。

本案例要求设计淡入淡出的下拉菜单，程序运行结果如图 16-27 所示。单击"热销课程"，即可弹出淡入淡出的下拉菜单，效果如图 16-28 所示。

图 16-27　初始效果

图 16-28　淡入淡出的下拉菜单效果

▌实战 2：设计绚丽的多级动画菜单。

本案例要求设计绚丽的多级动画菜单效果。鼠标经过菜单区域时，动画式展开大幅的下拉菜单，具有动态效果，显得更加生动活泼。程序运行效果如图 16-29 所示。将鼠标放在"淘宝特色服务"链接文字上，动态显示多级菜单，效果如图 16-30 所示。

图 16-29　程序运行初始效果

图 16-30　展开菜单的效果

▍实战 3：设计一个外卖配送页面。

　　根据学习的 jQuery 对页面控制的相关知识，本案例要求设计一个外卖配送页面。程序运行效果如图 16-31 所示。在页面中选中需要的食品和数量，即可在下方显示合计金额，效果如图 16-32 所示。

图 16-31　程序运行初始效果

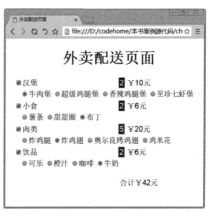

图 16-32　显示合计金额

第17章 设计网页中的动画特效

📖 **本章导读**

jQuery 能在页面上实现绚丽的动画效果，jQuery 本身对页面动态效果提供了一些有限的支持，如动态显示和隐藏页面的元素、淡入淡出动画效果、滑动动画效果等。本章就来介绍如何使用 jQuery 制作动画特效。

📑 **知识导图**

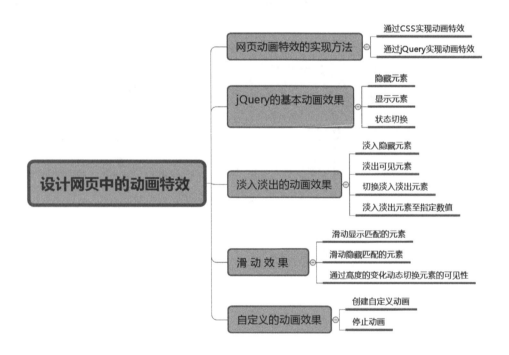

17.1 网页动画特效的实现方法

动画是使元素从一种样式逐渐变化为另一种样式的效果，在动画变化的过程中，用户可以改变任意多的样式或任意多的次数，从而制作出多种多样的网页动画与特效。设计网页动画特效常用的方法有两种，即通过 CSS3 实现动画特效和通过 jQuery 实现动画特效。

17.1.1 通过 CSS 实现动画特效

通过 CSS，用户能够创建动画，实现网页特效，进而可以在许多网页中取代动画图片、Flash 动画以及 JavaScript 代码，CSS 中的动画需要百分比来规定变化发生的时间，或用关键词 from 和 to，这等同于 0% 和 100%，0% 是动画的开始，100% 是动画的完成。为了得到最佳的浏览器支持，用户需要始终定义 0% 和 100% 选择器。

下面通过 CSS 来实现 2D 动画变换效果。这里要使用 rotate() 方法，可以为一个网页元素按指定的角度添加旋转效果，如果指定的角度是正值，则网页元素按顺时针旋转；如果指定的角度为负值，则网页元素按逆时针旋转。

例如，将网页元素顺时针旋转 60°，代码如下：

```
rotate(60 deg)
```

▌实例 1：通过 CSS 实现动画特效。

代码如下：

```html
<!DOCTYPE html>
<html>
<head>
    <meta charset="UTF-8">
    <title>2D旋转效果</title>
    <style type="text/css">
        div{
            margin:100px auto;
            width:200px;
            height:50px;
            background-color:#FFB5B5;
            border-radius:12px;
        }
        div:hover
        {
            -webkit-transform:rotate(-90deg);
            -moz-transform:rotate(-90deg); /* IE 9 */
            -o-transform:rotate(-90deg);
            transform:rotate(-90deg);
        }
    </style>
</head>
<body>
```

```
<div></div>
</body>
</html>
```

运行程序,效果如图 17-1 所示。将鼠标放到图像上,可以看出变换前和变换后的不同效果,如图 17-2 所示。

图 17-1　默认状态

图 17-2　鼠标经过时被变换

17.1.2　通过 jQuery 实现动画特效

基本的动画效果指的是元素的隐藏和显示。在 jQuery 中提供了两种控制元素隐藏和显示的方法,一种是分别隐藏和显示匹配元素,另一种是切换元素的可见状态,也就是说,如果元素是可见的,切换为隐藏;如果元素是隐藏的,切换为可见的。

实例 2: 设计金币抽奖动画特效。

代码如下:

```html
<!DOCTYPE html>
<html>
<head>
    <meta charset="UTF-8">
    <title>金币抽奖动画特效</title>
    <link href="css/animator.css"
rel="stylesheet" />
    <style type="text/css">
        .main {
            width: 200px;
            margin: 0 auto;
        }
        .item1 {
            height: 150px;
            position: relative;
            padding: 30px;
            text-align: center;
            -webkit-transition: top 1.2s
linear;
            transition: top 1.2s
linear;
        }
        .item1 .kodai {
            position: absolute;
            bottom: 0;
            cursor: pointer;
```
```css
        }
        .item1 .kodai .full {
            display: block;
        }
        .item1 .kodai .empty {
            display: none;
        }
        .item1 .clipped-box {
            display: none;
            position: absolute;
            bottom: 40px;
            left: 80px;
            height: 540px;
            width: 980px;
        }
        .item1 .clipped-box img {
            position: absolute;
            top: auto;
            left: 0;
            bottom: 0;
            -webkit-transition:
                -webkit-transform 1.4s
ease-in, background 0.3s ease-in;
            transition: transform 1.4s
ease-in;
        }
    </style>

</head>
<body style="padding:100px 0 0;">
```

```
<div class="main">
    <div class="item1">
        <div class="kodai">
                <img src="images/kd2.png"
class="full" />
                <img src="images/kd1.png"
class="empty" />
        </div>
        <div class="clipped-box"></div>
    </div>
    <p id="html"></p>
</div>
<script type="text/javascript"
src="jquery.min.js"></script>
<script type="text/javascript" src="js/
script.js"></script>
</div>
</body>
</html>
```

图 17-3　默认状态

运行程序，效果如图 17-3 所示。单击图像，可以看出金币散落的抽奖效果，如图 17-4 所示。

图 17-4　金币散落的抽奖效果

17.2　jQuery 的基本动画效果

显示与隐藏是 jQuery 实现的基本动画效果。在 jQuery 中，提供了两种显示与隐藏元素的方法：一种是分别显示和隐藏网页元素，另一种是切换显示与隐藏元素。

17.2.1　隐藏元素

在 jQuery 中，使用 hide() 方法来隐藏匹配元素，hide() 方法相当于将元素的 CSS 样式属性 display 的值设置为 none。

1. 简单隐藏

在使用 hide() 方法隐藏匹配元素的过程中，当 hide() 方法不带有任何参数时，就实现了元素的简单隐藏，其语法格式如下：

```
hide()
```

例如，想要隐藏页面当中的所有文本元素，就可以使用如下 jQuery 代码：

```
$("p").hide()
```

实例 3：设计简单隐藏特效。

代码如下：

```
<!DOCTYPE html>
<html>
<head>
    <meta charset="UTF-8">
    <title>设计简单隐藏特效</title>
    <script type="text/javascript"
src="jquery.min.js"></script>
    <script type="text/javascript">
        $(document).ready(function(){
            $("p").click(function(){
                $(this).hide();
            });
        });
    </script>
</head>
<body>
<h1>寒菊 </h1>
<p>花开不并百花丛</p>
<p>独立疏篱趣未穷</p>
<p>宁可枝头抱香死</p>
<p>何曾吹落北风中</p>
</body>
</html>
```

运行结果如图 17-5 所示，单击页面中的文本段，该文本段就会隐藏，如图 17-6 所示，

这就实现了元素的简单隐藏动画效果。

图 17-5　默认状态

图 17-6　网页元素的简单隐藏

2. 部分隐藏

使用 hide() 方法，除了可以对网页中的内容一次性全部进行隐藏外，还可以对网页内容进行部分隐藏。

实例 4：网页元素的部分隐藏。

代码如下：

```
<!DOCTYPE html>
<html>
<head>
    <meta charset="UTF-8">
    <title>网页元素的部分隐藏</title>
    <script type="text/javascript" src="jquery.min.js"></script>
    <script type="text/javascript">
        $(document).ready(function(){
            $(".ex .hide").click(function(){
                $(this).parents(".ex").hide();
            });
        });
    </script>
    <style type="text/css">
        div .ex
        {
            background-color: #e5eecc;
            padding: 7px;
            border: solid 1px #c3c3c3;
```

```
        }
    </style>
</head>
<body>
<h3>苹果</h3>
<div class="ex">
    <button class="hide" type="button">隐藏</button>
    <p>产品名称：苹果<br />
        价格：58元一箱<br />
        库存：5600箱</p>
</div>

<h3>香蕉</h3>
<div class="ex">
    <button class="hide" type="button">隐藏</button>
    <p>产品名称：香蕉<br />
        价格：69元一箱<br />
        库存：1900箱</p>
</div>
</body>
</html>
```

运行结果如图 17-7 所示，然后单击页面中的"隐藏"按钮，即可隐藏部分网页信息，如图 17-8 所示。

3.设置隐藏参数

带有参数的 hide() 隐藏方式，可以实现不同方式的隐藏效果，具体的语法格式如下：

```
$(selector).hide(speed,callback);
```

参数含义说明如下。

（1）speed：可选的参数，规定隐藏的速度，可以取 slow、fast 或毫秒等参数。

（2）callback：可选的参数，规定隐藏完成后所执行的函数名称。

图 17-7　默认状态

图 17-8　网页元素的部分隐藏

▍实例 5：设置网页元素的隐藏参数。

代码如下：

```
<!DOCTYPE html>
<html>
<head>
    <meta charset="UTF-8">
```

261

```
<title>设置网页元素的隐藏参数</title>
<script type="text/javascript" src="jquery.min.js"></script>
<script type="text/javascript">
    $(document).ready(function(){
        $(".ex .hide").click(function(){
            $(this).parents(".ex").hide("slow");
        });
    });
</script>
<style type="text/css">
    div .ex
    {
        background-color: #e5eecc;
        padding: 7px;
        border: solid 1px #c3c3c3;
    }
</style>
</head>
<body>
<h3>洗衣机</h3>
<div class="ex">
    <button class="hide" type="button">隐藏</button>
    <p>产地：北京<br />
        价格：5800元<br />
        库存：5000台</p>
</div>

<h3>冰箱</h3>
<div class="ex">
    <button class="hide" type="button">隐藏</button>
    <p>产地：上海<br />
        价格：8900<br />
        库存：1900</p>
</div>
</body>
</html>
```

运行结果如图 17-9 所示，单击页面中的"隐藏"按钮，即可将下方的商品信息慢慢地隐藏起来，结果如图 17-10 所示。

图 17-9　默认状态

图 17-10　设置网页元素的隐藏

17.2.2 显示元素

使用 show() 方法可以显示匹配的网页元素,show() 方法有两种语法格式,一种是不带有参数的形式,另一种是带有参数的形式。

1. 不带有参数的格式

不带有参数的格式,用以实现不带有任何效果的显示匹配元素,其语法格式为:

```
show()
```

例如,想要显示页面中的所有文本元素,就可以使用如下 jQuery 代码:

```
$("p").show()
```

▌实例 6:显示或隐藏网页中的元素。

代码如下:

```html
<!DOCTYPE html>
<html>
<head>
    <meta charset="UTF-8">
    <title>显示或隐藏网页中的元素</title>
    <script type="text/javascript" src="jquery.min.js"></script>
    <script type="text/javascript">
        $(document).ready(function(){
            $("#hide").click(function(){
                $("p").hide();
            });
            $("#show").click(function(){
                $("p").show();
            });
        });
    </script>
</head>
<body>
<p id="p1">高阁客竟去,小园花乱飞。</p>
<p id="p2">参差连曲陌,迢递送斜晖。</p>
<button id="hide" type="button">隐藏</button>
<button id="show" type="button">显示</button>
</body>
</html>
```

运行结果如图 17-11 所示,单击页面中的"隐藏"按钮,就会将网页中的文字隐藏起来,结果如图 17-12 所示。单击"显示"按钮,可以将隐藏起来的文字再次显示。

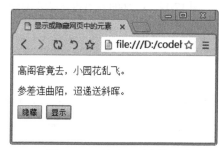

图 17-11　显示网页中的元素

图 17-12　隐藏网页中的元素

263

2. 带有参数的格式

带有参数的格式用来实现以优雅的动画方式显示网页中的元素，并在隐藏完成后可选择地触发一个回调函数，其语法格式如下：

```
$(selector).show(speed,callback);
```

参数含义说明如下。

（1）speed：可选的参数，规定显示的速度，可以取 slow、fast 或毫秒等参数。

（2）callback：可选的参数，规定显示完成后所执行的函数名称。

例如，想要在 300 毫秒内显示网页中的 p 元素，就可以使用如下 jQuery 代码：

```
$("p").show(300);
```

实例 7：在 6000 毫秒内显示或隐藏网页中的元素。

代码如下：

```html
<!DOCTYPE html>
<html>
<head>
    <meta charset="UTF-8">
    <title>显示或隐藏网页中的元素</title>
    <script type="text/javascript"
src="jquery.min.js"></script>
    <script type="text/javascript">
        $(document).ready(function(){
            $("#hide").click(function(){
                $("p").hide("6000");
            });
            $("#show").click(function(){
                $("p").show("6000");
            });
        });
    </script>
</head>
<body>
<p id="p1">肠断未忍扫，眼穿仍欲归。</p>
<p id="p2">芳心向春尽，所得是沾衣。</p>
<button id="hide" type="button">隐藏</button>
<button id="show" type="button">显示</button>
</body>
</html>
```

运行结果如图 17-13 所示，单击页面中的"隐藏"按钮，就会将网页中的文字在 6000 毫秒内慢慢隐藏起来，如图 17-14 所示，然后单击"显示"按钮，又可以将隐藏起来的文字在 6000 毫秒内慢慢地显示出来。

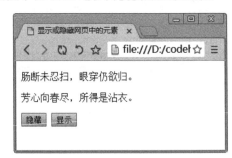

图 17-13　显示网页中的元素

图 17-14　在 6000 毫秒内隐藏网页中的元素

17.2.3　状态切换

使用 toggle() 方法可以切换元素的可见 (显示与隐藏) 状态。简单地说，就是当元素为显示状态时，使用 toggle() 方法可以将其隐藏起来；反之，可以将其显示出来。

toggle() 方法的语法格式为：

```
$(selector).toggle(speed,callback);
```

参数含义说明如下。

（1）speed：可选的参数，规定隐藏/显示的速度，可以取 slow、fast 或毫秒等参数。

（2）callback：可选的参数，是 toggle() 方法完成后所执行的函数名称。

实例 8：切换网页中的元素。

代码如下：

```
<!DOCTYPE html>
<html>
<head>
    <meta charset="UTF-8">
    <title>切换网页中的元素</title>
    <script type="text/javascript"
src="jquery.min.js"></script>
    <script type="text/javascript">
        $(document).ready(function(){
            $("button").
click(function(){
                $("p").toggle();
            });
        });
    </script>
</head>
<body>
<h2>暮江吟</h2>
<p>一道残阳铺水中，半江瑟瑟半江红。</p>
```

```
<p>可怜九月初三夜，露似真珠月似弓。</p>
<button type="button">切换</button>
</body>
</html>
```

运行结果如图 17-15 所示，单击页面中的"切换"按钮，可以实现网页文字段落的显示与隐藏的切换效果。

图 17-15　切换 (隐藏 / 显示) 网页中的元素

17.3　淡入淡出的动画效果

通过 jQuery 可以实现元素的淡入淡出动画效果，实现淡入淡出效果的方法主要有 fadeIn()、fadeOut()、fadeToggle()、fadeTo()。

17.3.1　淡入隐藏元素

fadeIn() 是通过增大不透明度来实现匹配元素淡入效果的方法，该方法的语法格式如下：

```
$(selector).fadeIn(speed,callback);
```

参数说明如下。

（1）speed：可选的参数，规定淡入效果的时长，可以取 slow、fast 或毫秒等参数。

（2）callback：可选的参数，是 fadeIn() 方法完成后所执行的函数名称。

▌ 实例 9：以不同效果淡入网页中的矩形。

代码如下：

```html
<!DOCTYPE html>
<html>
<head>
    <meta charset="UTF-8">
    <title>淡入隐藏元素</title>
    <script type="text/javascript" src="jquery.min.js"></script>
    <script type="text/javascript">
        $(document).ready(function(){
            $("button").click(function(){
                $("#div1").fadeIn();
                $("#div2").fadeIn("slow");
                $("#div3").fadeIn(3000);
            });
        });
    </script>
</head>
<body>
<h3>以不同参数方式淡入网页元素</h3>
<button>单击按钮，使矩形以不同的方式淡入</button><br><br>
<div id="div1"
    style="width:80px;height:80px;display:none;background-color:red;">
</div><br>
<div id="div2"
    style="width:80px;height:80px;display:none;background-color:green;">
</div><br>
<div id="div3"
    style="width:80px;height:80px;display:none;background-color:blue;">
</div>
</body>
</html>
```

运行结果如图 17-16 所示，单击页面中的按钮，网页中的矩形会以不同的方式淡入显示，结果如图 17-17 所示。

图 17-16　默认状态　　　　图 17-17　以不同效果淡入网页中的矩形

17.3.2　淡出可见元素

fadeOut() 是通过减小不透明度来实现匹配元素淡出效果的方法，fadeOut() 方法的语法格式如下：

```
$(selector).fadeOut(speed,callback);
```

参数说明如下。

（1）speed：可选的参数，规定淡出效果的时长，可以取 slow、fast 或毫秒等参数。

（2）callback：可选的参数，是 fadeOut() 方法完成后所执行的函数名称。

▌实例10：以不同效果淡出网页中的矩形。

代码如下：

```html
<!DOCTYPE html>
<html>
<head>
    <meta charset="UTF-8">
    <title>淡出可见元素</title>
    <script type="text/javascript" src="jquery.min.js"></script>
    <script type="text/javascript">
        $(document).ready(function(){
            $("button").click(function(){
                $("#div1").fadeOut();
                $("#div2").fadeOut("slow");
                $("#div3").fadeOut(3000);
            });
        });
    </script>
</head>
<body>
<h3>以不同参数方式淡出网页元素</h3>
<div id="div1" style="width:80px;height:80px;background-color:red;"></div>
<br>
<div id="div2" style="width:80px;height:80px;background-color:green;">
</div><br>
<div id="div3" style="width:80px;height:80px;background-color:blue;"></div><br />
<button>淡出矩形</button>
</body>
</html>
```

运行结果如图 17-18 所示，单击页面中的按钮，网页中的矩形就会以不同的方式淡出，结果如图 17-19 所示。

图 17-18　默认状态

图 17-19　以不同效果淡出网页中的矩形

17.3.3　切换淡入淡出元素

fadeToggle() 方法可以在 fadeIn() 与 fadeOut() 方法之间进行切换。也就是说，如果元素已淡出，则 fadeToggle() 会向元素添加淡入效果；如果元素已淡入，则 fadeToggle() 会向元素添加淡出效果。

fadeToggle() 方法的语法格式如下：

```
$(selector).fadeToggle(speed,callback);
```

参数说明如下。

（1）speed：可选的参数，规定淡入淡出效果的时长，可以取 slow、fast 或毫秒等参数。

（2）callback：可选的参数，是 fadeToggle() 方法完成后所执行的函数名称。

▌实例 11：切换网页元素的淡入淡出效果。

代码如下：

```html
<!DOCTYPE html>
<html>
<head>
    <meta charset="UTF-8">
    <title>切换淡入淡出元素</title>
    <script type="text/javascript" src="jquery.min.js"></script>
    <script type="text/javascript">
        $(document).ready(function(){
            $("button").click(function(){
                $("#div1").fadeToggle();
                $("#div2").fadeToggle("slow");
                $("#div3").fadeToggle(3000);
            });
        });
    </script>
</head>
<body>
<p>以不同参数方式淡入淡出网页元素</p>
<button>淡入淡出矩形</button><br /><br />
<div id="div1" style="width:80px;height:80px;background-color:red;">
</div><br />
<div id="div2" style="width:80px;height:80px;background-color:green;">
</div><br />
<div id="div3" style="width:80px;height:80px;background-color:blue;">
</div>
</body>
</body>
</html>
```

图 17-20　切换淡入淡出效果

运行结果如图 17-20 所示，单击页面中的按钮，网页中的矩形就会以不同的方式淡入淡出。

17.3.4 淡入淡出元素至指定数值

使用 fadeTo() 方法可以将网页元素淡入 / 淡出至指定不透明度，不透明度的值在 0~1。fadeTo() 方法的语法格式为：

```
$(selector).fadeTo(speed,opacity,callback);
```

参数说明如下。

（1）speed：可选的参数，规定淡入淡出效果的时长，可以取 slow、fast 或毫秒等参数。

（2）opacity：必需的参数，参数将淡入淡出效果设置为给定的不透明度 (0~1)。

（3）callback：可选的参数，是该函数完成后所执行的函数名称。

┃ 实例 12：实现网页元素的淡出至指定数值。

代码如下：

```
<!DOCTYPE html>
<html>
<head>
    <meta charset="UTF-8">
    <title>淡入淡出元素至指定数值</title>
    <script type="text/javascript" src="jquery.min.js"></script>
    <script type="text/javascript">
        $(document).ready(function(){
            $("button").click(function(){
                $("#div1").fadeTo("slow",0.6);
                $("#div2").fadeTo("slow",0.4);
                $("#div3").fadeTo("slow",0.7);
            });
        });
    </script>
</head>
<body>
<p>以不同参数方式淡出网页元素</p>
<button>单击按钮，使矩形以不同的方式淡出至指定参数
</button>
<br ><br />
<div id="div1" style="width:80px;height:80px;ba
ckground-color:red;"></div>
<br>
<div id="div2" style="width:80px;height:80px;ba
ckground-color:green;"></div>
<br>
<div id="div3" style="width:80px;height:80px;ba
ckground-color:blue;"></div>
</body>
</html>
```

图 17-21　淡出至指定参数值

运行结果如图 17-21 所示，单击页面中的按钮，网页中的矩形就会以不同的方式淡出至指定参数值。

17.4　滑动效果

通过 jQuery，可以在元素上创建滑动效果。jQuery 中用于创建滑动效果的方法有 slideDown()、slideUp()、slideToggle()。

17.4.1　滑动显示匹配的元素

使用 slideDown() 方法可以向下增加元素高度，动态显示匹配的元素。slideDown() 方法会逐渐向下增加匹配的隐藏元素的高度，直到元素完全显示为止。

slideDown() 方法的语法格式如下：

```
$(selector).slideDown(speed,callback);
```

参数说明如下。

（1）speed：可选的参数，规定效果的时长，可以取 slow、fast 或毫秒等参数。

（2）callback：可选的参数，是滑动完成后所执行的函数名称。

▌实例 13：滑动显示网页元素。

代码如下：

```html
<!DOCTYPE html>
<html>
<head>
    <meta charset="UTF-8">
    <title>滑动显示网页元素</title>
    <script type="text/javascript" src="jquery.min.js"></script>
    <script type="text/javascript">
        $(document).ready(function(){
            $(".flip").click(function(){
                $(".panel").slideDown("slow");
            });
        });
    </script>
    <style type="text/css">
        div.panel,p.flip
        {
            margin: 0px;
            padding: 5px;
            text-align: center;
            background: #e5eecc;
            border: solid 1px #c3c3c3;
        }
        div.panel
        {
            height: 200px;
            display: none;
        }
    </style>
</head>
<body>
<div class="panel">
    <h3>春日</h3>
    <p>一春略无十日晴，处处浮云将雨行。</p>
```

```
        <p> 野田春水碧于镜，人影渡傍鸥不惊。</p>
        <p> 桃花嫣然出篱笑，似开未开最有情。</p>
        <p> 茅茨烟暝客衣湿，破梦午鸡啼一声。</p>
</div>
<p class="flip">显示古诗内容</p>
</body>
</html>
```

运行结果如图 17-22 所示，单击页面中的"显示古诗内容"，网页中隐藏的元素就会以滑动的方式显示出来，结果如图 17-23 所示。

图 17-22　默认状态

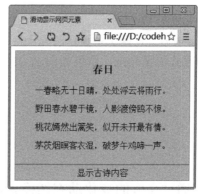

图 17-23　滑动显示网页元素

17.4.2　滑动隐藏匹配的元素

使用 slideUp() 方法可以向上减少元素高度，动态隐藏匹配的元素。slideUp() 方法会逐渐向上减少匹配的显示元素的高度，直到元素完全隐藏为止。slideUp() 方法的语法格式如下：

```
$(selector).slideUp(speed,callback);
```

参数说明如下。

（1）speed：可选的参数，规定效果的时长，可以取 slow、fast 或毫秒等参数。

（2）callback：可选的参数，是滑动完成后所执行的函数名称。

实例 14：滑动隐藏网页元素。

代码如下：

```
<!DOCTYPE html>
<html>
<head>
    <meta charset="UTF-8">
    <title>滑动隐藏网页元素</title>
    <script src="jquery.min.js"></
script>
    <script type="text/javascript">
        $(document).ready(function(){
            $(".flip").click(function(){
                $(".panel").
slideUp("slow");
            });
```

```
        });
    </script>
    <style type="text/css">
        div.panel,p.flip
        {
            margin: 0px;
            padding: 5px;
            text-align: center;
            background: #e5eecc;
            border: solid 1px #c3c3c3;
        }
        div.panel
        {
            height: 200px;
        }
    </style>
</head>
```

```
<body>
<div class="panel">
    <h3>金陵怀古</h3>
    <p>潮满冶城渚，日斜征虏亭。</p>
    <p>蔡洲新草绿，幕府旧烟青。</p>
    <p>兴废由人事，山川空地形。</p>
    <p>后庭花一曲，幽怨不堪听。</p>
</div>
<p class="flip">隐藏古诗内容</p>
</body>
</html>
```

图 17-24　默认状态

运行结果如图 17-24 所示，单击页面中的"隐藏古诗内容"，网页中显示的元素就会以滑动的方式隐藏起来，结果如图 17-25 所示。

图 17-25　滑动隐藏网页元素

17.4.3　通过高度的变化动态切换元素的可见性

通过 slideToggle() 方法可以实现通过高度的变化动态切换元素的可见性。也就是说，如果元素是可见的，就通过减少高度使元素全部隐藏；如果元素是隐藏的，就可以通过增加高度使元素最终全部可见。

slideToggle() 方法的语法格式如下：

```
$(selector).slideToggle(speed,callback);
```

参数说明如下。

（1）speed：可选的参数，规定效果的时长，可以取 slow、fast 或毫秒等参数。

（2）callback：可选的参数，是滑动完成后所执行的函数名称。

实例 15：通过高度的变化动态切换网页元素的可见性。

代码如下：

```
<!DOCTYPE html>
<html>
<head>
    <meta charset="UTF-8">
    <title>显示与隐藏的切换</title>
    <script type="text/javascript"
src="jquery.min.js"></script>
    <script type="text/javascript">
        $(document).ready(function(){
            $(".flip").click(function(){
                $(".panel").
slideToggle("slow");
            });
```

```
        });
    </script>
    <style type="text/css">
        div.panel,p.flip
        {
            margin: 0px;
            padding: 5px;
            text-align: center;
            background: #e5eecc;
            border: solid 1px #c3c3c3;
        }
        div.panel
        {
            height: 200px;
            display: none;
        }
    </style>
</head>
<body>
```

```
<div class="panel">
    <h3>苏武庙</h3>
    <p>苏武魂销汉使前，古祠高树两茫然。</p>
    <p>云边雁断胡天月，陇上羊归塞草烟。</p>
    <p>回日楼台非甲帐，去时冠剑是丁年。</p>
    <p>茂陵不见封侯印，空向秋波哭逝川。/p>
</div>
<p class="flip">显示与隐藏的切换</p>
</body>
</html>
```

运行结果如图 17-26 所示，单击页面中的"显示与隐藏的切换"，网页中显示的元素就可以在显示与隐藏之间进行切换，结果如图 17-27 所示。

图 17-26　默认状态

图 17-27　通过高度的变化动态切换
网页元素的可见性

17.5　自定义的动画效果

有时程序预设的动画效果并不能满足用户的需求，这时就需要采取高级的自定义动画来解决。在 jQuery 中，要实现自定义动画效果，主要使用 animate() 方法创建自定义动画，使用 stop() 方法停止动画。

1. 创建自定义动画

使用 animate() 方法创建自定义动画的方法更加自由，可以随意控制页面的元素，实现更为绚丽的动画效果，animate() 方法的基本语法格式如下：

```
$(selector).animate({params},speed,callback);
```

参数说明如下。

（1）params：必需的参数，定义形成动画的 CSS 属性。

（2）speed：可选的参数，规定效果的时长，可以取 slow、fast 或毫秒等参数。

（3）callback：可选的参数，是动画完成后所执行的函数名称。

> **提示：**默认情况下，所有 HTML 元素都有一个静态位置，且无法移动。如需对位置进行操作，要记得首先把元素的 CSS position 属性设置为 relative、fixed 或 absolute。

▎实例 16：创建自定义动画效果。

代码如下：

```
<!DOCTYPE html>
<html>
```

```
<head>
    <meta charset="UTF-8">
    <title>自定义动画效果</title>
    <script type="text/javascript" src="jquery.min.js"></script>
    <script type="text/javascript">
        $(document).ready(function(){
            $("button").click(function(){
                var div = $("div");
                div.animate({left:'100px'},"slow");
                div.animate({fontSize:'4em'},"slow");
            });
        });
    </script>
</head>
<body>
<button>开始动画</button>
<div style="background:#F2861D;height:80px;width:300px;position:absolute;">滕王阁序
</div>
</body>
</html>
```

运行结果如图 17-28 所示，单击页面中的"开始动画"按钮，网页中显示的元素就会以设定的动画效果运行，结果如图 17-29 所示。

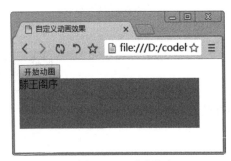

图 17-28　默认状态

图 17-29　创建自定义动画效果

2. 停止动画

stop() 方法用于停止动画或效果。stop() 方法适用于所有 jQuery 效果函数，包括滑动、淡入淡出和自定义动画。默认地，stop() 会清除在被选元素上指定的当前动画。

stop() 方法的语法格式如下：

```
$(selector).stop(stopAll,goToEnd);
```

（1）stopAll：可选的参数，规定是否应该清除动画队列。默认是 false，即仅停止活动的动画，允许任何排入队列的动画向后执行。

（2）goToEnd：可选的参数，规定是否立即完成当前动画。默认是 false。

实例 17：停止动画效果。

代码如下：

```
<!DOCTYPE html>
<html>
<head>
```

```
    <meta charset="UTF-8">
    <title>停止动画效果</title>
    <script type="text/javascript"
src="jquery.min.js"></script>
    <script type="text/javascript">
        $(document).ready(function(){
            $("#flip").click(function(){
                $("#panel").
```

```
slideDown(5000);
            });
            $("#stop").click(function()
{
                $("#panel").stop();
            });
        });
    </script>
    <style type="text/css">
        #panel,#flip
        {
            padding: 5px;
            text-align: center;
            background-color: #e5eecc;
            border: solid 1px #c3c3c3;
        }
        #panel
        {
            padding: 60px;
            display: none;
        }
    </style>
</head>
<body>
<button id="stop">停止滑动</button>
<div id="flip">显示古诗内容</div>
<div id="panel">
    <h3>姑苏怀古</h3>
```

```
        <p>夜暗归云绕枙牙，江涵星影鹭眠沙。</p>
        <p>行人怅望苏台柳，曾与吴王扫落花。</p>
</div>
</body>
</html>
```

运行结果如图 17-30 所示，单击页面中的"显示古诗内容"，下面的网页元素开始慢慢滑动以显示隐藏的元素，在滑动的过程中，如果想要停止滑动，可以单击"停止滑动"按钮，从而停止滑动。

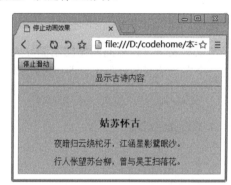

图 17-30　停止动画效果

17.6　新手常见疑难问题

▍疑问 1：淡入淡出的工作原理是什么？

让元素在页面不可见，常用的办法就是通过设置样式的 display:none。除此之外还可用一些类似的办法来达到这个目的，如设置元素透明度为 0，可以让元素不可见，透明度的参数是 0~1 之间的值，通过改变这个值可以让元素有一个透明度的效果。本章中讲述的淡入淡出动画 fadeIn() 和 fadeOut() 方法正是这样的原理。

▍疑问 2：通过 CSS 如何实现隐藏元素的效果？

hide() 方法是隐藏元素的最简单方法。如果没有参数，匹配的元素将被立即隐藏，没有动画。这大致相当于调用 .css('display', 'none')。其中 display 属性值保存在 jQuery 的数据缓存中，所以 display 可以方便以后恢复到其初始值。如果一个元素的 display 属性值为 inline，那么隐藏后再显示时，这个元素将再次显示 inline。

17.7　实战训练营

▍实战 1：设计滑动显示商品详细信息的动画特效

本案例要求设计滑动商品详情的动画特效，程序运行结果如图 17-31 所示。将鼠标放在商品图片上，即可滑动显示商品的详细信息，效果如图 17-32 所示。

图 17-31　初始效果

图 17-32　滑动显示商品的详细信息

▋ 实战 2：设计电商网站的左侧分类菜单

本案例要求设计电商网站的左侧分类菜单，程序运行结果如图 17-33 所示。将鼠标放在任何一个左侧的商品分类上，即可自动弹出商品细分类别的菜单，如图 17-34 所示。

图 17-33　初始效果

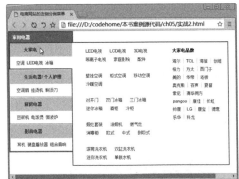
图 17-34　商品细分类别的菜单

第18章　jQuery的功能函数

本章导读

　　jQuery 提供了很多功能函数，熟悉和使用这些功能函数，不仅能够帮助开发人员快速完成各种功能，而且还会让代码非常简洁，从而提高项目开发的效率。本章重点学习功能函数的概念，常用功能函数的使用方法，如何调用外部代码的方法等。

知识导图

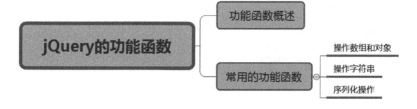

18.1　功能函数概述

jQuery 将常用功能的函数进行了总结和封装，这样用户在使用时，直接调用即可，不仅方便了开发者使用，而且大大提高了开发者的效率。jQuery 提供的这些实现常用功能的函数，被称作功能函数。

例如，开发人员经常需要对数组和对象进行操作，jQuery 就提供了对元素进行遍历、筛选和合并等操作的函数。

▎实例 1：对数组进行合并操作。

代码如下：

```html
<!DOCTYPE html>
<html>
<head>
    <meta charset="UTF-8">
    <title>合并数组 </title>
    <script type="text/javascript" src="jquery.min.js"></script>
    <script type="text/javascript">
        $(function(){
            var first = ['苹果','香蕉','橘子'];
            var second = ['葡萄','柚子','橙子'];
            $("p:eq(0)").text("数组a: " + first.join());
            $("p:eq(1)").text("数组b: " + second.join());
            $("p:eq(2)").text("合并数组: "
                + ($.merge($.merge([],first), second)).join());
        });
    </script>
</head>
<body>
<p></p><p></p><p></p>
</body>
<html>
```

运行程序，效果如图 18-1 所示。

图 18-1　对数组进行合并操作

18.2　常用的功能函数

了解功能函数的概念后，下面讲述常用功能函数的使用方法。

18.2.1　操作数组和对象

上一节中，讲述了数组的合并操作方法。对于数组和对象的操作，主要包括元素的遍历、筛选和合并等。

（1）jQuery 提供的 each() 方法用于为每个匹配元素规定运行的函数。可以使用 each() 方法来遍历数组和对象。语法格式如下：

```
$.each(object,fn);
```

其中，object 是需要遍历的对象，fn 是一个函数，这个函数是所遍历的对象都需要执行的，它可以接受两个参数：一个是数组对象的属性或者元素的序号，另一个是属性或者元素的值。这里需要注意的是：jQuery 还提供 $.each()，可以获取一些不熟悉对象的属性值。例如，不清楚一个对象包含什么属性，就可以使用 $.each() 进行遍历。

实例 2：使用 each() 方法遍历数组。

代码如下：

```html
<!DOCTYPE html>
<html>
<head>
    <meta charset="UTF-8">
    <title>使用each()方法遍历数组</title>
    <script type="text/javascript"
src="jquery.min.js"></script>
    <script type="text/javascript">
        $(document).ready(function(){
            $("button").click(function()
{
                $("li").each(function(){
                    alert($(this).
text())
                });
            });
        });
    </script>
</head>
<body>
<button>按顺序输出古诗的内容</button>
<ul>
    <li>少年易老学难成</li>
    <li>一寸光阴不可轻</li>
    <li>未觉池塘春草梦</li>
</ul>
</body>
</html>
```

运行程序，单击"按顺序输出古诗的内容"按钮，弹出每个列表中的值，依次单击"确定"按钮，即可显示每个列表项的值，效果如图 18-2 所示。

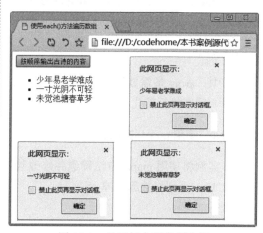

图 18-2　显示每个列表项的值

（2）jQuery 提供的 grep() 方法用于数组元素过滤筛选。使用的语法格式如下：

```
grep(array,fn,invert)
```

其中，array 指待过滤数组；fn 是过滤函数，对于数组中的对象，如果返回值是 true，就保留，返回值是 false 就去除；invert 是可选项，当设置为 true 时 fn 函数取反，即满足条件的被剔除出去。

实例 3：使用 grep() 方法筛选数组中的奇数。

代码如下：

```html
<!DOCTYPE html>
<html>
<head>
    <meta charset="UTF-8">
    <title>使用grep()方法过滤数组中的奇数</title>
    <script type="text/javascript" src="jquery.min.js"></script>
    <script type="text/javascript">
```

```
        var Array = [10,11,12,13,14,15,16,17,18];
        var Result = $.grep(Array,function(value){
            return (value % 2);
        });
        document.write("原数组: " + Array.join() + "<br />");
        document.write("过滤数组中的奇数: " + Result.join());
    </script>
</head>
<body>
</body>
</html>
```

图 18-3　筛选数组中的奇数

运行程序，效果如图 18-3 所示。

（3）jQuery 提供的 map() 方法用于把每个元素通过函数传递到当前匹配集合中，生成包含返回值的新的 jQuery 对象。通过使用 map() 方法，可以统一转换数组中的每一个元素值。使用的语法格式如下：

```
$.map(array,fn)
```

其中，array 是需要转化的目标数组，fn 显然就是转化函数，这个 fn 的作用就是对数组中的每一项都执行转化函数，它接受两个可选参数，一个是元素的值，另一个是元素的序号。

▌实例 4：使用 map() 方法。

本案例将使用 map() 方法筛选并修改数组中的值，如果数组中的值大于 10，则将该元素值加上 10，否则将被删除掉。

代码如下：

```
<!DOCTYPE html>
<html>
<head>
    <meta charset="UTF-8">
    <title>使用map()方法筛选并修改数组的值</title>
    <script type="text/javascript" src="jquery.min.js"></script>
    <script type="text/javascript">
        $(function(){
            var arr1 = [7,9,10,15,12,19,5,4,18,26,88];
            arr2 = $.map(arr1,function(n){
                return n > 10 ? n + 10 : null;
                            //原数组中大于10 的元素加 10 ，否则删除
            });
            $("p:eq(0)").text("原数组值: " + arr1.join());
            $("p:eq(1)").text("筛选并修改数组的值: " + arr2.join());
        });
    </script>
</head>
<body>
<p></p><p></p>
</body>
</html>
```

图 18-4　使用 map() 方法

运行程序，效果如图 18-4 所示。

（4）jQuery 提供的 $.inArray() 函数很好地实现了数组元素的搜索功能。语法格式如下：

```
$.inArray(value,array)
```

其中，value 是需要查找的对象，而 array 是数组本身，如果找到目标元素，就返回第一个元素所在位置，否则返回 -1。

▌实例 5：使用 inArray() 函数搜索数组元素。

代码如下：

```
<!DOCTYPE html>
<html>
<head>
    <meta charset="UTF-8">
    <title>使用inArray()函数搜索数组元素</title>
    <script type="text/javascript" src="jquery.min.js"></script>
    <script type="text/javascript">
        $(function(){
            var arr = ["苹果", "香蕉", "橘子", "葡萄"];
            var add1 = $.inArray("香蕉",arr);
            var add2 = $.inArray("葡萄",arr);
            var add3 = $.inArray("西瓜",arr);
            $("p:eq(0)").text("数组: " + arr.join());
            $("p:eq(1)").text("\"香蕉\"的位置: " + add1);
            $("p:eq(2)").text("\"葡萄\"的位置: " + add2);
            $("p:eq(3)").text("\"西瓜\"的位置: " + add3);
        });
    </script>
</head>
<body>
<p></p><p></p><p></p><p></p>
</body>
</html>
```

运行程序，效果如图 18-5 所示。

图 18-5　使用 inArray() 函数搜索数组元素

18.2.2　操作字符串

常用的字符串操作包括去除空格、替换和字符串的截取等操作。

（1）使用 trim() 方法可以去掉字符串起始和结尾的空格。

▌实例 6：使用 trim() 方法。

代码如下：

```
<!DOCTYPE html>
<html>
<head>
    <meta charset="UTF-8">
    <title>使用trim()方法</title>
    <script type="text/javascript" src="jquery.min.js"></script>
</head>
<body>
<pre id="original"></pre>
<pre id="trimmed"></pre>
```

```
<script>
    var str = "                  檐流未滴梅花冻，一种清孤不等闲。            ";
    $("#original").html("原始字符串: /" + str + "/");
    $("#trimmed").html("去掉首尾空格: /" + $.trim(str) + "/");
</script>
</body>
</html>
```

运行程序，效果如图 18-6 所示。

（2）使用 substr() 方法可在字符串中抽取指定下标的字符串片段。

图 18-6　使用 trim() 方法

实例 7：使用 substr() 方法。

代码如下：

```
<!DOCTYPE html>
<html>
<head>
    <meta charset="UTF-8">
    <title>使用substr()方法</title>
    <script type="text/javascript" src="jquery.min.js"></script>
    <script type="text/javascript">
        var str = "晨起开门雪满山，雪晴云淡日光寒。";
        document.write("原始内容: " + str);
        document.write("截取内容: " + str.substr(0,10));
    </script>
</head>
<body>
</body>
</html>
```

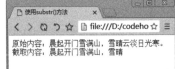

运行程序，效果如图 18-7 所示。

（3）使用 replace() 方法在字符串中用一些字符替换另

图 18-7　使用 substr() 方法

一些字符，或替换一个与正则表达式匹配的子串，结果返回一个字符串。使用的语法格式如下：

```
replace(m,n):
```

其中，m 是要替换的目标，n 是替换后的新值。

实例 8：使用 replace() 方法。

代码如下：

```
<!DOCTYPE html>
<html>
<head>
    <meta charset="UTF-8">
    <title>使用replace()方法</title>
    <script type="text/javascript" src="jquery.min.js"></script>
    <script type="text/javascript">
        var str = "本次采购的商品是: 风云牌洗衣机和风云牌电视机";
        document.write(str);
        document.write(str.replace(/风云/g, "墨韵"));
    </script>
```

```
</head>
<body>
</body>
</html>
```

运行程序，效果如图 18-8 所示。

图 18-8　使用 replace() 方法

18.2.3　序列化操作

jQuery 提供的 param(object) 方法用于将表单元素数组或者对象序列化，返回值是 string。其中，数组或者 jQuery 对象会按照 name、value 进行序列化，普通对象会按照 key、value 进行序列化。

▌实例 9：使用 param(object) 方法。

代码如下：

```
<!DOCTYPE html>
<html>
<head>
    <meta charset="UTF-8">
    <title>序列化操作</title>
    <script type="text/javascript"
src="jquery.min.js"></script>
    <script type="text/javascript">
        $(document).ready(function(){
            personObj = new Object();
            personObj.name =
"Television";
            personObj.price = "7600";
            personObj.num = 12;
            personObj.eyecolor = "red";
            $("button").
click(function(){
```

```
                $("div").text($.
param(personObj));
            });
        });
    </script>
</head>
<body>
<button>序列化对象</button>
<div></div>
</body>
</html>
```

运行程序，单击"序列化对象"按钮，效果如图 18-9 所示。

图 18-9　使用 param(object) 方法

18.3　新手常见疑难问题

▌疑问 1：如何加载外部文本文件的内容？

在 jQuery 中，load() 方法是简单而强大的 Ajax 方法。用户可以使用 load() 方法从服务器加载数据，并把返回的数据放入被选元素中。使用的语法格式如下：

```
$(selector).load(URL,data,callback);
```

其中，URL 是必需的参数，表示希望加载的文件路径，data 参数是可选的，规定与请求一同发送的查询字符串键值对集合。callback 也是可选的参数，是 load() 方法完成后所执行的函数名称。

例如，用户想加载 test.txt 文件的内容到指定的 <div> 元素中，使用的代码如下：

```
$("#div1").load("test.txt");
```

疑问 2：jQuery 中的测试函数有哪些？

在 JavaScript 中，有自带的测试操作函数 isNaN() 和 isFinite()。其中，isNaN() 函数用于判断函数是否是非数值，如果是数值就返回 false；isFinite() 函数是检查其参数是否是无穷大，如果参数是 NaN(非数值)，或者是正、负无穷大的数值时，就返回 false，否则返回 true。而在 jQuery 发展中，测试工具函数主要有下面两种，用于判断对象是否是某一种类型，返回值都是 boolean 值。

（1）\$.isArray(object)：返回一个布尔值，指明对象是否是一个 JavaScript 数组 (而不是类似数组的对象，如一个 jQuery 对象)。

（2）\$.isFunction(object)：用于测试是否为函数的对象。

18.4　实战训练营

实战 1：综合应用 each() 方法。

本案例要求使用 each() 方法实现以下三个功能。

（1）输出数组 [" 苹果 "," 香蕉 "," 橘子 "," 香梨 "] 的每一个元素。

（2）输出二维数组 [[100, 110, 120], [200, 210, 220], [300, 310, 320]] 中每一个一维数组里的第一个值，输出结果为：100，200 和 300。

（3）输出 { one:1000, two:2000, three:3000, four:4000} 中每个元素的属性值，输出结果为：1000，2000，3000 和 4000。

程序运行结果如图 18-10 所示。

实战 2：综合应用 grep() 方法。

本案例要求使用 grep() 方法实现过滤数组的功能。输出为两次过滤的结果。过滤的原始数组为：[1, 2, 3, 4, 6, 8, 10, 20, 30, 88,35, 86, 88, 99, 88]。

（1）第一次过滤出原始数组中值不为 10，并且索引值大于 5 的元素。

（2）第二次过滤是在第一次过滤的基础上再次过滤掉值为 88 的元素。

程序运行结果如图 18-11 所示。

图 18-10　综合应用 each() 方法

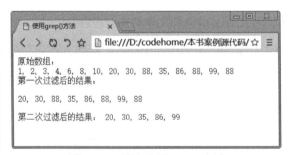

图 18-11　综合应用 grep() 方法

第19章　jQuery插件的应用与开发

📖 本章导读

　　虽然 jQuery 库提供的功能满足了大部分的应用需求，但是对于一些特定的需求，需要开发人员使用或创建 jQuery 插件来扩充 jQuery 的功能，这就是 jQuery 具有强大的扩展功能。通过使用插件可以提高项目的开发效率，解决人力成本问题。本章将重点学习 jQuery 插件的应用与开发方法。

📘 知识导图

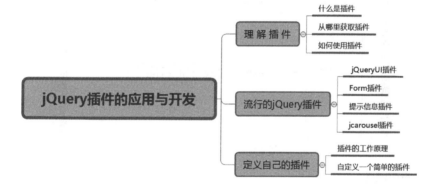

19.1 理解插件

在学习插件之前，用户需要了解插件的基本概念。

1. 什么是插件

编写插件的目的，是给已有的一系列方法或函数做一个封装，以便在其他地方重复使用，方便后期维护。随着 jQuery 的广泛使用，已经出现了大量的 jQuery 插件，如 thickbox、iFX、jQuery-googleMap 等，简单地引用这些源文件就可以方便地使用这些插件。

jQuery 除了提供一个简单、有效的方式来管理元素以及脚本外，还提供了添加方法和额外功能到核心模块的机制。通过这种机制，jQuery 允许用户自己创建属于自己的插件，提高开发过程中的效率。

2. 从哪里获取插件

jQuery 官方网站中有很多现成的插件，在官方主页中单击 Plugins 超链接，即可在打开的页面中查看和下载 jQuery 提供的插件，如图 19-1 所示。

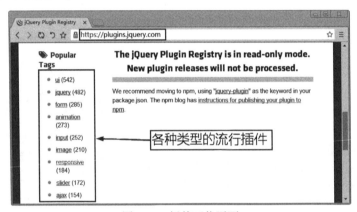

图 19-1　插件下载页面

3. 如何使用插件

由于 jQuery 插件其实就是 JS 包，所以使用方法比较简单，基本步骤如下。

（1）将下载的插件或者自定义的插件放在主 jQuery 源文件下，然后在 <head> 标记中引用插件的 JS 文件和 jQuery 库文件。

（2）包含一个自定义的 JavaScript 文件，并在其中使用插件创建的方法。

下面以常用的 jQuery Form 的插件为例，简单介绍如何使用插件。操作步骤如下。

（1）从 jQuery 官方网站下载 jquery.form.js 文件，然后放在网站目录下。

（2）在页面中创建一个普通的 Form，代码如下所示：

```
<form id="myForm" action="comment.aspx" method="post">
    用户名: <input type="text" name="name" />
    评论: <textarea name="comment"></textarea>
    <input type="submit" value="Submit Comment" />
</form>
```

上述代码的 Form 和普通的页面里面的 Form 没有任何区别，也没有用到任何特殊的元素。

（3）在 Head 部分引入 jQuery 库和 Form 插件库文件，然后在合适的 JavaScript 区域使用插件提供的功能即可。

19.2 流行的 jQuery 插件

本节介绍几个流行的 jQuery 插件，包括 QueryUI 插件、Form 插件、提示信息插件和 jcarousel 插件。

19.2.1 jQueryUI 插件

jQueryUI 是一个基于 jQuery 的用户界面开发库，主要由 UI 小部件和 CSS 样式表集合而成，它们被打包到一起，以完成常见的任务。

jQuery UI 插件的下载地址为 http://jqueryui.com/download/。在下载 jQueryUI 包时，还需要注意其他一些文件。development-bundle 目录下包含了 demonstrations 和 documentation，它们虽然有用，但不是产品环境下部署所必需的。但是，在 css 和 js 目录下的文件，必须部署到 Web 应用程序中。js 目录包含 jQuery 和 jQueryUI 库；而 css 目录包括 CSS 文件和所有生成小部件和样式表所需的图片。

UI 插件主要可以实现鼠标互动，包括拖曳、排序、选择和缩放等效果，另外还有折叠菜单、日历、对话框、滑动条、表格排序、页签、放大镜效果和阴影效果等。

下面介绍两种常用的 jQuery UI 插件。

1. 鼠标拖曳页面板块

jQueryUI 提供的 API 极大地简化了拖曳功能的开发。只需要分别在拖曳源 (source) 和目标 (target) 上调用 draggable 函数即可。

draggable() 函数可以接受很多参数，以完成不同的页面需求，如表 19-1 所示。

表 19-1　draggable() 参数

参　　数	描　　述
helper	默认，即运行的是 draggable() 方法本身，当设置为 clone 时，以复制形式进行拖曳
handle	拖曳的对象是块中子元素
start	拖曳启动时的回调函数
stop	拖曳结束时的回调函数
drag	在拖曳过程中的执行函数
axis	拖曳的控制方向（例如，以 x,y 轴为方向）
containment	限制拖曳的区域
grid	限制对象移动的步长，如 grid[80,60]，表示每次横向移动 80 像素，纵向每次移动 60 像素
opacity	对象在拖曳过程中的透明度设置
revert	拖曳后自动回到原处，则设置为 true，否则为 false
dragPrevention	子元素不触发拖曳的元素

▌ 实例1：鼠标拖曳页面板块（案例文件：ch19\19.1.html）。

代码如下：

```html
<!DOCTYPE html>
<html>
<head>
    <title>实现拖曳功能</title>
    <style type="text/css">
        <!--
        .block{
            border:2px solid #760022;
            background-color:#ffb5bb;
            width:80px; height:25px;
            margin:5px; float:left;
            padding:20px; text-align:center;
            font-size:14px;

        }
        -->
    </style>
    <script language="javascript" src="jquery.js"></script>
    <script language="javascript" src="ui.base.min.js"></script>
    <script language="javascript" src="ui.draggable.min.js"></script>
    <script language="javascript">
        $(function(){
            for(var i=0;i<3;i++){    //添加4个<div>块
                $(document.body).append($("<div class='block'>拖块"
                    +i.toString()+"</div>").css ("opacity",0.6));
            }
            $(".block").draggable();
        });
    </script>
</head>
<body>
</body>
</html>
```

运行程序，效果如图 19-2 所示，按住拖块，即可拖曳到指定的位置，效果如图 19-3 所示。

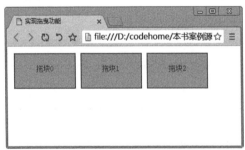

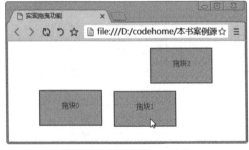

图 19-2　初始状态　　　　　　　　　图 19-3　实现了拖曳功能

2. 实现拖入购物车功能

jQueryUI 插件除了提供了 draggable() 来实现鼠标的拖曳功能，还提供了一个 droppable() 方法实现接收容器。

droppable() 函数可以接受很多参数，以完成不同的页面需求，如表 19-2 所示。

表 19-2　droppable() 参数

参　数	描　述
accept	如果是函数，对页面中所有的 droppable() 对象执行，返回 true 值的允许接收；如果是字符串，允许接收 jQuery 选择器
activeClass	对象被拖曳时的容器 CSS 样式
hoverClass	对象进入容器时，容器的 CSS 样式
tolerance	设置进入容器的状态（有 fit、intersect、pointer、touch）
active	对象开始被拖曳时调用的函数
deactive	当可接收对象不再被拖曳时调用的函数
over	当对象被拖曳出容器时用的函数
out	当对象被拖曳出容器时调用的函数
drop	当可以接收对象被拖曳进入容器时调用的函数

▌实例 2：创建拖曳购物车效果。

代码如下：

```html
<!DOCTYPE html>
<html>
<head>
    <title>拖曳购物车效果</title>
    <style type="text/css">
        <!--
        .draggable{
            width:70px; height:40px;
            border:2px solid;
            padding:10px; margin:5px;
            text-align:center;
        }
        .green{
            background-color:#73d216;
            border-color:#4e9a06;
        }
        .red{
            background-color:#ef2929;
            border-color:#cc0000;
        }
        .droppable {
            position:absolute;
            right:20px; top:20px;
            width:300px; height:300px;
            background-color:#b3a233;
            border:3px double #c17d11;
            padding:5px;
            text-align:center;
        }
        -->
    </style>
    <script language="javascript" src="jquery.js"></script>
    <script language="javascript" src="ui.base.min.js"></script>
    <script language="javascript" src="ui.draggable.min.js"></script>
    <script language="javascript" src="ui.droppable.min.js"></script>
```

```
    <script language="javascript">
        $(function(){
            $(".draggable").draggable({helper:"clone"});
            $("#droppable-accept").droppable({
                accept: function(draggable){
                    return $(draggable).hasClass("green");
                },
                drop: function(){
                    $(this).append($("<div></div>").html("成功添加到购物车！"));
                }
            });
        });
    </script>
</head>
<body>
<div class="draggable red">冰箱</div>
<div class="draggable green">空调</div>
<div id="droppable-accept" class="droppable">购物车<br></div>
</body>
</html>
```

运行程序，选择需要拖曳的拖块，按下鼠标左键，将其拖曳到右侧的购物车区域，即可显示"成功添加到购物车！"的信息，效果如图 19-4 所示。

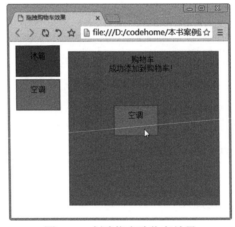

图 19-4　创建拖曳购物车效果

19.2.2　Form 插件

jQuery Form 插件是一个优秀的 Ajax 表单插件，可以非常容易地使 HTML 表单支持 Ajax。jQuery Form 有两个核心方法：ajaxForm() 和 ajaxSubmit()，它们集合了从控制表单元素到决定如何管理提交进程的功能。另外，插件还包括其他的一些方法，如 formToArray()、formSerialize0、fieldSerialize()、fieldValue()、clearForm()、clearFields() 和 resetForm() 等。

1. ajaxForm()

ajaxForm() 方法适用于以提交表单方式处理数据。需要在表单中标明表单的 action、id、method 属性，最好在表单中提供 submit 按钮。此方式大大简化了使用 Ajax 提交表单时的数据传递问题，不需要逐个地以 JavaScript 的方式获取每个表单属性的值，并且也不需要通过 url 重写的方式传递数据。ajaxForm() 会自动收集当前表单中每个属性的值，然后以表单提交的方式提交到目标 url。这种方式提交数据较安全，并且使用简单，不需要冗余的 JavaScript 代码。

使用时，需要在 document 的 ready 函数中使用 ajaxForm() 来为 Ajax 提交表单进行准备。ajaxForm() 接受 0 个或 1 个参数。单个的参数既可以是一个回调函数，也可以是一个 Options 对象。代码如下：

```javascript
<script language="javascript">
        $(document).ready(function() {
            // 给myFormId绑定一个回调函数
          $('#myFormId').ajaxForm(function() {
                alert("成功提交!");
            });
        });
</script>
```

2. ajaxSubmit()

ajaxSubmit() 方法适用于以事件机制提交表单，如通过超链接、图片的 click 事件等提交表单。此方法的作用与 ajaxForm() 类似，但更为灵活，因为它依赖于事件机制，只要有事件存在就能使用该方法。使用时只需要指定表单的 action 属性即可，不需提供 submit 按钮。

在使用 jQuery 的 Form 插件时，多数情况下调用 ajaxSubmit() 来对用户提交表单进行响应。ajaxSubmit() 接受 0 个或 1 个参数。这个单个的参数既可以是一个回调函数，也可以是一个 options 对象。一个简单的例子如下：

```javascript
<script language="javascript">
        $(document).ready(function(){
            $('#btn').click(function(){
                $('#registerForm').ajaxSubmit(function(data){
                    alert(data);
                });
                return false;
            });
        });
</script>
```

上述代码通过表单中 id 为 btn 的按钮的 click 事件触发，并通过 ajaxSubmit() 方法以异步 Ajax 方式提交表单到表单的 action 所指路径。

简单地说，通过 Form 插件的这两个核心方法，都可以在不修改表单的 HTML 代码结构的情况下，轻易地将表单的提交方式升级为 Ajax 提交方式。当然，Form 插件还拥有很多方法，这些方法可以帮助用户很容易地管理表单数据和表单提交。

19.2.3　提示信息插件

在网站开发过程中，有时想要实现对于一篇文章的关键词部分的提示，也就是当鼠标移动到这个关键词时，弹出相关的一段文字或图片的介绍。这就需要使用到 jQuery 的 clueTip 插件来实现。

clueTip 是一个 jQuery 工具提示插件，可以方便地为链接或其他元素添加 Tooltip 功能。当链接包括 title 属性时，它的内容将变成 clueTip 的标题。clueTip 中显示的内容可以通过 Ajax 获取，也可以从当前页面的元素中获取。

使用的具体操作步骤如下。

（1）引入 jQuery 库和 clueTip 插件的 js 文件。插件的下载地址为：

http://plugins.learningjquery.com/cluetip/demo/

引用插件的 .js 文件如下：

```
<link rel="stylesheet" href="jquery.cluetip.css" type="text/css" />
<script src="jquery.min.js" type="text/javascript"></script>
<script src="jquery.cluetip.js" type="text/javascript"></script>
```

（2）建立 HTML 结构，如下面的格式：

```
<!-- use ajax/ahah to pull content from fragment.html: -->
<p>
<a class="tips" href="fragment.html"
  rel="fragment.html">show me the cluetip!</a>
</p>
<!-- use title attribute for clueTip contents, but don't include anything in the
clueTip's heading -->
<p>
<a id="houdini" href="houdini.html"
  title="|Houdini was an escape artist.
  |He was also adept at prestidigitation.">Houdini</a>
</p>
```

（3）初始化插件，代码如下：

```
$(document).ready(function() {
$('a.tips').cluetip();
$('#houdini').cluetip({
    //使用调用元素的title属性来填充clueTip，在有"|"的地方将内容分裂成独立的div
splitTitle: '|',
showTitle: false      //隐藏clueTip的标题
});
});
```

19.2.4　jcarousel 插件

jcarousel 是一款 jQuery 插件，用来控制水平或垂直排列的列表项。例如，如图 19-5 所示的滚动切换效果。单击左右两侧的箭头，可以向左或者向右查看图片。当到达第一张图片时，左边的箭头变为不可用状态，当到达最后一张图片时，右边的箭头变为不可用状态。

图 19-5　图片滚动切换效果

使用的相关代码如下：

```
<script type="text/javascript" src="../lib/jquery.pack.js"></script>
<script type="text/javascript"
  src="../lib/jquery.jcarousel.pack.js"></script>
<link rel="stylesheet" type="text/css"
  href="../lib/jquery.jcarousel.css" />
<link rel="stylesheet" type="text/css" href="../skins/tango/skin.css" />
<script type="text/javascript">
jQuery(document).ready(function() {
jQuery('#mycarousel').jcarousel();
});
```

19.3　定义自己的插件

除了可以使用现成的插件以外，用户还可以自定义插件。

19.3.1　插件的工作原理

jQuery 插件的机制很简单，就是利用 jQuery 提供的 jQuery.fn.extend() 和 jQuery.extend() 方法扩展 jQuery 的功能。知道了插件的机制之后，编写插件就容易了，只要按照插件的机制和功能要求编写代码，就可以实现自定义功能的插件。

而要按机制编写插件，还需要了解插件的种类，插件一般分为三类：封装对象方法插件、封装全局函数插件和选择器插件。

1）封装对象方法

这种插件是将对象方法封装起来，用于对通过选择器获取的 jQuery 对象进行操作，是最常见的一种插件。此类插件可以发挥出 jQuery 选择器的强大优势，有相当一部分的 jQuery 的方法都是在 jQuery 脚本库内部通过这种形式"插"在内核上的，如 parent() 方法、appendTo() 方法等。

2）封装全局函数

可以将独立的函数加到 jQuery 命名空间下。添加一个全局函数，只需做如下定义：

```
jQuery.foo = function() {
    alert('这是函数的具体内容.');
};
```

当然 用户也可以添加多个全局函数：

```
jQuery.foo = function() {
    alert('这是函数的具体内容.');
};
jQuery.bar = function(param) {
    alert('这是另外一个函数的具体内容".');
};
```

调用时与函数是一样的：jQuery.foo()、jQuery.bar() 或者 $.foo()、$.bar('bar')。

例如，常用的 jQuery.ajax() 方法、去首尾空格的 jQuery.trim() 方法都是 jQuery 内部作为全局函数的插件附加到内核上去的。

3）选择器插件

虽然 jQuery 的选择器十分强大，但在少数情况下，还是会需要用到选择器插件来扩充一些自己喜欢的选择器。

jQuery.fn.extend() 多用于扩展上面提到的三种类型中的第一种，jQuery.extend() 用于扩展后两种插件。这两个方法都接受一个类型为 Object 的参数。Object 对象的"名 / 值对"分别代表"函数或方法名 / 函数主体"。

19.3.2　自定义一个简单的插件

下面通过一个例子来讲解如何自定义一个插件。定义的插件功能是：在列表元素中，当鼠标在列表项上移动时，其背景颜色会根据设定的颜色而改变。

▎实例 3：鼠标拖曳页面板块。

首先创建一个插件文件 19.3.js，代码如下：

```
/// <reference path="jquery.min.js"/>
/*------------------------------------------------------------/
功能：设置列表中表项获取鼠标焦点时的背景色
参数：li_col【可选】 鼠标所在表项行的背景色
返回：原调用对象
示例：$("ul").focusColor("red");
/------------------------------------------------------------*/
; (function($) {
    $.fn.extend({
        "focusColor": function(li_col) {
            var def_col = "#ccc"; //默认获取焦点的色值
            var lst_col = "#fff"; //默认丢失焦点的色值
            //如果设置的颜色不为空，使用设置的颜色，否则为默认色
            li_col = (li_col == undefined) ? def_col : li_col;
            $(this).find("li").each(function() { //遍历表项<li>中的全部元素
                $(this).mouseover(function() { //获取鼠标焦点事件
                    $(this).css("background-color", li_col); //使用设置的颜色
                }).mouseout(function() { //鼠标焦点移出事件
                    $(this).css("background-color", "#fff"); //恢复原来的颜色
                })
            })
            return $(this); //返回jQuery对象，保持链式操作
        }
    });
})(jQuery);
```

不考虑实际的处理逻辑时，该插件的框架如下：

```
; (function($) {
    $.fn.extend({
        "focusColor": function(li_col) {
            //各种默认属性和参数的设置
            $(this).find("li").each(function() { //遍历表项<li>中的全部元素
                //插件的具体实现逻辑
            })
            return $(this); //返回jQuery对象，保持链式操作
        }
    });
```

```
}) (jQuery);
```

在各种默认属性和参数设置的处理中，创建颜色参数以允许用户设定自己的颜色值；并根据参数是否为空来设定不同的颜色值。代码如下所示：

```
var def_col = "#ccc"; //默认获取焦点的色值
var lst_col = "#fff"; //默认丢失焦点的色值
//如果设置的颜色不为空，使用设置的颜色，否则为默认色
li_col = (li_col == undefined)? def_col : li_col;
```

在遍历列表项时，针对鼠标移入事件 mouseover() 设定对象的背景色，并且在鼠标移出事件 mouseout() 中还原原来的背景色。代码如下：

```
$(this).mouseover(function() { //获取鼠标焦点事件
    $(this).css("background-color", li_col); //使用设置的颜色
}).mouseout(function() { //鼠标焦点移出事件
    $(this).css("background-color", "#fff"); //恢复原来的颜色
})
```

当调用此插件时，需要先引入插件的 .js 文件，然后调用该插件中的方法。

调用上述插件的文件为 19.3.html，代码如下：

```
<!DOCTYPE html>
<html>
<head>
    <title>自定义插件</title>
    <script type="text/javascript"  src="jquery.min.js"></script>
    <script type="text/javascript" src="19.3.js"></script>
    <style type="text/css">
        body{font-size:12px}
        .divFrame{width:260px;border:solid 1px #666}
        .divFrame .divTitle{
            padding:5px;background-color:#eee;font-weight:bold}
        .divFrame .divContent{padding:8px;line-height:1.6em}
        .divFrame .divContent ul{padding:0px;margin:0px;
            list-style-type:none}
        .divFrame .divContent ul li span{margin-right:20px}
    </style>
    <script type="text/javascript">
        $(function() {
            $("#u1").focusColor("red"); //调用自定义的插件
        })
    </script>
</head>
<body>
<div class="divFrame">
    <div class="divTitle">产品销售情况</div>
    <div class="divContent">
        <ul id="u1">
            <li><span>洗衣机</span><span>1500台</span></li>
            <li><span>冰箱</span><span>5600台</span></li>
            <li><span>空调</span><span>4800台</span></li>
        </ul>
    </div>
</dv>
</body>
```

295

```
</html>
```

运行程序，效果如图 19-6 所示。

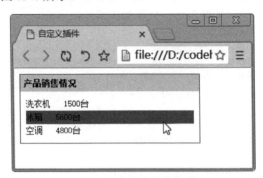

图 19-6　使用自定义插件

19.4　新手常见疑难问题

▌疑问 1：编写 jQuery 插件时需要注意什么？

（1）插件的推荐命名方法为 jquery.[插件名].js。

（2）所有的对象方法都应当附加到 jQuery.fn 对象上面，而所有的全局函数都应当附加到 jQuery 对象本身上。

（3）在插件内部，this 指向的是当前通过选择器获取的 jQuery 对象，而不像一般方法那样，内部的 this 指向的是 DOM 元素。

（4）可以通过 this.each 来遍历所有的元素。

（5）所有方法或函数插件，都应当以分号结尾，否则压缩的时候可能会出现问题。为了更加保险些，可以在插件头部添加一个分号 (;)，以免它们的不规范代码给插件带来影响。

（6）插件应该返回一个 jQuery 对象，以便保证插件的可链式操作。

（7）避免在插件内部使用 $ 作为 jQuery 对象的别名，而应当使用完整的 jQuery 来表示。这样可以避免冲突。

▌疑问 2：如何避免插件函数或变量名冲突？

虽然在 jQuery 命名空间中禁止使用了大量的 JavaScript 函数名和变量名，但是仍然不可避免某些函数或变量名将与其他 jQuery 插件冲突，因此需要将一些方法封装到另一个自定义的命名空间。

例如下面的使用空间的例子：

```
jQuery.myPlugin = {
    foo:function() {
        alert('This is a test. This is only a test.');
    },
    bar:function(param) {
        alert('This function takes a parameter, which is "' + param + '".');
    }
};
```

采用命名空间的函数仍然是全局函数，调用时采用的代码如下：

```
$.myPlugin.foo();

$.myPlugin.bar('baz');
```

19.5 实战训练营

▌实战 1：自定义扩展插件。

本案例要求自定义一个小插件，实现在容器中插入列表 <ul>，并给每个 <li> 赋值。程序运行结果如图 19-7 所示。

图 19-7　自定义扩展插件

▌实战 2：通过插件实现表格变色效果。

本案例要求通过插件实现表格变色效果。运行程序，单击"设置样式"按钮，将鼠标放在哪一行，则该行底纹将变色，效果如图 19-8 所示。单击"去除样式"按钮，则失去变色效果，效果如图 19-9 所示。

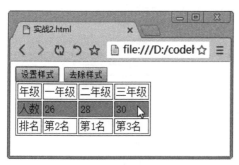

图 19-8　表格变色效果

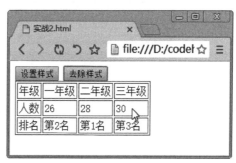

图 19-9　去除样式效果

第20章 开发企业门户网站

本章导读

在全球知识经济和信息化高速发展的今天，网络化已经成为企业发展的趋势。例如，人们想要了解某个企业，就会习惯性地先在网络中搜索这个企业，进而获得该企业的相关信息。本章就来介绍如何开发一个企业门户网站。

知识导图

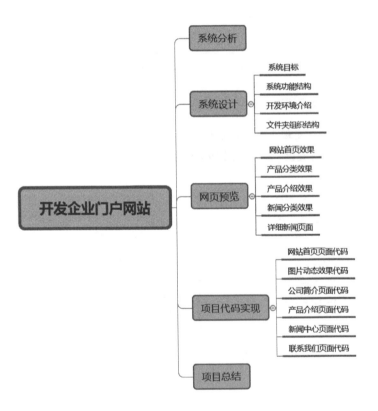

20.1　系统分析

计算机技术、网络通信技术和多媒体技术的飞速发展对人们的生产和生活方式产生了很大的影响，随着多媒体应用技术的不断成熟，以及宽带网络的不断发展，很多企业都会愿意制作一个门户网站，来展示自己的企业文化、产品等信息。

20.2　系统设计

下面就来制作一个企业门户网站，包括网站首页、公司简介、产品中心、新闻中心、联系我们等页面。

1. 系统目标

结合企业自己的特点以及实际情况，该企业门户网站是一个以电子产品为主流的网站，主要有以下特点。

（1）操作简单方便、界面简洁美观。

（2）能够全面展示企业产品分类以及产品的详细信息。

（3）浏览速度要快，尽量避免长时间打不开网页的情况发生。

（4）页面中的文字要清晰、图片要与文字相符。

（5）系统运行要稳定、安全可靠。

2. 系统功能结构

企业门户网站的系统功能结构如图 20-1 所示。

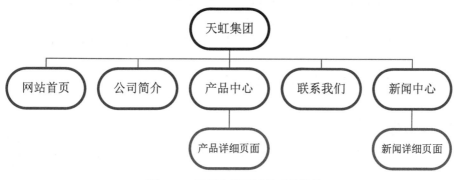

图 20-1　天虹集团网站的功能结构

3. 开发环境介绍

天虹集团的企业网站在开发的过程中，需要使用的软件开发环境如下。

（1）操作系统：Windows 10。

（2）jQuery 版本：jquery-3.5.1.min.js。

（3）开发工具：WebStorm 2019.3.2。

4. 文件夹组织结构

天虹集团门户网站的文件夹组织结构如图 20-2 所示。

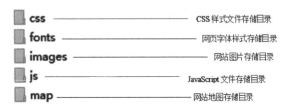

图 20-2　天虹集团网站文件夹的组织结构

天虹集团门户网站用到的资料文件夹 static 所包含的文件夹组织结构如图 20-3 所示。

图 20-3　static 文件夹所包含的子文件夹

由上述结构可以看出，本项目是基于 HTML 5、CSS 3、JavaScript 的案例程序，案例主要通过 HTML 5 确定框架、CSS 3 确定样式、JavaScript 来完成调度，三者合作来实现网页的动态化，案例所用的图片全部保存在 images 文件夹中。

本案例的代码清单包括：JavaScript、CSS 3、HTML 5 页面三个部分。

（1）HTML 文件：本案例包括多个 HTML 文件，主要文件为：index.html、about.html、news.html、products.html、contact.html 等。它们分别是首页页面、公司简介页面、新闻中心页面、产品分类页面、联系我们页面等。

（2）js 文件夹：本案例一共有 3 个 js 代码，分别为 main.js、jquery.min.js、bootstrap.min.js。

（3）css 文件夹：本案例一共有 2 个 CSS 代码，分别为 main.css、bootstrap.min.css。

20.3　网页预览

在设计天虹集团企业门户网站时，应用 CSS 样式、<div> 标记、JavaScript 和 jQuery 技术，制作了一个科技时代感很强的网页，下面就来预览网页效果。

1. 网站首页效果

企业门户网站的首页用于展示企业的基本信息，包括企业介绍、产品分类、产品介绍等，首页页面的运行效果如图 20-4 所示。

2. 产品分类效果

产品分类介绍页面主要内容包括产品分类、产品图片等，当单击某个产品图片时，可以进入下一级页面，在打开的页面中查看具体的产品介绍信息。页面的运行效果如图 20-5 所示。

图 20-4 天虹网站首页

图 20-5 产品分类页面

3. 产品介绍效果

产品介绍页面是产品分类页面的下一级页面，在该页面中主要显示了某个产品的具体信息，页面运行效果如图 20-6 所示。

图 20-6　产品介绍页面

4. 新闻分类效果

一个企业门户网站需要有一个新闻中心页面，在该页面中可以查看有关企业的最新信息，以及一些和本企业经营相关的政策和新闻等，页面运行效果如图 20-7 所示。

图 20-7　新闻中心页面

5. 详细新闻页面

当需要查看某个具体的新闻时，可以在新闻分类页面中单击某个新闻标题，然后进入详细新闻页面，查看具体内容，页面运行效果如图 20-8 所示。

一周三场，智慧教育"热遍"大江南北

发布时间：2020-12-20

在经历了教育信息化1.0以"建"为主的时代，我国的教育正向着以"用"为主的2.0时代迈进。

未来的教育将是什么样的？专家认为，在大智移云、人机协同、跨界融合、共创分享的崭时代，学习环境智能化、动态学习常态化、素质评价精准化等深入推进，智慧教育呼之已出。

而就在上周，随着"智慧中国"大屏在延安、合肥、东莞陆续点亮，"智慧中国行——智慧教育论坛"正式开启。论坛聚焦机器智能与人类（教师）智慧的深度融合，指向学习者的高级思维发展和创新能力培养，推动我国教育迈向"智慧"新时代，吸引了业内专家、企业和媒体的广泛关注。

上个世纪90年代科教兴国战略提出伊始，天虹就推出了中国第一代多媒体电子教室，随后助力"校校通"、"三通两平台"、"全面改薄"工作。

面向教育信息化2.0时代，利用在AI和大数据的领先优势，天虹已经开发了智慧教室、智慧课堂和智慧校园等关键应用和平台，致力于构建涵盖"教学、教务、教研"智能化场景创新的智慧教育解决方案，打造"教、学、考、评、管"的业务链条纽带，真正推动教学方法创新和教学模式变革。

面向智能时代，天虹希望让智慧教育回到"教与学"的根本，从教室到课堂再到校园，以小见大，将创新的智慧教育解决方案落实、延展到每个环节中，以"用"为核心、以"数据"为驱动为教师减负增效，助学生提升成绩，帮学校提升办学质量。

上一篇：没有了　　　　　　　　　　　　　　　　　下一篇：2020，年轻人的新前途在哪？

图 20-8　详细新闻页面

20.4　项目代码实现

下面来介绍企业门户网站各个页面的实现过程及相关代码。

20.4.1　网站首页页面代码

在网站首页中，一般会存在导航菜单，通过这个导航菜单实现在不同页面之间的跳转。导航菜单的运行结果如图 20-9 所示。

网站首页　　　关于天虹　　　产品介绍　　　新闻中心　　　联系我们

图 20-9　网站导航菜单

实现导航菜单的 HTML 代码如下：

```
<div class="nav-list">
  <!--class="collapse navbar-collapse" id="bs-example-navbar-collapse"-->
    <ul class="nav navbar-nav">
    <li class="active hidden-xs">
      <a href="index.html">网站首页</a>
    </li>
      <li>
      <a href="about.html">关于天虹</a>
    </li>
  <li>
      <a href="products.html">产品介绍</a>
    </li>
  <li>
      <a href="news.html">新闻中心</a>
    </li>
  <li>
      <a href="contact.html">联系我们</a>
```

```
        </li>
    </ul>
</div>
```

上述代码定义了一个 div 标签，然后通过 CSS 控制 div 标签的样式，并在 div 标签中插入无序列表以实现导航菜单效果。

实现网站首页的主要代码如下：

```html
<!DOCTYPE HTML>
<html lang="zh-cn">
    <head>
        <title>天虹集团</title>
        <meta charset="utf-8" />
        <meta name="viewport" content="width=device-width, initial-scale=1">
        <link rel="stylesheet"
            type="text/css" href="static/css/bootstrap.min.css" />
        <link rel="stylesheet" type="text/css" href="static/css/main.css" />
    </head>
    <body class="bodypg">
        <div class="top-intr">
            <div class="container">
                <p class="pull-left">
                    天虹集团有限公司
                </p>
                <p class="pull-right">
                <a><i class="glyphicon glyphicon-earphone"></i>
                    联系电话：010-12345678 </a>
                </p>
            </div>
        </div>
        <nav class="navbar-default">
            <div class="container">
                <div class="navbar-header">
                    <!--<button type="button" class="navbar-toggle"
                        data-toggle="collapse"
                        data-target="#bs-example-navbar-collapse">
                    <span class="sr-only">Toggle navigation</span>
                    <span class="icon-bar"></span>
                    <span class="icon-bar"></span>
                    <span class="icon-bar"></span>
                    </button>-->
                    <a href="index.html">
                        <h1>天虹科技</h1>
                        <p>T HONG CO.LTD.</p>
                    </a>
                </div>
                <div class="pull-left search">
                    <input type="text" placeholder="输入搜索的内容"/>
                        <a><i class="glyphicon glyphicon-search"></i>搜索</a>
                    </div>
                <div class="nav-list"><!--class="collapse navbar-collapse"
                                id="bs-example-navbar-collapse"-->
                    <ul class="nav navbar-nav">
                        <li class="active hidden-xs">
                            <a href="index.html">网站首页</a>
                        </li>
                        <li>
                            <a href="about.html">关于天虹</a>
```

```
                </li>
                <li>
                    <a href="products.html">产品介绍</a>
                </li>
                <li>
                    <a href="news.html">新闻中心</a>
                </li>
                <li>
                    <a href="contact.html">联系我们</a>
                </li>
            </ul>
        </div>
    </div>
</nav>
<!--banner-->
<div id="carousel-example-generic" class="carousel slide"
            data-ride="carousel">
    <!-- Indicators -->
    <ol class="carousel-indicators">
        <li data-target="#carousel-example-generic"
                data-slide-to="0" class="active"></li>
        <li data-target="#carousel-example-generic"
                data-slide-to="1"></li>
        <li data-target="#carousel-example-generic"
                data-slide-to="2"></li>
    </ol>

    <!-- Wrapper for slides -->
    <div class="carousel-inner" role="listbox">
        <div class="item active">
            <img src="static/images/banner/banner2.jpg">
        </div>
        <div class="item">
            <img src="static/images/banner/banner3.jpg">
        </div>
        <div class="item">
            <img src="static/images/banner/banner1.jpg">
        </div>
    </div>

    <!-- Controls -->
    <a class="left carousel-control" href="#carousel-example-generic"
      role="button" data-slide="prev">
        <span class="glyphicon glyphicon-chevron-left"
                aria-hidden="true"></span>
        <span class="sr-only">Previous</span>
    </a>
    <a class="right carousel-control"
                href="#carousel-example-generic" role="button"
                data-slide="next">
        <span class="glyphicon glyphicon-chevron-right"
                aria-hidden="true"></span>
        <span class="sr-only">Next</span>
    </a>
</div>
<!--main-->
<div class="main container">
    <div class="row">
        <div class="col-sm-3 col-xs-12">
            <div class="pro-list">
```

```
                        <div class="list-head">
                         <h2>产品分类</h2>
                         <a href="products.html">更多+</a>
                        </div>
                        <dl>
                        <dt>台式机</dt>
                        <dd><a href="products-detail.html">
                                AIO 一体台式机 黑色</a></dd>
                        <dt>笔记本</dt>
                        <dd><a href="products-detail1.html">
                                小新 Pro 13 酷睿i7 银色</a></dd>
                        <dt>平板电脑</dt>
                        <dd><a href="products-detail2.html">
                                M10 PLUS网课平板</a></dd>
                        <dt>电脑配件</dt>
                        <dd><a href="products-detail3.html">
                                小新AIR鼠标</a></dd>
                        <dd><a href="products-detail4.html">
                                笔记本支架</a></dd>
                        <dt>智能产品</dt>
                        <dd><a href="products-detail5.html">
                                看家宝智能摄像头</a></dd>
                        <dd><a href="products-detail6.html">
                                智能家庭投影仪</a></dd>
                        <dd><a href="products-detail7.html">
                                智能体脂称</a></dd>
                        </dl>
                    </div>

                </div>
                <div class="col-sm-9 col-xs-12">
                    <div class="about-list row">
                        <div class="col-md-9 col-sm-12">
                         <div class="about">
                                <div class="list-head">
                                        <h2>公司简介</h2>
                                        <a href="about.html">更多+</a>
                                </div>
                                <div class=" about-con row">
                                        <div class="col-sm-6 col-xs-12">
                                          <img src="static/images/ab.jpg"/>
                                        </div>
                                        <div class="col-sm-6 col-xs-12">
                                                <h3>天虹集团有限公司</h3>
                                                <p>
                                                        天虹集团有限公司是一家年收入500亿美元的世界
500强公司，拥有63,000多名员工，业务遍及全球180多个市场。
                                                </p>
                                        </div>
                                </div>
                         </div>
                        </div>
                        <div class="col-md-3 col-sm-12">
                            <div class="con-list">
                         <div class="list-head">
                            <h2>联系我们</h2>
                         </div>
                         <div class="con-det">
                            <a href="contact.html">
                                <img src="static/images/listcon.jpg"/></a>
```

```
                <ul>
            <li>公司地址：北京市天虹区产业园</li>
            <li>固定电话：<br/>010-12345678</li>
            <li>联系邮箱：Thong@job.com</li>
        </ul>
    </div>
        </div>
    </div>
</div>
<div class="pro-show">
    <div class="list-head">
    <h2>产品展示</h2>
    <a href="products.html">更多+</a>
    </div>
    <ul class="row">
        <li class="col-sm-3 col-xs-6">
        <a href="products-detail.html">
            <img src="static/images/products/pro1.jpg"/>
            <p>AIO 一体台式机 黑色</p>
        </a>
        </li>
        <li class="col-sm-3 col-xs-6">
        <a href="products-detail1.html">
            <img src="static/images/products/pro2.jpg"/>
            <p>小新 Pro 13 酷睿i7 银色</p>
        </a>
        </li>
        <li class="col-sm-3 col-xs-6">
        <a href="products-detail2.html">
            <img src="static/images/products/pro3.jpg"/>
            <p>M10 PLUS网课平板</p>
        </a>
        </li>
        <li class="col-sm-3 col-xs-6">
        <a href="products-detail3.html">
            <img src="static/images/products/pro4.jpg"/>
            <p>小新AIR鼠标</p>
        </a>
        </li>
        <li class="col-sm-3 col-xs-6">
        <a href="products-detail4.html">
            <img src="static/images/products/pro5.jpg"/>
            <p>笔记本支架</p>
        </a>
        </li>
        <li class="col-sm-3 col-xs-6">
        <a href="products-detail5.html">
            <img src="static/images/products/pro6.jpg"/>
            <p>看家宝智能摄像头</p>
        </a>
        </li>
        <li class="col-sm-3 col-xs-6">
        <a href="products-detail6.html">
            <img src="static/images/products/pro7.jpg"/>
            <p>智能家庭投影仪</p>
        </a>
        </li>
        <li class="col-sm-3 col-xs-6">
        <a href="products-detail7.html">
```

```html
            <img src="static/images/products/pro8.jpg"/>
                <p>智能体脂称</p>
        </a>
            </li>
        </ul>
    </div>
        </div>
    </div>
</div>
<a class="move-top">
    <p><i class="glyphicon glyphicon-chevron-up"></i></p>
</a>
<footer>
    <div class="footer02">
        <div class="container">
            <div class="col-sm-4 col-xs-12 footer-address">
                <h4>天虹集团有限公司</h4>
                <ul>
                    <li><i class="glyphicon glyphicon-home"></i>
                    公司地址：北京市天虹区产业园1号</li>
                    <li><i class="glyphicon glyphicon-phone-alt"></i>
                    固定电话：010-12345678 </li>
                    <li><i class="glyphicon glyphicon-phone"></i>
                    移动电话：01001010000</li>
                    <li><i class="glyphicon glyphicon-envelope"></i>
                    联系邮箱：Thong@job.com</li>
                </ul>
            </div>
            <ul class="footerlink col-sm-4 hidden-xs">
                <li>
                    <a href="about.html">关于我们</a>
                </li>
                <li>
                    <a href="products.html">产品介绍</a>
                </li>
                <li>
                    <a href="news.html">新闻中心</a>
                </li>
                <li>
                    <a href="contact.html">联系我们</a>
                </li>
            </ul>
            <div class="gw col-sm-4 col-xs-12">
                <p>关注我们：</p>
                <img src="static/images/wx.jpg"/>
                <p>客服热线：01001010000</p>
            </div>
        </div>
        <div class="copyright text-center">
            <span>copyright © 2020 </span>
            <span>天虹集团有限公司 </span>
        </div>
    </div>
</footer>
<script src="static/js/jquery.min.js" type="text/javascript"
    charset="utf-8"></script>
<script src="static/js/bootstrap.min.js" type="text/javascript"
    charset="utf-8"></script>
<script src="static/js/main.js" type="text/javascript"
```

```
        charset="utf-8"></script>
</body>
</html>
```

20.4.2 图片动态效果代码

网站页面中的 Banner 图片一般是自动滑动运行，要想实现这种功能，可以在自己的网站中应用 jQuery 库。要想在文件中引入 jQuery 库，需要在网页 <head> 标记中应用下面的引入语句：

```
<script type="text/javascript" src="static/js/jquery.min.js"></script>
```

例如，在本程序中使用 jQuery 库来实现图片自动滑动运行效果，用于控制整个网站 Banner 图片的自动运行，代码如下：

```
<script type="text/javascript">
$(function(){
    $(".move-top").click(function () {
        var speed=200;     //滑动的速度
        $('body,html').animate({ scrollTop: 0 }, speed);
        return false;
    });
})
</script>
```

运行之后，网站首页 Banner 以 200 毫秒 / 张的速度滑动，如图 20-10 所示为 Banner 的第一张图片；如图 20-11 所示为 Banner 的第二张图片；如图 20-12 所示为 Banner 的第三张图片。

图 20-10　Banner 的第一张图片

图 20-11　Banner 的第二张图片

图 20-12　Banner 的第三张图片

20.4.3 公司简介页面代码

公司简介页面用于介绍公司的基本情况，包括经营状况、产品内容等，实现页面功能的主要代码如下：

```
<div class="col-md-12 serli">
    <ol class="breadcrumb">
     <li><i class="glyphicon glyphicon-home"></i><a href="index.html">主页</a></li>
     <li class="active">关于天虹</li>
    </ol>
    <div class="abdetail">
     <img src="static/images/ab.jpg"/>
     <p>
     天虹集团有限公司　经销批发的笔记本电脑、台式机、平板电脑、企业办公设备、电脑配件等畅销消费者
市场，在消费者当中享有较高的地位，公司与多家零售商和代理商建立了长期稳定的合作关系。天虹集团有限
公司经销的笔记本电脑、台式机、平板电脑、企业办公设备、电脑配件等品种齐全、价格合理。天虹集团有限
公司实力雄厚，重信用、守合同、保证产品质量，以多品种经营特色和薄利多销的原则，赢得了广大客户的信
任。
     </p>
    </div>
    <ul class="rec clearfix">
     <li>
            <a href="contact.html" class="btn btn-danger">联系我们</a>
     </li>
    </ul>
</div>
```

通过上述代码，可以在页面的中间区域添加公司介绍内容，这里运行本案例的主页
index.html 文件，然后单击首页中的"关于天虹"超链接，即可进入关于天虹页面，实现效
果如图 20-13 所示。

图 20-13　公司简介页面效果

20.4.4　产品介绍页面代码

运行本案例的主页 index.html 文件，然后单击首页中的"产品介绍"超链接，即可进入
产品介绍页面，下面给出产品介绍页面的主要代码：

```
<div class="abpg container">
    <div class="">
        <!--<div class="col-md-3">
            <div class="model-title theme">
                产品介绍
```

```
        </div>
        <div class="model-list">
            <ul class="list-group">
             <li class="list-group-item">
                    <a href="about.html">产品介绍</a>
             </li>
            </ul>
        </div>
</div>-->
<div class="serli">
    <ol class="breadcrumb">
        <li><i class="glyphicon glyphicon-home"></i>
         <a href="index.html">主页</a>
        </li>
        <li class="active"><a href="products.html">产品介绍</a></li>
    </ol>
    <div class="caseMenu clearfix">
        <ul class="caseList">
         <li class="col-sm-2 col-xs-6 active">
                <div>
                        <a href="products.html">全部</a>
                </div>
         </li>
         <li class="col-sm-2 col-xs-6">
                <div>
                        <a href="products.html">笔记本</a>
                </div>
         </li>
         <li class="col-sm-2 col-xs-6">
                <div>
                        <a href="products.html">台式机</a>
                </div>
         </li>
         <li class="col-sm-2 col-xs-6">
                <div>
                        <a href="products.html">平板电脑</a>
                </div>
         </li>
         <li class="col-sm-2 col-xs-6">
                <div>
                        <a href="products.html">打印机</a>
                </div>
         </li>
         <li class="col-sm-2 col-xs-6">
                <div>
                        <a href="products.html">显示器</a>
                </div>
         </li>
         <li class="col-sm-2 col-xs-6">
                <div>
                        <a href="products.html">智慧大屏</a>
                </div>
         </li>
         <li class="col-sm-2 col-xs-6">
                <div>
                        <a href="products.html">智慧鼠标</a>
                </div>
         </li>
         <li class="col-sm-2 col-xs-6">
```

```
                <div>
                        <a href="products.html">投影仪</a>
                </div>
        </li>
        <li class="col-sm-2 col-xs-6">
                <div>
                        <a href="products.html">智慧键盘</a>
                </div>
        </li>
        <li class="col-sm-2 col-xs-6">
                <div>
                        <a href="products.html">无线对讲机</a>
                </div>
        </li>
        <li class="col-sm-2 col-xs-6">
                <div>
                        <a href="products.html">大屏手机</a>
                </div>
        </li>
        <li class="col-sm-2 col-xs-6">
                <div>
                        <a href="products.html">智慧家摄像头</a>
                </div>
        </li>
        <li class="col-sm-2 col-xs-6">
                <div>
                        <a href="products.html">儿童电话手表</a>
                </div>
        </li>
        <li class="col-sm-2 col-xs-6">
                <div>
                        <a href="products.html">智慧体脂秤</a>
                </div>
        </li>
        <li class="col-sm-2 col-xs-6">
                <div>
                        <a href="products.html">智慧电竞手机</a>
                </div>
        </li>
        <li class="col-sm-2 col-xs-6">
                <div>
                        <a href="products.html">蓝牙耳机</a>
                </div>
        </li>
        <li class="col-sm-2 col-xs-6">
                <div>
                        <a href="products.html">无线路由器</a>
                </div>
        </li>
        <li class="col-sm-2 col-xs-6">
                <div>
                        <a href="products.html">笔记本电脑手提包</a>
                </div>
        </li>
        <li class="col-sm-2 col-xs-6">
                <div>
                        <a href="products.html">智能电视</a>
                </div>
        </li>
```

```
<li class="col-sm-2 col-xs-6">
        <div>
                <a href="products.html">无线遥控器</a>
        </div>
</li>
<li class="col-sm-2 col-xs-6">
        <div>
                <a href="products.html">单反照相机</a>
        </div>
</li>
</ul>
</div>
<div class="pro-det clearfix">
<ul>
<li class="col-sm-3 col-xs-6">
        <div>
                <a href="products-detail.html">
<img src="static/images/products/pro1.jpg"/>
                        <p>AIO 一体台式机 黑色</p>
                </a>
        </div>
</li>
<li class="col-sm-3 col-xs-6">
        <div>
                <a href="products-detail1.html">
<img src="static/images/products/pro2.jpg"/>
                        <p>小新 Pro 13 酷睿i7 银色</p>
                </a>
        </div>
</li>
<li class="col-sm-3 col-xs-6">
        <div>
                <a href="products-detail2.html">
<img src="static/images/products/pro3.jpg"/>
                        <p>M10 PLUS网课平板</p>
                </a>
        </div>
</li>
<li class="col-sm-3 col-xs-6">
        <div>
                <a href="products-detail3.html">
<img src="static/images/products/pro4.jpg"/>
                        <p>小新AIR鼠标</p>
                </a>
        </div>
</li>
<li class="col-sm-3 col-xs-6">
        <div>
                <a href="products-detail4.html">
<img src="static/images/products/pro5.jpg"/>
                        <p>笔记本支架</p>
                </a>
        </div>
</li>
<li class="col-sm-3 col-xs-6">
        <div>
                <a href="products-detail5.html">
<img src="static/images/products/pro6.jpg"/>
                        <p>看家宝智能摄像头</p>
```

313

```
                                                </a>
                                        </div>
                                </li>
                                <li class="col-sm-3 col-xs-6">
                                        <div>
                                                <a href="products-detail6.html">
                                <img src="static/images/products/pro7.jpg"/>
                                                        <p>智能家庭投影仪</p>
                                                </a>
                                        </div>
                                </li>
                                <li class="col-sm-3 col-xs-6">
                                        <div>
                                                <a href="products-detail7.html">
                                <img src="static/images/products/pro8.jpg"/>
                                                        <p>智能体脂称</p>
                                                </a>
                                        </div>
                                </li>
                        </ul>
                </div>
                <nav aria-label="Page navigation" class="text-center">
                    <ul class="pagination">
                    <li>
                                <a href="#" aria-label="Previous">
                                        <span aria-hidden="true">«</span>
                                </a>
                    </li>
                    <li>
                                <a href="#">1</a>
                    </li>
                    <li>
                                <a href="#">2</a>
                    </li>
                    <li>
                                <a href="#">3</a>
                    </li>
                    <li>
                                <a href="#">4</a>
                    </li>
                    <li>
                                <a href="#">5</a>
                    </li>
                    <li>
                                <a href="#" aria-label="Next">
                                        <span aria-hidden="true">»</span>
                                </a>
                    </li>
                    </ul>
                </nav>
            </div>
        </div>
    </div>
```

20.4.5　新闻中心页面代码

运行本案例的主页 index.html 文件，然后单击首页中的"新闻中心"超链接，即可进入新闻中心页面，下面给出新闻中心页面的主要代码：

```
        <div class="serli">
            <ol class="breadcrumb">
                <li><i class="glyphicon glyphicon-home"></i>
                <a href="index.html">主页</a>
                </li>
                <li class="active">新闻中心</li>
            </ol>
            <div class="news-liebiao clearfix news-list-xiug">
                <div class="row clearfix news-xq">
                <div class="col-md-2 new-time">
                        <span class="glyphicon
                            glyphicon-time timetubiao"></span>
                        <span class="nqldDay">2</span>
                        <div class="shuzitime">
                                <div>Jun</div>
                                <div>2020</div>
                        </div>
                </div>
                <div class="col-md-10 clearfix">
                        <div class="col-md-3">
                                <img src="static/images/news/
                                    news1.jpg" class="new-img">
                        </div>
                        <div class="col-md-9">
                                <h4>
                                        <a href="news-detail.html">
                        一周三场，智慧教育"热遍"大江南北</a>
                                </h4>
                                <p>在经历了教育信息化1.0以"建"为主的时代，
                    我国的教育正向着以"用"为主的2.0时代迈进。</p>
                        </div>
                </div>
                </div>
                <div class="row clearfix news-xq">
                <div class="col-md-2 new-time">
                        <span class="glyphicon
                            glyphicon-time timetubiao"></span>
                        <span class="nqldDay">5</span>
                        <div class="shuzitime">
                                <div>Jun</div>
                                <div>2017</div>
                        </div>
                </div>
                <div class="col-md-10 clearfix">
                        <div class="col-md-3">
                                <img src="static/images/news/
                                        news2.jpg" class="new-img">
                        </div>
                        <div class="col-md-9">
                                <h4>
                                        <a href="news-detail1.html">
                                    小新15 2020 锐龙版上手记 </a>
                                </h4>
                                <p>15.6英寸全面屏高性能轻薄笔记本电脑，小新配备2.5K
分辨率高清屏，在观影和图片编辑等应用方面，色彩的表现非常好，让图像更接近于现实的观感，视觉效果更
加生动。在携带很方便，而且比较轻，不会很有重量感。</p>
                        </div>
                </div>
                </div>
```

```
                    <div class="row clearfix news-xq">
                     <div class="col-md-2 new-time">
                            <span class="glyphicon
                                glyphicon-time timetubiao"></span>
                            <span class="nqldDay">7</span>
                            <div class="shuzitime">
                                    <div>Jun</div>
                                    <div>2017</div>
                            </div>
                     </div>
                     <div class="col-md-10 clearfix">
                            <div class="col-md-3">
                                    <img src="static/images/news/
                                        news3.jpg" class="new-img">
                            </div>
                            <div class="col-md-9">
                                    <h4>
                    <a href="news-detail2.html">13寸轻薄本小新Pro13</a>
                                    </h4>
                                    <p>小新Pro13位板载内存，在更加轻薄的同时还可有效防
止震动造成接触不良。唯一的遗憾就是无法扩容。出厂直接上了16G内存，够用N年免折腾。固态硬盘512G对
于大多数小伙伴来说容量够用，自行更换更高容量固态也很方便。</p>
                            </div>
                     </div>
                    </div>
                    <div class="row clearfix news-xq">
                     <div class="col-md-2 new-time">
                    <span class="glyphicon glyphicon-time timetubiao"></span>
                            <span class="nqldDay">11</span>
                            <div class="shuzitime">
                                    <div>Jun</div>
                                    <div>2017</div>
                            </div>
                     </div>
                     <div class="col-md-10 clearfix">
                            <div class="col-md-3">
                    <img src="static/images/news/news4.jpg" class="new-img">
                            </div>
                            <div class="col-md-9">
                                    <h4>
                    <a href="news-detail3.html">ThinkBook 15p创造本图赏</a>
                                    </h4>
                                    <p>ThinkBook 15p定位为视觉系创造本，是专为次世代
创意设计生产人群，量身定制的专业级设计生产终端。无论在外观和功能的设计、还是性能配置，都能看得出
ThinkBook对新青年设计师群体真实内在需求的深刻理解</p>
                            </div>
                     </div>
                    </div>

            </div>
            <nav class="text-center">
              <ul class="pagination ">
               <li>
                    <a href="#" aria-label="Previous">
                            <span aria-hidden="true">«</span>
                    </a>
               </li>
               <li>
                    <a href="#">1</a>
```

```
                        </li>
                        <li>
                                <a href="#">2</a>
                        </li>
                        <li>
                                <a href="#">3</a>
                        </li>
                        <li>
                                <a href="#">4</a>
                        </li>
                        <li>
                                <a href="#">5</a>
                        </li>
                        <li>
                                <a href="#" aria-label="Next">
                                        <span aria-hidden="true">»</span>
                                </a>
                        </li>
                    </ul>
                </nav>
            </div>
        </div>
```

20.4.6 "联系我们"页面代码

几乎每个企业都会在网站的首页中添加自己的联系方式,以方便客户查询。下面给出"联系我们"页面的主要代码:

```
<div class="col-md-12 serli">
    <ol class="breadcrumb">
    <li><i class="glyphicon glyphicon-home"></i>
        <a href="index.html">主页</a>
    </li>
    <li class="active">联系我们</li>
    </ol>
    <div class="row mes">
    <div class="address col-sm-6 col-xs-12">
        <ul>
            <li>公司地址: 北京市天虹区产业园1号</li>
            <li>固定电话: 010-12345678</li>
            <li>移动电话: 01001010000</li>
            <li>联系邮箱: Thong@job.com</li>
        </ul>
        <img src="static/images/c.jpg"/>
    </div>
    <div class="letter col-sm-6 col-xs-12">
        <form id="message">
            <input type="text" placeholder="姓名"/>
            <input type="text" placeholder="联系电话"/>
            <textarea rows="6" placeholder="消息">
                </textarea>
        </form>
        <a class="btn btn-primary">发送</a>
    </div>
</div>
    </div>
```

运行本案例的主页 index.html 文件，然后单击首页中的"联系我们"超链接，即可进入联系我们页面，在其中查看公司地址、联系方式以及邮箱地址等信息，如图 20-14 所示。

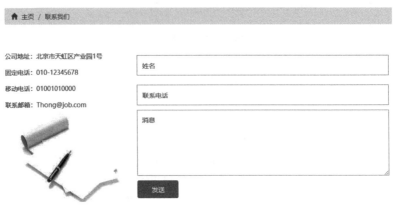

图 20-14　"联系我们"页面

20.5　项目总结

本实例是模拟制作一个电子产品企业的门户网站，该网站的主体颜色为蓝色，给人一种明快的感觉，网站包括首页、公司介绍、产品介绍、新闻中心以及联系我们等超链接，这些功能可以使用 HTML 5 来实现。

对于首页中的 banner 图片以及左侧的产品分类模块，均使用 JavaScript 来实现简单的动态消息，如图 20-15 所示为左侧的产品分类模块，当鼠标放置在某个产品信息上时，该文字会向右移动一个字符距离，鼠标以手型样式显示，如图 20-16 所示。

图 20-15　产品分类模块

图 20-16　动态显示产品分类

第21章　开发时尚购物网站

📖 本章导读

在物流与电子商务业务高速发展的今天，越来越多的商家将传统的销售渠道转向网络营销，为此，大型 B2C(商家对顾客) 模式的电子商务网站也越来越多。本章就来介绍如何开发一个时尚购物网站。

📖 知识导图

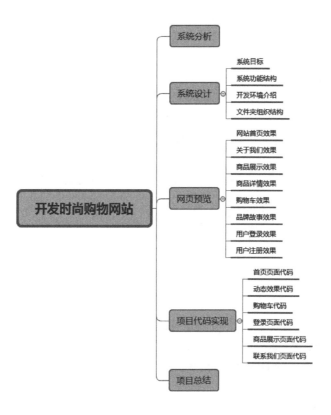

21.1 系统分析

计算机技术、网络通信技术和多媒体技术的飞速发展对人们的生产和生活方式产生了很大的影响，随着网上购物以及快递物流行业的不断成熟，相信现在很多人都愿意在网上进行购物。

21.2 系统设计

下面就来制作一个时尚购物网站，包括网站首页、女装/家居、男装/户外、童装/玩具、品牌故事等页面。

1. 系统目标

结合网上购物网站的特点以及实际情况，该时尚购物网站是一个以服装为主流的网站，主要有以下特点。

（1）操作简单方便、界面简洁美观。

（2）能够全面展示商品的详细信息。

（3）浏览速度要快，尽量避免长时间打不开网页的情况发生。

（4）页面中的文字要清晰、图片要与文字相符。

（5）系统运行要稳定、安全可靠。

2. 系统功能结构

购物网站的系统功能大致结构如图 21-1 所示。

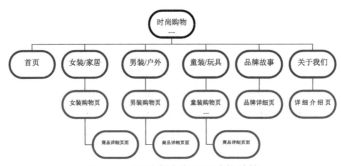

图 21-1　新时尚购物网站功能结构

3. 开发环境介绍

购物网站在开发的过程中，需要使用的软件开发环境如下。

（1）操作系统：Windows 10。

（2）jQuery 版本：jquery-3.5.1.min.js。

（3）开发工具：WebStorm 2019.3.2。

4. 文件夹组织结构

时尚购物网站的文件夹组织结构如图 21-2 所示。

由上述结构可以看出，本项目是基于 HTML 5、CSS 3、JavaScript 的案例程序，案例主要通过 HTML 5 确定框架、CSS 3 确定样式、JavaScript 来完成调度，三者合作来实现网页的动态化，案例所用的图片全部保存在 images 文件夹中。

21.3 网页预览

在设计新时尚购物网站时，应用了 CSS 样式、<div> 标记、JavaScript 和 jQuery 技术，从而制作了一个功能齐全，页面优美的购物网页，下面就来预览网页效果。

1. 网站首页效果

新时尚购物网的首页用于展示最新上架的商品信息，还包括网站的导航菜单，购物车功能、登录功能等，首页页面的运行效果如图 21-3 所示。

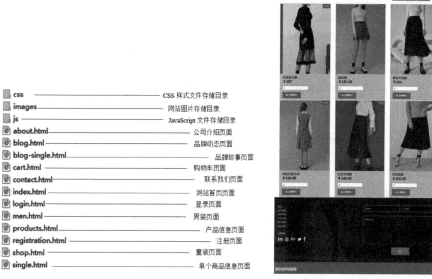

css	—— CSS 样式文件存储目录
images	—— 网站图片存储目录
js	—— JavaScript 文件存储目录
about.html	—— 公司介绍页面
blog.html	—— 品牌动态页面
blog-single.html	—— 品牌故事页面
cart.html	—— 购物车页面
contact.html	—— 联系我们页面
index.html	—— 网站首页页面
login.html	—— 登录页面
men.html	—— 男装页面
products.html	—— 产品信息页面
registration.html	—— 注册页面
shop.html	—— 童装页面
single.html	—— 单个商品信息页面

图 21-2　新时尚购物网文件夹组织结构　　　　图 21-3　天虹网站首页

2. 关于我们效果

关于我们介绍页面主要内容包括本网站的介绍内容，以及该购物网站的一些品牌介绍，页面运行效果如图 21-4 所示。

当单击某个知名品牌后，会进入下一级品牌故事页面，在该页面中可以查看该品牌的一些介绍信息，页面运行效果如图 21-5 所示。

图 21-4　关于我们介绍页面　　　　　　　图 21-5　品牌故事页面

3. 商品展示效果

通过单击首页的导航菜单，可以进入商品展示页面，这里包括女装、男装、童装。页面运行效果如图21-6~ 图21-8 所示。

图 21-6　女装购买页面　　　　　　　　　图 21-7　男装购买页面

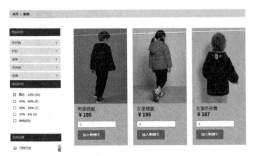

图 21-8　童装购买页面

4. 商品详情效果

在女装、男装或童装购买页面中，单击某个商品，就会进入该商品的详细介绍页面，这里包括商品名称、价格、数量以及添加购物车等功能，页面运行效果如图21-9 所示。

5. 购物车效果

在首页中单击购物车，即可进入购物车功能页面，在其中可以查看当前购物车的信息、订单详情等内容，页面运行效果如图21-10 所示。

图 21-9　商品详情页面

图 21-10　购物车功能页面

6. 品牌故事效果

在首页中单击品牌故事导航菜单，就可以进入品牌动态页面，包括具体的动态内容，品牌分类、知名品牌等，页面运行效果如图21-11 所示。

7. 用户登录效果

在首页中单击"登录"超链接，即可进入登录页面，在其中输入用户名与密码，即可以用户会员的身份登录到购物网站中，页面运行效果如图 21-12 所示。

图 21-11　品牌动态页面　　　　　　　　　图 21-12　用户登录页面

8. 用户注册效果

如果在登录页面中单击"创建一个账户"按钮，就可以进入用户注册页面，页面运行效果如图 21-13 所示。

图 21-13　用户注册页面

21.4　项目代码实现

下面来介绍新时尚购物网站各个页面的实现过程及相关代码。

21.4.1　首页页面代码

在网站首页中，一般会存在导航菜单，通过这个导航菜单实现在不同页面之间的跳转。导航菜单的运行结果如图 21-14 所示。

首页	女装/家居	男装/户外	童装/玩具	关于我们	品牌故事

童装	玩具	童鞋	潮玩动漫	婴儿装
套装	益智玩具	运动鞋	模型	哈衣
外套	拼装积木	学步鞋	手办	爬服
裤子	毛绒抱枕	儿童靴子	盲盒	罩衣
家居服	遥控玩具	儿童皮鞋	桌游	肚兜
羽绒服	户外玩具	儿童凉鞋	卡牌	护脐带
防晒衣	乐器玩具	儿童舞蹈鞋	动漫周边	睡袋

图 21-14　网站导航菜单

实现导航菜单的 HTML 代码如下：

```html
<ul class="megamenu skyblue">
        <li class="active grid"><a class="color1" href="index.html">
                                首页</a></li>
        <li class="grid"><a href="#">女装/家居</a>
            <div class="megapanel">
                <div class="row">
                    <div class="col1">
                     <div class="h_nav">
                        <h4>上装</h4>
                        <ul>
                            <li><a href="products.html">卫衣</a></li>
                            <li><a href="products.html">衬衫</a></li>
                            <li><a href="products.html">T恤</a></li>
                            <li><a href="products.html">毛衣</a></li>
                            <li><a href="products.html">马甲</a></li>
                            <li><a href="products.html">雪纺衫</a></li>
                        </ul>
                     </div>
                    </div>
                    <div class="col1">
                     <div class="h_nav">
                        <h4>外套</h4>
                        <ul>
                            <li><a href="products.html">短外套</a></li>
                            <li><a href="products.html">女式风衣</a></li>
                            <li><a href="products.html">毛呢大衣</a></li>
                            <li><a href="products.html">女式西装</a></li>
                            <li><a href="products.html">羽绒服</a></li>
                            <li><a href="products.html">皮草</a></li>
                        </ul>
                     </div>
                    </div>
                    <div class="col1">
                     <div class="h_nav">
                        <h4>女裤</h4>
                        <ul>
                            <li><a href="products.html">休闲裤</a></li>
                            <li><a href="products.html">牛仔裤</a></li>
                            <li><a href="products.html">打底裤</a></li>
                            <li><a href="products.html">羽绒裤</a></li>
                            <li><a href="products.html">七分裤</a></li>
                            <li><a href="products.html">九分裤</a></li>
                        </ul>
                     </div>

                    </div>
                    <div class="col1">
                     <div class="h_nav">
                        <h4>裙装</h4>
                        <ul>
                            <li><a href="products.html">连衣裙</a></li>
                            <li><a href="products.html">半身裙</a></li>
                            <li><a href="products.html">旗袍</a></li>
                            <li><a href="products.html">无袖裙</a></li>
                            <li><a href="products.html">长袖裙</a></li>
                            <li><a href="products.html">职业裙</a></li>
                        </ul>
```

```
        </div>
      </div>
    <div class="col1">
     <div class="h_nav">
        <h4>家居</h4>
        <ul>
            <li><a href="products.html">保暖内衣</a></li>
            <li><a href="products.html">睡袍</a></li>
            <li><a href="products.html">家居服</a></li>
            <li><a href="products.html">袜子</a></li>
            <li><a href="products.html">手套</a></li>
            <li><a href="products.html">围巾</a></li>
        </ul>
     </div>
    </div>
  </div>
  <div class="row">
    <div class="col2"></div>
    <div class="col1"></div>
    <div class="col1"></div>
    <div class="col1"></div>
    <div class="col1"></div>
  </div>
  </div>
</li>
<li><a href="#">男装/户外</a><div class="megapanel">
    <div class="row">
      <div class="col1">
       <div class="h_nav">
          <h4>上装</h4>
          <ul>
              <li><a href="men.html">短外套</a></li>
              <li><a href="men.html">卫衣</a></li>
              <li><a href="men.html">衬衫</a></li>
              <li><a href="men.html">风衣</a></li>
              <li><a href="men.html">夹克</a></li>
              <li><a href="men.html">毛衣</a></li>
          </ul>
       </div>
      </div>
      <div class="col1">
       <div class="h_nav">
          <h4>裤子</h4>
          <ul>
              <li><a href="men.html">休闲长裤</a></li>
              <li><a href="men.html">牛仔长裤</a></li>
              <li><a href="men.html">工装裤</a></li>
              <li><a href="men.html">休闲短裤</a></li>
              <li><a href="men.html">牛仔短裤</a></li>
              <li><a href="men.html">防水皮裤</a></li>
          </ul>
       </div>
      </div>
      <div class="col1">
       <div class="h_nav">
          <h4>特色套装</h4>
          <ul>
              <li><a href="men.html">运动套装</a></li>
              <li><a href="men.html">时尚套装</a></li>
```

```
            <li><a href="men.html">工装制服</a></li>
            <li><a href="men.html">民风汉服</a></li>
            <li><a href="men.html">老年套装</a></li>
            <li><a href="men.html">大码套装</a></li>
         </ul>
       </div>

     </div>
     <div class="col1">
      <div class="h_nav">
          <h4>运动穿搭</h4>
          <ul>
            <li><a href="men.html">休闲鞋</a></li>
            <li><a href="men.html">跑步鞋</a></li>
            <li><a href="men.html">篮球鞋</a></li>
            <li><a href="men.html">运动夹克</a></li>
            <li><a href="men.html">运行长裤</a></li>
            <li><a href="men.html">运动卫衣</a></li>
          </ul>
       </div>
      </div>
      <div class="col1">
       <div class="h_nav">
          <h4>正装套装</h4>
          <ul>
            <li><a href="men.html">西服</a></li>
            <li><a href="men.html">西裤</a></li>
            <li><a href="men.html">西服套装</a></li>
            <li><a href="men.html">商务套装</a></li>
            <li><a href="men.html">休闲套装</a></li>
            <li><a href="men.html">新郎套装</a></li>
          </ul>
       </div>
      </div>
    </div>
    <div class="row">
       <div class="col2"></div>
       <div class="col1"></div>
       <div class="col1"></div>
       <div class="col1"></div>
       <div class="col1"></div>
    </div>
    </div>
</li>
<li><a href="#">童装/玩具</a>
<div class="megapanel">
    <div class="row">
       <div class="col1">
        <div class="h_nav">
           <h4>童装</h4>
           <ul>
             <li><a href="shop.html">套装</a></li>
             <li><a href="shop.html">外套</a></li>
             <li><a href="shop.html">裤子</a></li>
             <li><a href="shop.html">家居服</a></li>
             <li><a href="shop.html">羽绒服</a></li>
             <li><a href="shop.html">防晒衣</a></li>
           </ul>
        </div>
```

```
    </div>
    <div class="col1">
     <div class="h_nav">
        <h4>玩具</h4>
        <ul>
            <li><a href="shop.html">益智玩具</a></li>
            <li><a href="shop.html">拼装积木</a></li>
            <li><a href="shop.html">毛绒抱枕</a></li>
            <li><a href="shop.html">遥控玩具</a></li>
            <li><a href="shop.html">户外玩具</a></li>
            <li><a href="shop.html">乐器玩具</a></li>
        </ul>
     </div>
    </div>
    <div class="col1">
     <div class="h_nav">
        <h4>童鞋</h4>
        <ul>
            <li><a href="shop.html">运动鞋</a></li>
            <li><a href="shop.html">学步鞋</a></li>
            <li><a href="shop.html">儿童靴子</a></li>
            <li><a href="shop.html">儿童皮鞋</a></li>
            <li><a href="shop.html">儿童凉鞋</a></li>
            <li><a href="shop.html">儿童舞蹈鞋</a></li>
        </ul>
     </div>
    </div>

    <div class="col1">
     <div class="h_nav">
        <h4>潮玩动漫</h4>
        <ul>
            <li><a href="shop.html">模型</a></li>
            <li><a href="shop.html">手办</a></li>
            <li><a href="shop.html">盲盒</a></li>
            <li><a href="shop.html">桌游</a></li>
            <li><a href="shop.html">卡牌</a></li>
            <li><a href="shop.html">动漫周边</a></li>
        </ul>
     </div>
    </div>
    <div class="col1">
     <div class="h_nav">
        <h4>婴儿装</h4>
        <ul>
            <li><a href="shop.html">哈衣</a></li>
            <li><a href="shop.html">爬服</a></li>
            <li><a href="shop.html">罩衣</a></li>
            <li><a href="shop.html">肚兜</a></li>
            <li><a href="shop.html">护脐带</a></li>
            <li><a href="shop.html">睡袋</a></li>
        </ul>
     </div>
    </div>
</div>
<div class="row">
    <div class="col2"></div>
    <div class="col1"></div>
    <div class="col1"></div>
```

```
                        <div class="col1"></div>
                        <div class="col1"></div>
                    </div>
                    </div>
                </li>
            <li class="grid"><a href="about.html">关于我们</a></li>
            <li class="grid"><a href="blog.html">品牌故事</a></li>
</ul>
```

上述代码定义了一个 ul 标签，然后通过调用 CSS 样式表来控制 div 标签的样式，并在 div 标签中插入无序列表，以实现导航菜单效果。

为实现导航菜单的动态页面，下面又调用了 megamenu.js 表，同时添加了 jQuery 相关代码。代码如下：

```
<link href="css/megamenu.css" rel="stylesheet" type="text/css" media="all" />
<script type="text/javascript" src="js/megamenu.js"></script>
<script>$(document).ready(function(){$(".megamenu").megamenu();});</script>
```

在导航菜单下，是关于女装、男装、童装的产品详细页面，同时包括立即购买与加入购物车两个按钮，代码如下：

```
<div class="features" id="features">
    <div class="container">
        <div class="tabs-box">
            <ul class="tabs-menu">
                <li><a href="#tab1">女装</a></li>
                <li><a href="#tab2">男装</a></li>
                <li><a href="#tab3">童装</a></li>
            </ul>
            <div class="clearfix"> </div>
        <div class="tab-grids">
            <div id="tab1" class="tab-grid1">

                <a href="single.html"><div class="product-grid">
                    <div class="more-product-info"><span>NEW</span></div>

                    <div class="product-img b-link-stripe
                                    b-animate-go  thickbox">
                    <img src="images/bs1.jpg" class="img-responsive"
                      alt=""/>
                    <div class="b-wrapper">
                    <h4 class="b-animate b-from-left  b-delay03">
                    <button class="btns">立即抢购</button>
                    </h4>
                    </div>
                    </div></a>
                    <div class="product-info simpleCart_shelfItem">
                    <div class="product-info-cust">
                            <h4>长款连衣裙</h4>
                            <span class="item_price">￥187</span>
                            <input type="text" class="item_quantity"
                                value="1" />
                            <input type="button" class="item_add"
                                value="加入购物车">
                    </div>

                    <div class="clearfix"> </div>
```

```
        </div>
    </div>
 <a href="single.html"><div class="product-grid">
    <div class="more-product-info"><span>NEW</span></div>
     <div class="more-product-info"></div>

    <div class="product-img b-link-stripe
                    b-animate-go  thickbox">
    <img src="images/bs2.jpg" class="img-responsive"
      alt=""/>
    <div class="b-wrapper">
    <h4 class="b-animate b-from-left  b-delay03">

    <button class="btns">立即抢购</button>
    </h4>
    </div>
    </div>  </a>
    <div class="product-info simpleCart_shelfItem">
     <div class="product-info-cust">
            <h4>超短裙</h4>
            <span class="item_price">￥187.95</span>
            <input type="text" class="item_quantity"
              value="1" />
            <input type="button" class="item_add"
              value="加入购物车">
     </div>

     <div class="clearfix"> </div>
    </div>
 </div>
 <a href="single.html"><div class="product-grid">
   <div class="more-product-info"><span>NEW</span></div>
   <div class="more-product-info"></div>

   <div class="product-img b-link-stripe
                    b-animate-go  thickbox">
    <img src="images/bs3.jpg" class="img-responsive"
      alt=""/>
    <div class="b-wrapper">
    <h4 class="b-animate b-from-left  b-delay03">

    <button class="btns">立即抢购</button>
    </h4>
    </div>
    </div>   </a>
   <div class="product-info simpleCart_shelfItem">
    <div class="product-info-cust">
            <h4>蕾丝半身裙</h4>
            <span class="item_price">￥154</span>
            <input type="text" class="item_quantity"
              value="1" />
            <input type="button" class="item_add"
              value="加入购物车">
    </div>

    <div class="clearfix"> </div>
   </div>
 </div>
 <a href="single.html"><div class="product-grid">
   <div class="more-product-info"><span>NEW</span></div>
```

329

```
        <div class="more-product-info"></div>

        <div class="product-img b-link-stripe
                        b-animate-go  thickbox">
         <img src="images/bs4.jpg" class="img-responsive"
           alt=""/>
         <div class="b-wrapper">
         <h4 class="b-animate b-from-left  b-delay03">

         <button class="btns">立即抢购</button>
         </h4>
         </div>
        </div></a>
        <div class="product-info simpleCart_shelfItem">
         <div class="product-info-cust">
                <h4>学院风连衣裤</h4>
                <span class="item_price">￥150.95</span>
                <input type="text" class="item_quantity"
                  value="1" />
                <input type="button" class="item_add"
                  value="加入购物车">
         </div>
         <div class="clearfix"> </div>
        </div>
</div>
<a href="single.html"><div class="product-grid">
  <div class="more-product-info"><span>NEW</span></div>

  <div class="product-img b-link-stripe
                b-animate-go  thickbox">
   <img src="images/bs5.jpg" class="img-responsive"
     alt=""/>
   <div class="b-wrapper">
   <h4 class="b-animate b-from-left  b-delay03">

   <button class="btns">立即抢购</button>
   </h4>
   </div>
  </div>   </a>
  <div class="product-info simpleCart_shelfItem">
   <div class="product-info-cust">
          <h4>长款半身裙</h4>
          <span class="item_price">￥140.95</span>
          <input type="text" class="item_quantity"
            value="1" />
          <input type="button" class="item_add"
            value="加入购物车">
   </div>

   <div class="clearfix"> </div>
  </div>
</div>
<a href="single.html"><div class="product-grid">
  <div class="more-product-info"><span>NEW</span></div>
  <div class="more-product-info"></div>

  <div class="product-img b-link-stripe
                b-animate-go  thickbox">
   <img src="images/bs6.jpg" class="img-responsive"
     alt=""/>
```

```
                <div class="b-wrapper">
                <h4 class="b-animate b-from-left  b-delay03">

                <button class="btns">立即抢购</button>
                </h4>
                </div>
                </div></a>
                <div class="product-info simpleCart_shelfItem">
                <div class="product-info-cust">
                        <h4>冬装套裙</h4>
                        <span class="item_price">￥100.00</span>
                        <input type="text" class="item_quantity"
                          value="1"  />
                        <input type="button" class="item_add"
                          value="加入购物车">
                </div>

                <div class="clearfix"> </div>
                </div>
            </div>
            <div class="clearfix"></div>
        </div>

        <div id="tab2" class="tab-grid2">
            <a href="single.html"><div class="product-grid">
                <div class="more-product-info"><span>NEW</span></div>
                <div class="more-product-info"></div>
                <div class="product-img b-link-stripe
                            b-animate-go  thickbox">
                <img src="images/c1.jpg" class="img-responsive"
                  alt=""/>
                <div class="b-wrapper">
                <h4 class="b-animate b-from-left  b-delay03">
                <button class="btns">立即抢购</button>
                </h4>
                </div>
                </div></a>
                <div class="product-info simpleCart_shelfItem">
                <div class="product-info-cust">
                        <h4>运动裤</h4>
                        <span class="item_price">￥187.95</span>
                        <input type="text" class="item_quantity"
                          value="1"  />
                        <input type="button" class="item_add"
                          value="加入购物车">
                </div>

                <div class="clearfix"> </div>
                </div>
            </div>
            <a href="single.html"><div class="product-grid">
                <div class="more-product-info"><span>NEW</span></div>
                <div class="more-product-info"></div>

                <div class="product-img b-link-stripe
                            b-animate-go  thickbox">
                <img src="images/c2.jpg" class="img-responsive"
                  alt=""/>
                <div class="b-wrapper">
                <h4 class="b-animate b-from-left  b-delay03">
```

```html
          <button class="btns">立即抢购</button>
          </h4>
          </div>
      </div>   </a>
      <div class="product-info simpleCart_shelfItem">
      <div class="product-info-cust">
              <h4>休闲裤</h4>
              <span class="item_price">￥120.95</span>
              <input type="text" class="item_quantity"
                value="1" />
              <input type="button" class="item_add"
                value="加入购物车">
      </div>

      <div class="clearfix"> </div>
      </div>
  </div>
   <a href="single.html"><div class="product-grid">
     <div class="more-product-info"><span>NEW</span></div>
     <div class="product-img b-link-stripe
                      b-animate-go  thickbox">
     <img src="images/c3.jpg" class="img-responsive"
       alt=""/>
     <div class="b-wrapper">
     <h4 class="b-animate b-from-left  b-delay03">
<button class="btns">立即抢购</button>
       </h4>
       </div>
       </div></a>
       <div class="product-info simpleCart_shelfItem">
       <div class="product-info-cust">
              <h4>商务裤</h4>
              <span class="item_price">￥187.95</span>
              <input type="text" class="item_quantity"
                value="1" />
              <input type="button" class="item_add"
                value="加入购物车">
       </div>

       <div class="clearfix"> </div>
       </div>
   </div>
    <a href="single.html"><div class="product-grid">
      <div class="more-product-info"><span>NEW</span></div>

      <div class="product-img b-link-stripe
                      b-animate-go  thickbox">
      <img src="images/c4.jpg" class="img-responsive"
        alt=""/>
      <div class="b-wrapper">
      <h4 class="b-animate b-from-left  b-delay03">

      <button class="btns">立即抢购</button>
      </h4>
      </div>
      </div>   </a>
      <div class="product-info simpleCart_shelfItem">
       <div class="product-info-cust">
```

```
              <h4>九分裤</h4>
              <span class="item_price">￥187.95</span>
              <input type="text" class="item_quantity"
                value="1"  />
              <input type="button" class="item_add"
                value="加入购物车">
      </div>
      <div class="clearfix"> </div>
      </div>
  </div>
  <a href="single.html"><div class="product-grid">
    <div class="more-product-info"><span>NEW</span></div>
    <div class="more-product-info"></div>

    <div class="product-img b-link-stripe
                    b-animate-go  thickbox">
    <img src="images/c5.jpg" class="img-responsive"
      alt=""/>
    <div class="b-wrapper">
    <h4 class="b-animate b-from-left  b-delay03">

    <button class="btns">立即抢购</button>
    </h4>
    </div>
    </div></a>
    <div class="product-info simpleCart_shelfItem">
      <div class="product-info-cust">
              <h4>九分裤</h4>
              <span class="item_price">￥187.95</span>
              <input type="text" class="item_quantity"
                value="1"  />
              <input type="button" class="item_add"
                value="加入购物车">
      </div>

      <div class="clearfix"> </div>
      </div>
  </div>
   <a href="single.html"><div class="product-grid">
    <div class="more-product-info"><span>NEW</span></div>
    <div class="more-product-info"></div>
    <div class="product-img b-link-stripe
                    b-animate-go  thickbox">
    <img src="images/c6.jpg" class="img-responsive"
      alt=""/>
    <div class="b-wrapper">
    <h4 class="b-animate b-from-left  b-delay03">
    <button class="btns">立即抢购</button>
    </h4>
    </div>
    </div></a>
    <div class="product-info simpleCart_shelfItem">
      <div class="product-info-cust">
              <h4>休闲裤</h4>
              <span class="item_price">￥180.95</span>
              <input type="text" class="item_quantity"
                value="1"  />
              <input type="button" class="item_add"
                value="加入购物车">
```

```
                    </div>
            <div class="clearfix"> </div>
          </div>
       </div>

        <div class="clearfix"></div>
</div>
<div id="tab3" class="tab-grid3">
      <a href="single.html"><div class="product-grid">
          <div class="more-product-info"><span>NEW</span></div>
          <div class="more-product-info"></div>

          <div class="product-img b-link-stripe
                      b-animate-go  thickbox">
          <img src="images/t1.jpg" class="img-responsive"
            alt=""/>
          <div class="b-wrapper">
          <h4 class="b-animate b-from-left  b-delay03">
          <button class="btns">立即抢购</button>
          </h4>
          </div>
          </div>   </a>
          <div class="product-info simpleCart_shelfItem">
          <div class="product-info-cust">
                  <h4>男童棉服</h4>
                  <span class="item_price">￥160.95</span>
                  <input type="text" class="item_quantity"
                    value="1" />
                  <input type="button" class="item_add"
                    value="加入购物车">
          </div>

          <div class="clearfix"> </div>
          </div>
        </div>
        <a href="single.html"><div class="product-grid">
          <div class="more-product-info"><span>NEW</span></div>
          <div class="more-product-info"></div>

          <div class="product-img b-link-stripe
                      b-animate-go  thickbox">
          <img src="images/t2.jpg" class="img-responsive"
            alt=""/>
          <div class="b-wrapper">
          <h4 class="b-animate b-from-left  b-delay03">

          <button class="btns">立即抢购</button>
          </h4>
          </div>
          </div>   </a>
          <div class="product-info simpleCart_shelfItem">
          <div class="product-info-cust">
                  <h4>女童棉服</h4>
                  <span class="item_price">￥187.95</span>
                  <input type="text" class="item_quantity"
                    value="1" />
                  <input type="button" class="item_add"
                    value="加入购物车">
          </div>
```

```html
          <div class="clearfix"> </div>
    </div>
</div>

 <a href="single.html"><div class="product-grid">
   <div class="more-product-info"><span>NEW</span></div>
   <div class="more-product-info"></div>

   <div class="product-img b-link-stripe
                  b-animate-go  thickbox">
   <img src="images/t3.jpg" class="img-responsive"
     alt=""/>
   <div class="b-wrapper">
   <h4 class="b-animate b-from-left  b-delay03">

   <button class="btns">立即抢购</button>
   </h4>
   </div>
   </div></a>
   <div class="product-info simpleCart_shelfItem">
   <div class="product-info-cust">
          <h4>女童冬外套</h4>
          <span class="item_price">￥187.95</span>
          <input type="text" class="item_quantity"
            value="1" />
          <input type="button" class="item_add"
            value="加入购物车">
   </div>

   <div class="clearfix"> </div>
   </div>
</div>
<a href="single.html"><div class="product-grid">
   <div class="more-product-info"><span>NEW</span></div>
   <div class="more-product-info"></div>
   <div class="product-img b-link-stripe
                  b-animate-go  thickbox">
   <img src="images/t4.jpg" class="img-responsive"
     alt=""/>
   <div class="b-wrapper">
   <h4 class="b-animate b-from-left  b-delay03">

   <button class="btns">立即抢购</button>
   </h4>
   </div>
   </div>   </a>
   <div class="product-info simpleCart_shelfItem">
   <div class="product-info-cust">
          <h4>男童羽绒裤</h4>
          <span class="item_price">￥187.95</span>
          <input type="text" class="item_quantity"
            value="1" />
          <input type="button" class="item_add"
            value="加入购物车">
   </div>

   <div class="clearfix"> </div>
   </div>
```

```
  </div>
<a href="single.html"><div class="product-grid">
  <div class="more-product-info"><span>NEW</span></div>
  <div class="more-product-info"></div>

  <div class="product-img b-link-stripe
                  b-animate-go  thickbox">
  <img src="images/t5.jpg" class="img-responsive"
    alt=""/>
  <div class="b-wrapper">
  <h4 class="b-animate b-from-left  b-delay03">
  <button class="btns">立即抢购</button>
  </h4>
  </div>
  </div>  </a>
  <div class="product-info simpleCart_shelfItem">
  <div class="product-info-cust">
          <h4>男童羽绒服</h4>
          <span class="item_price">￥187.95</span>
          <input type="text" class="item_quantity"
            value="1" />
          <input type="button" class="item_add"
            value="加入购物车">
  </div>
  <div class="clearfix"> </div>
  </div>
</div>
<a href="single.html"><div class="product-grid">
  <div class="more-product-info"><span>NEW</span></div>
  <div class="more-product-info"></div>
  <div class="product-img b-link-stripe
                  b-animate-go  thickbox">
  <img src="images/t6.jpg" class="img-responsive"
    alt=""/>
  <div class="b-wrapper">
  <h4 class="b-animate b-from-left  b-delay03">
  <button class="btns">立即抢购</button>
  </h4>
  </div>
  </div></a>
  <div class="product-info simpleCart_shelfItem">
  <div class="product-info-cust">
          <h4>女童羽绒服</h4>
          <span class="item_price">￥187.95</span>
          <input type="text" class="item_quantity"
            value="1" />
          <input type="button" class="item_add"
            value="加入购物车">
  </div>
```

21.4.2　动态效果代码

　　网站页面中的"立即抢购"按钮首先是隐藏的，当鼠标放置在商品图片上时会自动滑动出现，要想实现这种功能，可以在自己的网站中应用 jQuery 库。要想在文件中引入 jQuery 库，需要在网页 <head> 标记中应用下面的引入语句：

```
<script type="text/javascript" src="js/jquery.min.js"></script>
```

例如，在本程序中使用 jQuery 库来实现按钮的自动滑动运行效果，代码如下：

```
<script>
$(document).ready(function() {
        $("#tab2").hide();
        $("#tab3").hide();
        $(".tabs-menu a").click(function(event){
            event.preventDefault();
            var tab=$(this).attr("href");
$(".tab-grid1,.tab-grid2,.tab-grid3").not(tab).css("display","none");
            $(tab).fadeIn("slow");
        });
        $("ul.tabs-menu li a").click(function(){
            $(this).parent().addClass("active a");
            $(this).parent().siblings().removeClass("active a");
        });
    });
</script>
```

运行之后，在网站首页中，当把鼠标放置在商品图片上时，"立即抢购"按钮就会自动滑动出现，如图 21-15 所示。当鼠标离开商品图片后，"立即抢购"按钮就会消失，如图 21-16 所示。

图 21-15　按钮出现　　　图 21-16　按钮消失

21.4.3　购物车代码

购物车是一个购物网站必备的功能，通过购物车可以实现商品的添加、删除、订单详情列表的查询等，实现购物车功能的主要代码如下：

```
<div class="cart">
    <div class="container">
        <ol class="breadcrumb">
        <li><a href="men.html">首页</a></li>
        <li class="active">购物车</li>
        </ol>
        <div class="cart-top">
        <a href="index.html"><<返回首页</a>
        </div>

        <div class="col-md-9 cart-items">
            <h2>我的购物车(2)</h2>
                <script>$(document).ready(function(c) {
                    $('.close1').on('click', function(c){
```

```
                        $('.cart-header').fadeOut('slow', function(c){
                         $('.cart-header').remove();
                        });
                        });
                    });
        </script>
    <div class="cart-header">
        <div class="close1"> </div>
        <div class="cart-sec">
            <div class="cart-item cyc">
              <img src="images/pic-2.jpg"/>
            </div>
            <div class="cart-item-info">
              <h3>HLA海澜之家牛津纺休闲长袖衬衫<span>商品编号：
                  HNEAD1Q002A</span></h3>
              <h4><span>价格：</span>￥150.00</h4>
              <p class="qty">数量::</p>
              <input min="1" type="number" id="quantity"
                  name="quantity" value="1"
                  class="form-control input-small">
            </div>
            <div class="clearfix"></div>
            <div class="delivery">
              <p>运费：￥5.00</p>
              <span>24小时极速发货</span>
              <div class="clearfix"></div>
            </div>
        </div>
    </div>
    <div>
    <script>
                        $(document).ready(function(c) {
            $('.close2').on('click', function(c){
                $('.cart-header2').fadeOut('slow', function(c){
                $('.cart-header2').remove();
            });
            });
            });
    </script>
    <div class="cart-header2">
        <div class="close2"> </div>
         <div class="cart-sec">
            <div class="cart-item">
              <img src="images/pic-1.jpg"/>
            </div>
            <div class="cart-item-info">
              <h3>HLA海澜之家织带裤腰休闲九分裤<span>商品编号：
                  HKCAJ2Q160A</span></h3>
              <h4><span>价格：  </span>￥200.00</h4>
              <p class="qty">数量:</p>
              <input min="1" type="number" id="quantity"
                  name="quantity" value="1"
                  class="form-control input-small">
            </div>
            <div class="clearfix"></div>
            <div class="delivery">
              <p>运费：￥5.00</p>
              <span>24小时极速发货</span>
              <div class="clearfix"></div>
            </div>
        </div>
    </div>
```

```
                </div>
        </div>

        <div class="col-md-3 cart-total">
            <a class="continue" href="#">订单明细</a>
            <div class="price-details">
                    <span>总价</span>
                    <span class="total">350.00</span>
                    <span>折扣</span>
                    <span class="total">---</span>
                    <span>运费</span>
                    <span class="total">10.00</span>
                    <div class="clearfix"></div>
            </div>
            <h4 class="last-price">总价</h4>
            <span class="total final">360.00</span>
            <div class="clearfix"></div>
            <a class="order" href="#">添加订单</a>
            <div class="total-item">
                    <h3>选项</h3>
                    <h4>优惠券</h4>
                    <a class="cpns" href="#">申请优惠券</a>
                    <p><a href="#">登录</a>以账户方式获取优惠券</p>
            </div>
        </div>
    </div>
</div>
```

21.4.4　登录页面代码

运行本案例的主页 index.html 文件,然后单击首页中的"登录"超链接,即可进入登录页面,
下面给出登录页面的主要代码:

```
<div class="login">
    <div class="container">
        <ol class="breadcrumb">
        <li><a href="index.html">首页</a></li>
        <li class="active">登录</li>
        </ol>
        <div class="col-md-6 log">
                <p>欢迎登录,请输入以下信息以继续</p>
                <p>如果您之前已经登录我们,  <span>请点击这里</span></p>
                <form>
                    <h5>用户名:</h5>
                    <input type="text" value="">
                    <h5>密码:</h5>
                    <input type="password" value="">
                    <input type="submit" value="登录">
                     <a href="#">忘记密码?</a>
                </form>
        </div>
         <div class="col-md-6 login-right">
                <h3>新注册</h3>
                <p>通过注册新账户,您将能够更快地完成结账流程,添加多个送货地址,查看并跟踪订单
物流信息等。</p>
                <a class="account-btn" href="registration.html">创建一个账户</a>
        </div>
        <div class="clearfix"></div>
```

```
        </div>
    </div>
```

21.4.5　商品展示页面代码

　　购物网站最重要的功能就是商品展示页面，本网站包括3个方面的商品展示，分别是女装、男装和童装。下面以女装为例，给出实现商品展示功能的代码：

```html
<div class="product-model">
    <div class="container">
        <ol class="breadcrumb">
        <li><a href="index.html">首页</a></li>
        <li class="active">女装</li>
        </ol>
        <div class="col-md-9 product-model-sec">
                <a href="single.html"><div class="product-grid love-grid">
                  <div class="more-product"><span> </span></div>

                    <div class="product-img b-link-stripe
                                b-animate-go  thickbox">
                  <img src="images/bs3.jpg" class="img-responsive"
                    alt=""/>
                  <div class="b-wrapper">
                  <h4 class="b-animate b-from-left  b-delay03">

                  <button class="btns">立即抢购</button>
                  </h4>
                  </div>
                </div></a>
                <div class="product-info simpleCart_shelfItem">
                  <div class="product-info-cust prt_name">
                        <h4>蕾丝半身裙</h4>
                        <span class="item_price">￥154</span>
                        <input type="text" class="item_quantity"
                            value="1" />
                        <input type="button" class="item_add items"
                            value="加入购物车">
                  </div>

                  <div class="clearfix"> </div>
                  </div>
              </div>

             <a href="single.html"><div class="product-grid love-grid">
               <div class="more-product"><span> </span></div>

               <div class="product-img b-link-stripe
                            b-animate-go  thickbox">
                  <img src="images/ab2.jpg" class="img-responsive"
                    alt=""/>
                  <div class="b-wrapper">
                  <h4 class="b-animate b-from-left  b-delay03">

                  <button class="btns">立即抢购</button>
                  </h4>
                  </div>
```

```
        </div></a>
    <div class="product-info simpleCart_shelfItem">
     <div class="product-info-cust">
            <h4>雪纺连衣裙</h4>
            <span class="item_price">￥187</span>
            <input type="text" class="item_quantity"
                value="1" />
            <input type="button" class="item_add items"
                value="加入购物车">
    </div>

    <div class="clearfix"> </div>
    </div>
</div>

<a href="single.html"><div class="product-grid love-grid">
    <div class="more-product"><span> </span></div>

    <div class="product-img b-link-stripe
                    b-animate-go  thickbox">
    <img src="images/bs4.jpg" class="img-responsive"
        alt=""/>
    <div class="b-wrapper">
    <h4 class="b-animate b-from-left  b-delay03">

    <button class="btns">立即抢购</button>
    </h4>
    </div>
    </div>   </a>
    <div class="product-info simpleCart_shelfItem">
     <div class="product-info-cust">
            <h4>学院风连衣裙</h4>
            <span class="item_price">￥169</span>
            <input type="text" class="item_quantity"
                value="1" />
            <input type="button" class="item_add items"
                value="加入购物车">
    </div>

    <div class="clearfix"> </div>
    </div>
</div>

<a href="single.html"><div class="product-grid love-grid">
    <div class="more-product"><span> </span></div>

    <div class="product-img b-link-stripe
                    b-animate-go  thickbox">
    <img src="images/bs2.jpg" class="img-responsive"
        alt=""/>
    <div class="b-wrapper">
    <h4 class="b-animate b-from-left  b-delay03">

    <button class="btns">立即抢购</button>
    </h4>
    </div>
    </div></a>
    <div class="product-info simpleCart_shelfItem">
     <div class="product-info-cust">
            <h4>超短裙</h4>
```

```html
            <span class="item_price">￥198</span>
            <input type="text" class="item_quantity"
                value="1" />
            <input type="button" class="item_add items"
                value="加入购物车">
    </div>

    <div class="clearfix"> </div>
  </div>
</div>

<a href="single.html"><div class="product-grid love-grid">
  <div class="more-product"><span> </span></div>

  <div class="product-img b-link-stripe
                  b-animate-go  thickbox">
  <img src="images/bs1.jpg" class="img-responsive"
      alt=""/>
  <div class="b-wrapper">
  <h4 class="b-animate b-from-left  b-delay03">

  <button class="btns">立即抢购</button>
  </h4>
  </div>
  </div></a>
  <div class="product-info simpleCart_shelfItem">
  <div class="product-info-cust">
          <h4>长款连衣裙</h4>
          <span class="item_price">￥167</span>
          <input type="text" class="item_quantity"
              value="1" />
          <input type="button" class="item_add items"
              value="加入购物车">
  </div>

  <div class="clearfix"> </div>
  </div>
</div>

<a href="single.html"><div class="product-grid love-grid">
  <div class="more-product"><span> </span></div>

  <div class="product-img b-link-stripe
                  b-animate-go  thickbox">
  <img src="images/bs5.jpg" class="img-responsive"
      alt=""/>
  <div class="b-wrapper">
  <h4 class="b-animate b-from-left  b-delay03">

  <button class="btns">立即抢购</button>
  </h4>
  </div>
  </div></a>
  <div class="product-info simpleCart_shelfItem">
  <div class="product-info-cust">
          <h4 class="love-info">长款半身裙</h4>
          <span class="item_price">￥187</span>
          <input type="text" class="item_quantity"
              value="1" />
          <input type="button" class="item_add items"
```

```
                        value="加入购物车">
            </div>

            <div class="clearfix"> </div>
          </div>
        </div>
      </div>
```

在每个商品展示页面的左侧还给出了商品列表功能，通过这个功能可以选择商品信息，代码如下：

```
<div class="rsidebar span_1_of_left">
    <section  class="sky-form">
      <div class="product_right">
        <h3 class="m_2">商品列表</h3>
        <div class="tab1">
         <ul class="place">

                <li class="sort">牛仔裤</li>
                <li class="by"><img src="images/do.png"
                  alt=""></li>
                    <div class="clearfix"> </div>
         </ul>
         <div class="single-bottom">
                <a href="#"><p>牛仔长裤</p></a>
                <a href="#"><p>破洞牛仔裤</p></a>
                <a href="#"><p>牛仔短裤</p></a>
                <a href="#"><p>七分牛仔裤</p></a>
          </div>
         </div>
         <div class="tab2">
         <ul class="place">

                <li class="sort">衬衫</li>
                <li class="by"><img src="images/do.png"
                  alt=""></li>
                    <div class="clearfix"> </div>
         </ul>
         <div class="single-bottom">
                <a href="#"><p>长袖衬衫</p></a>
                <a href="#"><p>短袖衬衫</p></a>
                <a href="#"><p>花格子衬衫</p></a>
                <a href="#"><p>纯色衬衫</p></a>
          </div>
         </div>
         <div class="tab3">
         <ul class="place">

                <li class="sort">裙装</li>
                <li class="by"><img src="images/do.png"
                  alt=""></li>
                    <div class="clearfix"> </div>
         </ul>
         <div class="single-bottom">
                <a href="#"><p>雪纺连衣裙</p></a>
                <a href="#"><p>蕾丝长裙</p></a>
                <a href="#"><p>超短裙</p></a>
                <a href="#"><p>半身裙</p></a>
          </div>
```

```
            </div>
        <div class="tab4">
        <ul class="place">

                <li class="sort">休闲装</li>
                <li class="by"><img src="images/do.png"
                  alt=""></li>
                    <div class="clearfix"> </div>
            </ul>
        <div class="single-bottom">
                    <a href="#"><p>通勤休闲装</p></a>
                    <a href="#"><p>户外运动装</p></a>
                    <a href="#"><p>沙滩休闲装</p></a>
                    <a href="#"><p>度假休闲装</p></a>
        </div>
        </div>
        <div class="tab5">
        <ul class="place">

                <li class="sort">短裤</li>
        <li class="by"><img src="images/do.png" alt=""></li>
                    <div class="clearfix"> </div>
            </ul>
        <div class="single-bottom">
                    <a href="#"><p>沙滩裤</p></a>
                    <a href="#"><p>居家短裤</p></a>
                    <a href="#"><p>牛仔短裤</p></a>
                    <a href="#"><p>平角短裤</p></a>
        </div>
        </div>
```

为实现商品列表功能的动态效果，又在代码中添加了相关的 JavaScript 代码，代码如下：

```
<script>
                    $(document).ready(function(){
                        $(".tab1 .single-bottom").hide();
                        $(".tab2 .single-bottom").hide();
                        $(".tab3 .single-bottom").hide();
                        $(".tab4 .single-bottom").hide();
                        $(".tab5 .single-bottom").hide();

                        $(".tab1 ul").click(function(){
                            $(".tab1 .single-bottom")
                                    .slideToggle(300);
                            $(".tab2 .single-bottom").hide();
                            $(".tab3 .single-bottom").hide();
                            $(".tab4 .single-bottom").hide();
                            $(".tab5 .single-bottom").hide();
                        })
                        $(".tab2 ul").click(function(){
                            $(".tab2 .single-bottom")
                                    .slideToggle(300);
                            $(".tab1 .single-bottom").hide();
                            $(".tab3 .single-bottom").hide();
                            $(".tab4 .single-bottom").hide();
                            $(".tab5 .single-bottom").hide();
                        })
                        $(".tab3 ul").click(function(){
                            $(".tab3 .single-bottom")
```

```
                                    .slideToggle(300);
                    $(".tab4 .single-bottom").hide();
                    $(".tab5 .single-bottom").hide();
                    $(".tab2 .single-bottom").hide();
                    $(".tab1 .single-bottom").hide();
            })
            $(".tab4 ul").click(function(){
                    $(".tab4 .single-bottom")
                            .slideToggle(300);
                    $(".tab5 .single-bottom").hide();
                    $(".tab3 .single-bottom").hide();
                    $(".tab2 .single-bottom").hide();
                    $(".tab1 .single-bottom").hide();
            })
            $(".tab5 ul").click(function(){
                    $(".tab5 .single-bottom")
                            .slideToggle(300);
                    $(".tab4 .single-bottom").hide();
                    $(".tab3 .single-bottom").hide();
                    $(".tab2 .single-bottom").hide();
                    $(".tab1 .single-bottom").hide();
            })
        });
        </script>
```

商品列表功能运行的效果如图 21-17 所示。当单击某个商品时，可以展开其下的具体商品列表，如图 21-18 所示。

图 21-17　商品列表效果　　　图 21-18　展开商品详细列表

21.4.6　联系我们页面代码

运行本案例的主页 index.html 文件，然后单击首页下方的"联系我们"超链接，即可进入联系我们页面，下面给出联系我们页面的主要代码：

```
<div class="contact-section-page">
    <div class="contact_top">
        <div class="container">
    <ol class="breadcrumb">
      <li><a href="index.html">首页</a></li>
      <li class="active">联系我们</li>
    </ol>
        <div class="col-md-6 contact_left">
                <h2>发送邮件</h2>
                <form>
              <div class="form_details">
```

```
            <input type="text" class="text" value="姓名"
                onfocus="this.value = '';" onblur="if
                    (this.value == '') {this.value = 'Name';}"/>
        <input type="text" class="text" value="邮件地址"
                onfocus="this.value = '';" onblur="if
                    (this.value == '') {this.value = 'Email Address';}"/>
            <input type="text" class="text" value="主题"
                onfocus="this.value = '';" onblur="if
                    (this.value == '') {this.value = 'Subject';}"/>
            <textarea value="Message" onfocus="this.value = '';"
            onblur="if (this.value == '') {this.value = 'Message';}">
                信息</textarea>
            <div class="clearfix"> </div>
            <input name="submit" type="submit" value="发信息">
        </div>
    </form>
</div>
<div class="col-md-6 company-right">
    <div class="contact-map">
        <iframe src="https://ditu.amap.com/"> </iframe>
    </div>
    <div class="company-right">
        <div class="company_ad">
        <h3>联系信息</h3>
        <address>
        <p>电子邮件: <a href="mail-to: info@example.com">
        xingouwu@163.com</a></p>
        <p>联系电话: 010-123456</p>
        <p>地址: 北京市南第二大街28-7-169号</p>

        </address>
        </div>
    </div>
</div>
        </div>
    </div>
</div>
</div>
```

程序运行效果如图 21-19 所示。

图 21-19　联系我们页面效果

21.5　项目总结

本实例是模拟制作一个在线购物网站，该网站的主体颜色为粉色，给人一种温馨浪漫的感觉，网站包括首页、女装 / 家居、男装 / 户外、童装 / 玩具以及关于我们等超链接，这些功能可以使用 HTML 5 来实现。

对于首页中的导航菜单，均使用 JavaScript 来实现简单的动态消息，如图 21-20 所示为首页的导航菜单，当鼠标放置在某个菜单上时，就会显示其下面的菜单信息，如图 21-21 所示。

图 21-20　产品分类模块

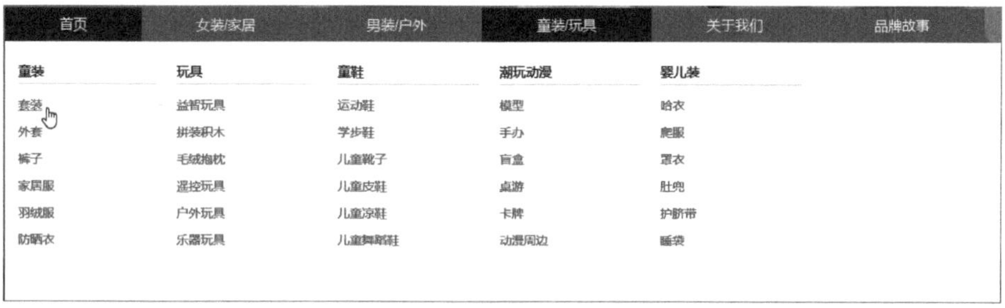

图 21-21　动态显示产品分类